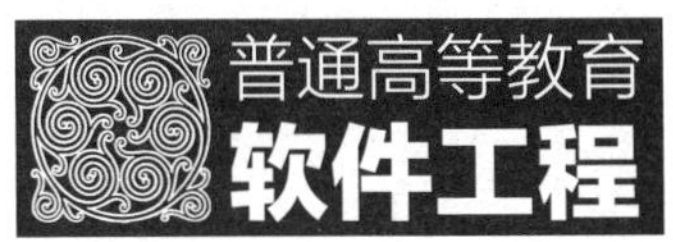

"十三五"规划教材

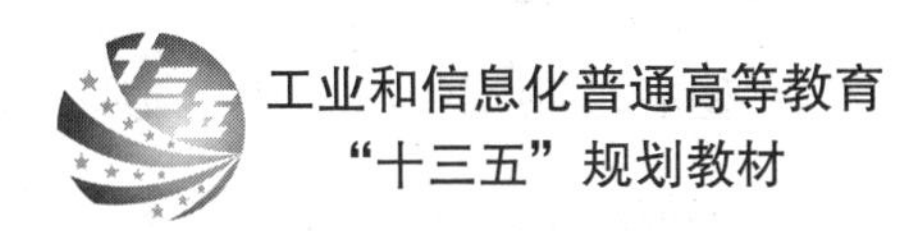

13th Five-Year Plan Textbooks of Software Engineering

数据库原理与系统开发教程

张克君 ◎ 主编

章小莉 刘瑾 姜湘岗 傅仕诤 谢婷婷 ◎ 编著

Database Principle and System Development Tutorial

人民邮电出版社

北京

图书在版编目（CIP）数据

数据库原理与系统开发教程 / 张克君主编 ; 章小莉等编著. -- 北京 : 人民邮电出版社, 2018.1（2021.6重印）
普通高等教育软件工程“十三五”规划教材
ISBN 978-7-115-47754-5

Ⅰ. ①数… Ⅱ. ①张… ②章… Ⅲ. ①关系数据库系统－系统开发－高等学校－教材 Ⅳ. ①TP311.138

中国版本图书馆CIP数据核字(2018)第010332号

内 容 提 要

本书简洁明了地讲述了数据库技术的基本原理，并以一个具体的数据库系统为例，完整地介绍了数据库系统项目开发的整个过程。全书分为三篇，第一篇为数据库原理篇，主要内容包括数据库系统结构、数据模型、关系数据库、关系数据库标准语言 SQL、关系数据库设计规范化理论、数据库的安全性、数据库的完整性、数据处理新技术，共 7 章；第二篇为数据库系统开发篇，主要内容包括数据库系统软件开发模型、以一个仓库管理系统为例的需求分析、业务设计、编码实现等数据库系统开发步骤的详细过程，以及所用到的工程开发工具的使用方法，共 5 章；第三篇为数据库系统开发任务集篇，主要内容包括对管理信息系统、电子政务和电子商务平台的简介，以及三类开发项目的待开发任务集的内容描述，为学生开展数据库系统项目开发实践提供参考选题，共 1 章。

本书从实际问题出发，完整地剖析了数据库系统项目开发的分析、设计和实现的全过程，力求达到提高读者设计能力以及激发创新的目的。

本书可作为计算机科学与技术、信息管理与信息系统等专业本科生和研究生相关课程的教材，也可作为 IT 行业从业人员的岗前培训参考书。

◆ 主　　编　张克君
　编　　著　章小莉　刘　瑾　姜湘岗　傅仕诤　谢婷婷
　责任编辑　邹文波
　责任印制　彭志环

◆ 人民邮电出版社出版发行　　北京市丰台区成寿寺路 11 号
　邮编　100164　　电子邮件　315@ptpress.com.cn
　网址　http://www.ptpress.com.cn
　北京市艺辉印刷有限公司印刷

◆ 开本：787×1092　1/16
　印张：13.75　　2018 年 1 月第 1 版
　字数：334 千字　　2021 年 6 月北京第 4 次印刷

定价：45.00 元

读者服务热线：(010)81055256　印装质量热线：(010)81055316
反盗版热线：(010)81055315

前言 PREFACE

随着计算机信息处理技术、网络技术的快速发展，电子商务、电子政务等社会信息化应用的不断深入，云计算、大数据等数据智能处理技术不断涌现，信息化正深刻地影响和改变着人类社会的管理及生活方式。信息化水平已成为衡量一个国家和地区现代化水平的重要标志。数据库技术为信息系统的构建提供信息存储和处理平台，是信息化的核心技术。培养掌握数据库技术的专业人才对国家发展具有重要意义。高等学校主要通过开设数据库相关课程来培养学生的数据库系统开发技能。

目前，我国高等教育正从粗放式的规模发展转向内涵式发展，教学质量已经成为关注重点，人才培养模式也更加注重理论联系实际的人才培养理念。高等教育"质量工程"的重要任务之一是强化各实践教学环节，推进实验内容和模式的改革与创新，培养学生分析和解决问题的能力。数据库系统开发建设具有很强的工程性，数据库教学必须为学生建立起完整的理论体系和培养扎实的实践功底。本书系统地梳理了数据库的相关原理，然后以一个实际工程建设案例为主线，引入系统建设工程方法，经过类瀑布模型的需求分析、设计、编码、测试等建设环节，运用当前流行的业务建模、存储建模开发工具完成数据库信息系统的设计开发。让读者在感性理解数据库原理的同时，全面地掌握数据库系统的工程建设方法，并能够独立完成从需求分析到应用系统开发的全过程。本书旨在使读者得到全面的训练，进而提升分析问题和解决问题的能力。

本教材分为三篇。第一篇为数据库原理篇，表述简洁，逻辑性强，通俗易懂，符合初学者学习的认知规律；第二篇为数据库系统开发篇，提供了完整的数据库系统开发案例，引入了软件工程建设方法，运用了多种新版本的设计和开发工具，如关系型数据库管理系统 MySQL、UML 业务建模工具 RSA、数据模型建模工具 PowerDesigner、集成开发环境 Eclipse 等，有利于培养学生分析问题和系统开发的能力；第三篇为数据库系统开发任务集篇，提供了多个不同表达形式的待开发系统业务描述，供学生开发训练使用，以达到通过实践深入理解原理知识的目的。

本教材为读者提供了教学视频和互动平台。读者可以通过扫描书中相应位置的二维码，观看相关教学视频；读者还可以通过关注"北电院大数据分析 BestiDA"微信公众号，及时获取最新知识，反馈意见。

在本书的编写过程中，编者参考了很多优秀的同类教材和资料，并有选择地将它们纳入到教材之中，在此一并致谢。由于本学科发展日新月异，加之编者水平所限，书中难免存在欠妥之处，敬请读者批评指正。

编　者

2018 年 1 月

目录 CONTENTS

第一篇　数据库原理篇

第一篇　数据库原理篇

01

第1章 数据库系统概述

众所周知，世界上第一台真正意义上的计算机是为了满足军事领域中的数学运算而产生的，运算是计算机的第一任务。然而随着计算机技术的不断成熟和发展，越来越多的用途被提出并得到广泛的应用，其中，数据处理是迄今为止最主要的计算机应用之一。在计算机领域中数据处理是指借助计算机对数据进行收集、管理、加工利用乃至信息输出的演变与推导，最终获取信息的过程。数据管理是数据处理的核心内容。数据库作为一门研究数据管理的技术，始于20世纪60年代，经过50多年的发展已经形成非常完善的理论体系，成为计算机应用领域中非常重要的一个分支。

在信息化社会，充分有效地管理和利用各类信息资源，是进行科学研究和决策管理的前提条件。作为管理信息系统、办公自动化系统、决策支持系统等各类信息系统的核心部分，数据库是进行科学研究和决策管理的重要技术手段。对数据库的学习应当成为计算机相关领域非常重要的环节。

1.1 数据库技术的发展历程

数据库是数据管理的产物。数据管理是数据库的核心任务，内容包括对数据的分类、组织、编码、储存、检索和维护。随着计算机硬件和软件的发展，数据库技术也不断发展。数据管理经过了人工管理、文件系统和数据库系统三大阶段。

1. 人工管理阶段

人工管理阶段是指现代计算机初次出现的时期（20世纪50年代）。这一时期的计算机主要用于科学计算。从硬件看，没有磁盘等直接存取的存储设备；从软件看，没有操作系统和管理数据的软件，数据处理方式是批处理。

这个时期数据管理的特点如下。

（1）数据不保存

该时期的计算机主要应用于科学计算，一般不需要将数据长期保存，只是在计算某一课题时将数据输入，用完后既不保存原始数据，也不保存计算结果。

（2）没有对数据进行管理的软件系统

程序员不仅要规定数据的逻辑结构，而且要在程序中设计物理结构，包括存储结构、存取方法、输入/输出方式等。因此程序中存取数据的子程序随着存储的改变而改变，数据与程序不具有一致性。

（3）没有文件的概念

数据的组织方式必须由程序员自行设计。

（4）一组数据对应一个程序，数据是面向应用的

即使两个程序用到相同的数据，也必须各自定义、各自组织，数据无法共享、无法相互利用和互相参照，从而导致程序和程序之间存在大量重复的数据。

2. 文件系统阶段

随着计算机处理数据的应用规模越来越大，需要处理的数据量越来越多，人工管理阶段对数据的管理方式已经越来越跟不上数据管理的发展，文件系统应运而生。这一时期从 20 世纪 50 年代后期开始直到 20 世纪 60 年代中期。文件系统阶段的出现是计算机技术及数据管理技术发展到一定程度的产物。在这一时期计算机不仅用于科学计算，还被用于大量数据的管理，而且计算机软硬件有了长足的发展。在硬件方面，外存储器有了磁盘、磁鼓等直接存取的存储设备。在软件方面，操作系统中已经有了专门用于管理数据的软件，称为文件系统。

这个时期数据管理的特点如下。

（1）数据需要长期保存在外存上供反复使用。由于计算机大量用于数据处理，经常对文件进行查询、修改、插入和删除等操作，所以数据需要长期保留，以便于反复操作。

（2）程序之间有了一定的独立性。操作系统提供了文件管理功能和访问文件的存取方法，程序和数据之间有了数据存取的接口，程序可以通过文件名和数据打交道，不必再寻找数据的物理存放位置，至此，数据有了物理结构和逻辑结构的区别，但此时程序和数据之间的独立性还不充分。

（3）文件的形式已经多样化。由于已经有了直接存取的存储设备，文件也就不再局限于顺序文件，还有了索引文件、链表文件等，因而，对文件的访问可以是顺序访问，也可以是直接访问。

（4）数据的存取基本上以记录为单位。

3. 数据库系统阶段

数据库系统阶段是从 20 世纪 60 年代后期开始的。在这一阶段，数据库中的数据不再是面向某个应用或某个程序，而是面向整个企业（组织）或整个应用的。数据库系统阶段，数据管理的特点如下。

（1）采用复杂的结构化的数据模型

数据库系统不仅要描述数据本身，还要描述数据之间的联系。这种联系是通过存取路径来实现的。

（2）较高的数据独立性

数据和程序彼此独立，数据存储结构的变化尽量不影响用户程序的使用。

（3）最低的冗余度

数据库系统中的重复数据被减少到最低程度，这样，在有限的存储空间内可以存放更多的数据并减少存取时间。

（4）统一的数据控制功能

数据库系统中的数据由数据库管理系统统一管理和控制。

数据库系统具有数据的安全性，以防止数据丢失和被非法使用；具有数据的完整性，以保护数据的正确、有效和相容；具有数据的并发控制，避免并发程序之间相互干扰；具有数据的恢复功能，在数据库被破坏或数据不可靠时，系统有能力把数据库恢复到最近某个时刻的正确状态。

1.2 数据库有关基本概念

作为一套相对较为成熟的理论体系，数据库有其主要的基本术语和常用的概念，其中数据、数据库、数据库管理系统和数据库系统是最为基础的，也是理解数据库的入门知识。

1. 数据

数据（Date）是数据库中存储的基本对象。生活中，例如文本（Text）、图形（Graph）、图像（Image）、音频（Audio）、学生记录档案、货物的运输情况等，都可以称为数据。

我们通常把**描述事物的符号记录称为数据**。数据有多种表现形式，如文字、图形、图像、音频、视频等，它们都可以经过数字化后存入计算机。

然而，仅仅一个数据还不能表达完整的意思，例如，93是一个数据，它可以是一门课的成绩，也可以是一个班级的人数，还可以是桌子的高度，所以需要说明数据的含义。**数据的含义称为数据的语义，数据与其语义是不可分的。**

2. 数据库

数据库（Database，DB）从字面上理解，就是存放数据的仓库。大量的数据按照一定的组织形式存放在计算机的存储设备上就形成了数据库。

严格地说，数据库是长期存储在计算机内、有组织的、可共享的大量数据的集合。数据库中的数据按一定的数据模型组织、描述和存储，具有较小的冗余度（Redundancy）、较高的数据独立性（Data Independency）和易扩展性（Scalability），并可为各种用户共享。

数据库具有永久存储、有组织和可共享三个基本特点。

3. 数据库管理系统

了解了数据和数据库的概念，那么如何科学地组织和存储数据，如何高效地获取和维护数据？完成这个任务的是一个系统软件——数据库管理系统。

数据库管理系统（Database Management System，DBMS）是一种操纵和管理数据库的大型软件，用于建立、使用和维护数据库。它对数据库进行统一管理和控制，以保证数据库的安全性和完整性。用户通过DBMS访问数据库中的数据，数据库管理员也通过DBMS进行数据库的维护工作。它可使多个应用程序和用户用不同的方法在同时或不同时刻建立、修改和询问数据库。大部分DBMS提供数据定义语言（Data Definition Language，DDL）和数据操作语言（Data Manipulation Language，DML），供用户定义数据库的模式结构与权限约束，实现对数据的追加、删除等操作。数据库管理系统的主要功能包括以下几个方面。

（1）数据定义功能

数据库管理系统提供数据定义语言，用户通过它可以方便地定义数据库中的数据对象的组成与结构。

（2）数据组织、存储和管理

数据库管理系统要分类组织、存储和管理各种数据，包括数据字典、用户数据、数据的存取路径等。要确定以何种文件结构和存取方式在存储级上组织这些数据，如何实现数据之间的联系。数据组织和存储的基本目标是提高存储空间利用率和方便存取，提供多种存取方法（如索引查找、hash查找、顺序查找等）来提高存取效率。

（3）数据操纵功能

数据库管理系统还提供数据操纵语言，用户可以使用它操纵数据，实现对数据库的基本操作，如查询、插入、删除和修改等。

（4）数据库的事务管理和运行管理

数据库在建立、运用和维护时由数据库管理系统统一管理和控制，以保证事务的正确运行，保证数据的安全性、完整性、多用户对数据的并发使用及发生故障后的系统恢复。

（5）数据库的建立和维护功能

数据库的建立和维护功能包括数据库初始数据的输入、转换功能，数据库的转储、恢复功能，数据库的重组织功能和性能监视、分析功能等。这些功能通常是由一些实用程序或管理工具完成的。

（6）其他功能

其他功能包括数据库管理系统与网络中其他软件系统的通信功能、一个数据库管理系统与另一个数据库管理系统或文件系统的数据转换功能、异构数据库之间的互访和互操作功能等。

4. 数据库系统

数据库系统（Database System，DBS）是由数据库、数据库管理系统（及其应用开发工具）、应用程序和数据库管理员（Database Administrator，DBA）组成的存储、管理、处理和维护数据的系统。数据库系统是为适应数据处理的需要而发展起来的一种较为理想的数据处理的核心机构。计算机的高速处理能力和大容量存储器提供了实现数据管理自动化的条件。

1.3 数据库系统的组成

数据库系统是引入了数据库的应用系统。从这一概念出发，可以得出数据库系统的基本组成。数据库系统通常情况下可以分成3个部分：硬件平台及数据库、软件体系、人员体系，如图1.1所示。

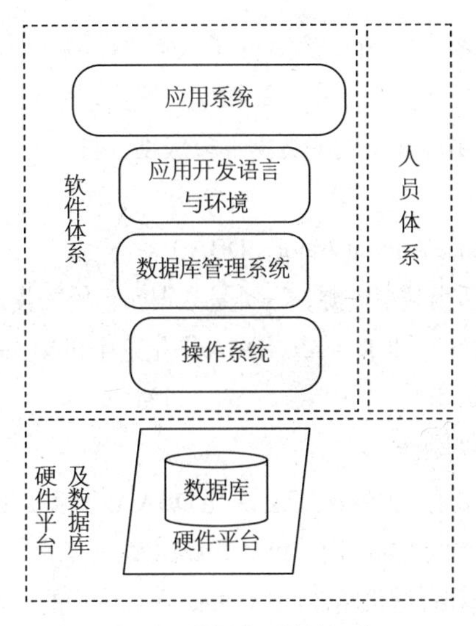

图1.1　数据库系统的组成

1. 硬件平台及数据库

数据库作为数据的集合是存储在计算机硬件设备上的，同时，构成数据库系统的软件体系也需要由硬件平台来支撑，所以硬件平台是整个数据库系统的基础设施层。对硬件平台的要求主要从存储和数据交换两个方面来衡量。

首先在存储方面，包含存放数据的外存储器和协助运行程序的内存储器。外存储器主要用于存放数据库本身，数据库本身由大量静态的数据和对数据的定义组成，除了存放原始的数据之外，还需要提供足够的备份空间。内存储器主要用于存放操作系统、数据库管理系统和应用程序等需要运行的程序以及提供运行期间的数据缓冲区。

其次，由于在硬件平台与软件体系之间需要进行大量的数据传输，所以对于硬件平台来说，提高系统通道能力，提供较高的数据传送率是必要的需求。

2. 软件体系

数据库系统的软件体系由操作系统、数据库管理系统、应用开发语言与环境（应用开发工具）和应用系统 4 部分构成。

（1）操作系统。作为管理和控制计算机硬件与软件资源的系统软件，操作系统为数据库系统提供了软件支持，所有其他软件都只有在操作系统的支持下才能运行。

（2）数据库管理系统。数据库管理系统用于操纵和管理数据库，它借助于操作系统建立、使用和维护配置数据库，通过 DBMS 对数据库进行统一管理和控制，以保证数据库的完整性和安全性。

（3）应用开发语言与环境（应用开发工具）。DBMS 提供了对数据库本身的定义及访问的功能接口。应用开发语言与环境为应用开发人员提供了构建用户接口的主要应用层。这一层由应用开发高级语言及其编译系统和应用开发环境构成，为数据库应用系统的开发提供了软件支持。

（4）应用系统。在整个数据库系统的最上层，呈现给用户的是借助于应用开发语言基于数据库管理系统，为特定应用环境开发的数据库应用系统。

3. 人员体系

数据库系统是与实际应用密不可分的系统，除了软硬件环境之外，还需要各种人员的密切参与。开发、管理和使用数据库系统的人员主要有：数据库管理员、系统分析员和数据库设计人员、应用程序员和最终用户。不同的人员涉及不同的数据抽象级别，具有不同的数据视图，其各自的职责分别如下。

（1）数据库管理员（DataBase Administrator，DBA）

在数据库系统环境下，有两类共享资源，一类是数据库，另一类是数据库管理系统软件。因此需要有专门的管理机构来监督和管理数据库系统。DBA 则是这个机构的一个（组）人员，负责全面管理和控制数据库系统。具体职责如下。

① 决定数据库中的信息内容和结构。

DBA 要参与决策数据库中要存放哪些信息。因此 DBA 必须参加数据库设计的全过程，并与用户、应用程序员、系统分析员密切合作共同协商，设计好数据库。

② 决定数据库的存储结构和存取策略。DBA 要综合各用户的应用要求，和数据库设计人员共同决定数据的存储结构和存取策略，以求获得较高的存取效率和存储空间利用率。

③ 定义数据的安全性要求和完整性约束条件。

DBA 的重要职责是保证数据库的安全性和完整性。因此 DBA 负责确定各个用户对数据库的存取权限、数据的保密级别和完整性约束条件。

④ 监控数据库的使用和运行。

DBA 还有一个重要职责就是监视数据库系统的运行情况，及时处理运行过程中出现的问题。比如系统发生各种故障时，数据库会因此遭到不同程度的破坏，DBA 必须在最短时间内将数据库恢复到正确状态，并尽可能不影响或少影响计算机系统其他部分的正常运行。为此，DBA 要定义和实施适当的后备和恢复策略，如周期性地转储数据、维护日志文件等。有关这方面的内容将在下面进一步讨论。

⑤ 数据库的改进和重组、重构

DBA 还负责在系统运行期间监视系统的空间利用率、处理效率等性能指标，对运行情况进行记录、统计分析，依靠工作实践并根据实际应用环境，不断改进数据库设计。不少数据库产品都提供了对数据库运行状况进行监视和分析的实用程序，DBA 可以使用这些实用程序完成这项工作。

另外，在数据运行过程中，大量数据不断插入、删除、修改，时间一长，会影响系统的性能。因此，DBA 要定期对数据库进行重组织，以提高系统的性能。

当用户的需求增加和改变时，DBA 还要对数据库进行较大的改造，包括修改部分设计，即数据库的重构造。

（2）系统分析员和数据库设计人员

系统分析员负责应用系统的需求分析和规范说明，要和用户及 DBA 结合，确定系统的硬件、软件配置，并参与数据库系统的概要设计。

数据库设计人员负责确定数据库中的数据、设计数据库各级模式。数据库设计人员必须参加用户需求调查和系统分析，然后设计数据库。在很多情况下，数据库设计人员就由数据库管理员担任。

（3）应用程序员

应用程序员负责设计和编写应用系统的程序模块，并进行调试和安装。

（4）用户

这里用户是指最终用户（End User）。最终用户通过应用系统的用户接口使用数据库。常用的接口方式有浏览器、菜单驱动、表格操作、图形显示、报表书写等，给用户提供简明直观的数据表示。

最终用户可以分为如下 3 类。

① 偶然用户。这类用户不经常访问数据库，但每次访问数据库时往往需要不同的数据库信息，这类用户一般是企业或组织机构的中高级管理人员。

② 简单用户。数据库的多数最终用户都是简单用户。其主要工作是查询和修改数据库，一般都是通过应用程序员精心设计并具有友好界面的应用程序存取数据库。银行的职员、航空公司的机票预定工作人员、旅馆总台服务员等都属于这类用户。

③ 复杂用户。复杂用户包括工程师、科学家、经济学家、科学技术工作者等具有较高科学技术背景的人员。这类用户一般都比较熟悉数据库管理系统的各种功能，能够直接使用数据库语言访问数据库，甚至能够基于数据库管理系统的 API 编制自己的应用程序。

1.4 数据库系统的结构

数据库系统的组成阐述了一个完整的数据库系统应该包含的软硬件层次和人员的配备。对于包含了多种软件体系和人员体系的数据库系统来说，它的体系结构也是需要重点掌握的内容。从不同的用户体系出发，可以从两个角度来讨论数据库系统结构，一个是关注于数据库管理系统的内部结构，另一个是关注于应用层面的外部结构。

1.4.1 数据库系统的内部结构

数据库系统的内部结构是从数据库管理系统的角度来理解的数据库系统的结构，它围绕数据库管理系统对数据的描述展开讨论，更多的着眼点在数据库系统本身，所以往往被称为数据库系统的内部结构。

数据库系统的内部结构通常采用三级模式和两级映像来描述，如图 1.2 所示。

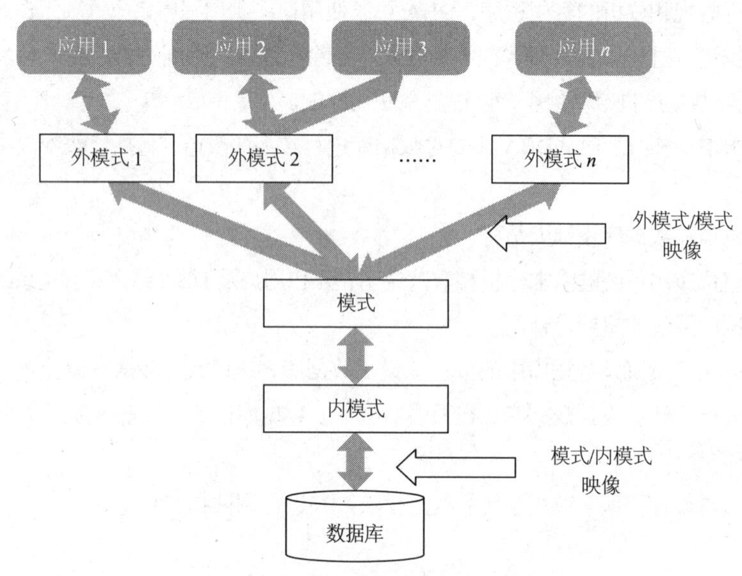

图1.2 数据库系统的三级模式和两级映像

1. 模式

模式（Schema）是数据库中全体数据的逻辑结构和特征的描述。它仅涉及结构的描述，不涉及数据库本身具体的值。模式的一个具体值称为模式的一个实例（Instance），同一个模式可以有很多实例。模式是相对稳定的，而实例是相对变动的，因为数据库中的数据在不断更新。模式反映的是数据的结构及其联系，而实例反映的是数据库某一时刻的状态。例如，学生记录定义为（学号，姓名，性别，系别，年龄，籍贯），这是记录结构，而（111987，张明，男，计算机，22，郑州）则是该记录结构的一个记录值。

虽然实际的数据库管理系统产品种类很多，它们支持不同的数据模型，使用不同的数据库语言，建立在不同的操作系统之上，数据的存储结构也各不相同，但在体系结构上通常都具有相同的特征，即采用三级模式结构并提供两级映像功能。

2. 三级模式结构

（1）概念模式

概念模式简称模式，又称为数据库模式、逻辑模式，是数据库中全体数据的逻辑结构和特征的描述，是全体用户的公共数据视图。它是数据库系统三级模式结构的中间层，既不涉及数据的物理存储细节和硬件环境，又与具体的应用程序、所使用的应用开发工具及高级程序设计语言无关。

模式实际上是数据库数据在概念级上的视图。一个数据库只有一个概念模式，数据库概念模式以某一种数据模型为基础，统一综合地考虑所有用户的需求，并将这些需求有机地结合成一个逻辑整体。定义模式时不仅要定义数据的逻辑结构，如数据记录由哪些数据项构成，数据项的名称、类型、取值范围等，而且要定义数据之间的联系，以及与数据有关的安全性、完整性要求。

DBMS 提供模式描述语言（模式 DDL）来严格定义模式。

（2）外模式

外模式是概念模式的子集，也称子模式或用户模式。外模式是与某一具体应用有关的数据的逻辑结构和特征的描述，是数据库用户（包括应用程序员和最终用户）所看到的数据视图。

一个数据库可以有多个外模式。由于不同的用户在应用需求、看待数据的方式、对数据保密的要求等方面存在差异，其外模式描述也有所差异。即使模式中的同一数据，在外模式中的结构、类型、长度、保密级别等方面都可以不同。另一方面，同一外模式也可以为某一用户的多个应用系统使用，但一个应用程序只能使用一个外模式。

外模式是保证数据库安全性的有力措施，每个用户只能看见和访问对应的外模式中的数据，数据库中的其余数据不可见。

DBMS 提供子模式描述语言（子模式 DDL）来严格定义子模式。

（3）内模式

内模式也称存储模式或物理模式，它是数据库的物理存储结构和存储方式的描述，是数据在数据库内部的表示方式。一个数据库只有一个内模式，在内模式中规定了数据项、记录、键、索引和存取路径等所有数据的物理组织以及优化性能、响应时间和存储空间需求等信息，还规定了记录的位置、块的大小和溢出区等。例如，记录的存储方式是顺序存储；是按照 B 树结构存储，还是按 hash 方法存储；索引按照什么方式组织；数据是否压缩存储，是否加密；数据的存储记录结构有何规定等。

内模式是 DBMS 管理的最低层。虽然称其为物理模式，但它不涉及物理记录的形式，如物理块或页、具体设备的柱面与磁道大小等，内部视图仍然不是物理层，是最接近物理存储的数据存储方式，是物理存储设备上存储数据时的物理抽象。DBMS 提供内模式描述语言（内模式 DDL，或者存储模式 DDL）来严格定义内模式。

3. 三级模式和两级映像

数据库系统的三级模式是对数据 3 个级别的抽象视图的描述。使用户能逻辑地、抽象地处理数据，而不必关心数据在计算机中的具体表示方式与存储方式。为了能够在内部实现这 3 个抽象层次的联系和转换，数据库管理系统在这三级模式之间提供了两级映像：外模式/模式映像和模式/内模式映像，正是这两层映像保证了数据库系统中的数据能够具有较高的逻辑独立性和物理独立性。

（1）外模式/模式映像

模式描述的是数据的全局逻辑结构，外模式描述的是数据的局部逻辑结构，同一个模式可以有任意多个外模式。对于每一个外模式，数据库系统都有一个外模式/模式映像，它存在于外部级和概念级之间，用于定义用户的外模式与模式之间的对应关系。这些映像定义通常包含在各自外模式的描述中。

当模式改变时（如增加新的关系、新的属性、改变属性的数据类型等），由数据库管理员对各个外模式/模式的映像做相应改变，使外模式保持不变。应用程序是依据数据的外模式编写的，从而应用程序不必修改，保证了数据与程序的逻辑独立性，简称数据的逻辑独立性。

（2）模式/内模式映像

因为数据库中只有一个模式，也只有一个内模式，所以模式/内模式映像是唯一的，它定义了数据库全局逻辑结构与存储结构之间的对应关系，该映像定义通常包含在概念模式的定义描述中。

当数据库的内模式存储结构改变了（如选用了另一种存储结构），由数据库管理员对模式/内模式映像做相应改变，使模式保持不变，从而应用程序也不必改变，保证了数据与程序的物理独立性，简称数据的物理独立性。

在数据库的三级模式结构中，数据库模式即全局逻辑结构是数据库的中心与关键，它独立于数据库的其他层次。因此，设计数据库模式时，应首先确定数据库的逻辑模式。

数据库的内模式依赖于它的全局逻辑结构，但独立于数据库的外模式和具体的存储设备。它是将全局逻辑结构中定义的数据结构及其联系按照一定的物理存储策略进行组织，以达到较好的时间与空间效率。

数据库的外模式面向具体的应用程序，它定义在逻辑模式之上，但独立于内模式和存储设备。当应用需求发生较大变化，相应外模式不能满足其视图要求时，外模式就需要进行相应的修改，所以设计外模式时应充分考虑应用的扩充性。不同的应用程序有时可以共用同一个外模式。

数据库的二级映像保证了数据库外模式的稳定性，从底层保证了应用程序的稳定性，除非应用需求本身发生变化，否则应用程序一般不需要修改。

数据库的三级模式与二级映像实现了数据与程序之间的独立性，使数据的定义和描述可以从应用程序中分离出来。另外，由于数据的存取由 DBMS 管理，用户不必考虑存取路径等细节，从而简化了应用程序的编制，大大降低了应用程序的维护和修改成本。

1.4.2 数据库系统的外部结构

数据库系统的外部结构是从应用层面上来看的，也就是从最终用户的角度来看数据库系统。数据库系统的外部结构通常被分为单用户结构、主从式结构、分布式结构、客户端/服务器结构、浏览器/服务器结构等。

1. 单用户结构

单用户数据库系统是数据库系统早期的一种结构，整个数据库系统，包括数据库、DBMS、应用程序等均装在一台计算机上，为一个用户独占，不同的计算机之间不能共享数据。单用户结构是最简单的数据库结构。

例如，在一个学校中，各个部门都采用本部门的计算机来管理学生信息，教务处的计算机中涉及的学生信息数据库与各教学部门管理的学生信息均相互独立，因此整个学校存在大量的学生信息冗余数据，数据的一致性难以得到保证。

2. 主从式结构

主从式结构是一个主机带有多个用户终端的结构，如图 1.3 所示。在这种结构中，应用程序、DBMS、数据库都集中存放在主机上，所有处理任务都由主机来完成。各个用户通过主机的终端可同时或并发地存取数据库，共享数据资源。主从式结构的优点是结构简单，易于管理、控制与维护；缺点是当终端用户数目增加到一定程度后，主机的任务会过分繁重，成为瓶颈，使系统性能下降。系统的可靠性依赖主机，当主机出现故障时，整个系统都不能使用。由于主从式结构将所有功能都集中在主机上，所以往往也被称为集中式结构。

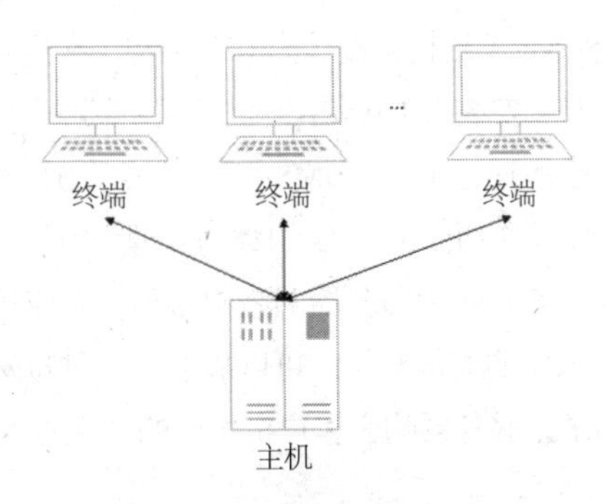

图1.3　主从式结构

3. 分布式结构

分布式结构的数据库是在网络技术发展到一定程度的基础上形成的。在一些实际应用中，存在数据应用相对独立，但是又需要相互关联的特点。比如一些连锁机构、大型企事业单位，具有多个物理上相互间隔的分支部门，每个分支部门维护各自的一套数据，整个单位的信息是由这些若干部门的信息共同构成的。这种结构被称为分布式结构，如图 1.4 所示。

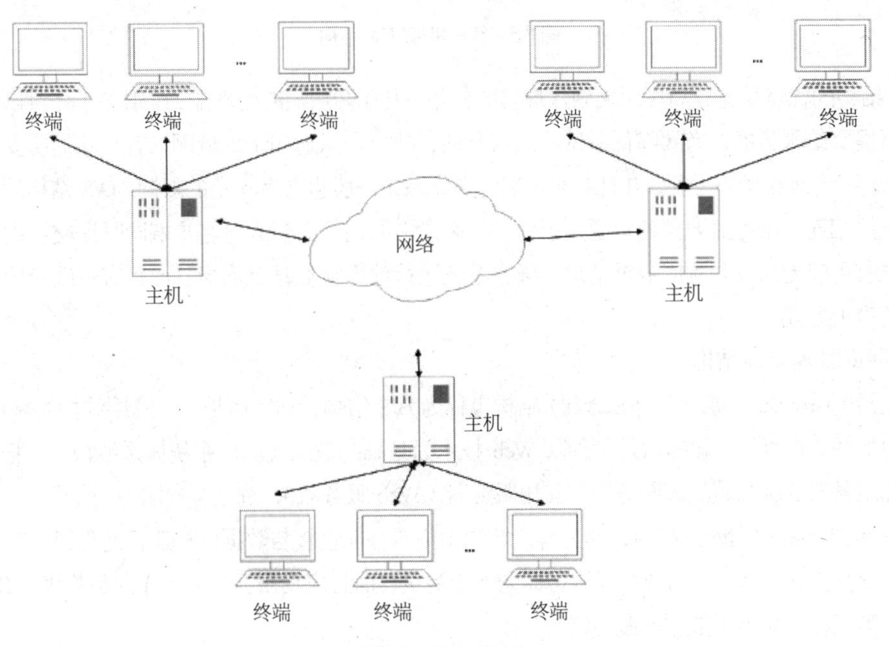

图1.4　分布式结构

分布式结构中的数据库由物理的分布在不同节点上的数据库共同构成，它们虽然物理上分隔，但逻辑上是一个整体。网络中的每个节点都可以独立处理本地数据库中的数据，执行局部应用，同时也可以通过网络通信系统执行全局应用。

分布式结构的优点是适应了地理上分散的公司、团体和组织对于数据库应用的需求；缺点是数据的分布存放给数据的处理、管理与维护带来困难。当用户需要经常访问远程数据时，系统效率会明显受到网络传输的制约。

4. 客户机/服务器结构

客户机（Client）/服务器（Server）结构也被称为 C/S 结构。在这种结构中将数据库系统看作由客户机和服务器两部分组成。服务器中安装有 DBMS，客户机装有运行于 DBMS 上的各种应用程序，包括用户编写的应用程序和内置的应用程序（由 DBMS 厂商或第三方厂商提供）。

在 C/S 结构的数据库系统中，客户机具有一定的数据处理、数据表示和数据存储能力，服务器端完成数据库管理系统的核心功能。客户机和服务器两者都参与一个应用程序的处理，有效降低网络通信量和服务器运算量，从而降低系统的通信开销，可以称之为一种特殊的协作式处理模式。在该体系结构中，客户机向服务器发送请求，服务器响应客户机发出的请求并返回客户机所需的结果。客户机/服务器结构如图 1.5 所示。

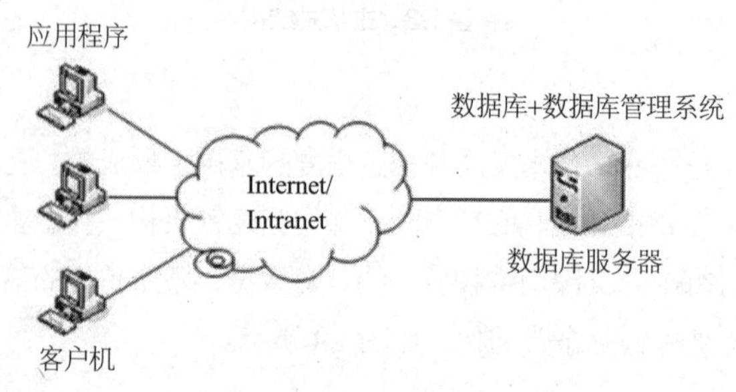

图1.5 客户机/服务器结构

C/S 结构的优点是充分利用两端硬件环境的优势，发挥客户端的处理能力，很多工作可以在客户端处理后再提交给服务器，有效降低系统的通信开销；缺点是只适用于局域网，客户端需要安装专用的客户端软件，升级维护不方便，并且对客户端的操作系统一般也会有一定的限制。C/S 结构的客户端和服务器直接相连，服务器要消耗资源用于处理与客户端的通信。当大量客户端同时提交数据请求时，服务器很有可能无法及时响应数据请求，导致系统运行效率降低甚至崩溃，而且客户端应用程序的分发和协调难于处理。

5. 浏览器/服务器结构

浏览器（Browser）/服务器（Server）结构也称为 B/S 结构，其实质是一个三层结构的客户端/服务器体系，如图 1.6 所示。该结构是一种以 Web 技术为基础的数据库应用系统体系结构。它把传统 C/S 模式中的服务器分解为数据库服务器和应用服务器（Web 服务器），统一客户端为浏览器。

在 B/S 结构的数据库系统中，作为客户端的浏览器并非直接与数据库相连，而是通过应用服务器与数据库交互。这样减少了与数据库服务器的连接数量，而且应用服务器分担了业务规则、数据访问、合法校验等工作，减轻了数据库服务器的负担。

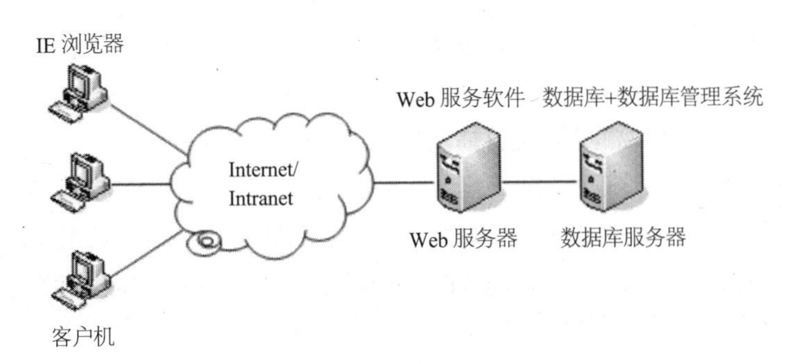

图1.6 浏览器/服务器结构

B/S 结构的优点如下。

（1）简化了客户端，客户端只要安装通用的浏览器软件即可。因此，只要有一台能上网的计算机，就可以在任何地方进行操作，而不用安装专门的客户应用软件，节省客户机的硬盘空间与内存，实现客户端零维护。

（2）简化了系统的开发和维护，使系统的扩展非常容易，系统的开发者无须再为不同级别的用户设计开发不同的应用程序，只需把所有的功能都实现在应用服务器上，并根据不同的功能为各个级别的用户设置权限即可。

当然，B/S 结构也存在一些固有的缺点。首先是应用服务器端处理了系统的绝大部分事务逻辑，从而造成应用服务器运行负荷较重；其次是客户端浏览器功能简单，许多功能不能实现或实现起来比较困难，如通过浏览器进行大量的数据输入就比较困难和不便。

基于 B/S 结构存在的上述问题，目前又提出多层 B/S 体系结构。多层 B/S 体系结构是在三层 B/S 体系结构中间增加了一个或多个中间层来提高整个系统的执行效率和安全性。

1.5 数据模型

数据库技术是研究数据管理的一种技术，它围绕数据的组织、描述、存储、操纵等多方面展开。面对大量无序、庞杂的数据，数据库技术首先需要考虑的是如何将它们描述组织起来。这时对数据构建模型，用特定的数据模型来表述数据就成为必不可少的过程。

1.5.1 数据模型的概念与分类

模型是对真实世界物体的一种抽象表示，它通过描述物体的特征来描述物体。数据模型是现实世界数据特征的抽象，用于描述一组数据的概念和定义。在数据库中，数据模型对应数据的存储与表示，是数据库系统的基础。

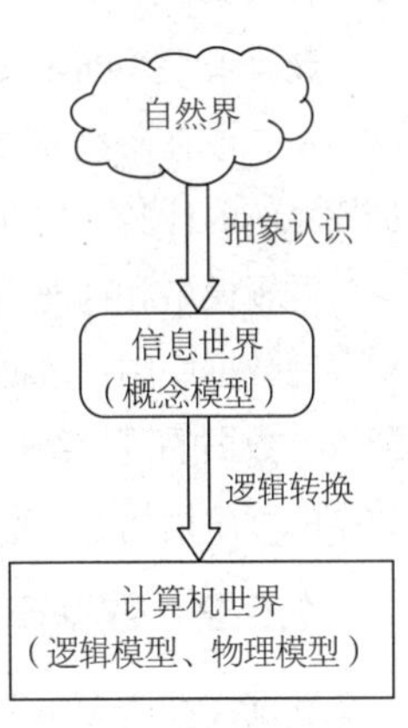

图1.7 数据模型的转化

数据模型利用某种特定的符号化表达形式将人们在自然界中接触到的信息用计算机中的数据描述出来。这个过程需要经过两个阶段：自然界的真实存在向可描述的信息世界的信息表述转化的阶段和信息世界的信息描述向计算机世界的数据表达转化的过程，如图 1.7 所示。

在第一个阶段，自然界中的真实存在，也就是人们所感知的物体的所有状态内容需要采用一种信息的描述，也就是说，在信息层面上找到一个表述的模型。这个阶段需要按照人的思考方式来参与，利用人对自然界真实存在的事物的理解进行抽象的认识。这个阶段完成之后，将形成在信息世界中的数据模型，这一模型是从人的认识的角度来理解所要表达的信息，生成的数据模型在认知层面上是一致的，都是从概念层的角度来描述自然界的真实存在，与具体的表述形式及数据库管理系统无关，是人们对世界的认识的统一表达。这一阶段生成的数据模型叫作概念模型。概念模型的建立对数据库设计起着非常重要的作用。

概念模型只是从认知领域对信息进行了建模，给出了数据的概念层描述。然而数据库技术最终的目标是形成可以被计算机理解并表述的数据集合，所以概念模型生成之后还需要进一步构建能让某一特定的计算机识别、理解并描述出来的数据模型。这一过程通过逻辑模型和物理模型来逐步达到。

1. 概念模型

概念模型（Conceptual Model）是面向用户，面向真实的世界构建出的数据模型。这种数据模型是对真实世界中问题域内的事物的描述，不是对软件设计的描述，与具体的 DBMS 和工具无关。概念模型的关注点在于某个应用领域的概念结构的描述，构建出信息世界的模型。

由于概念模型用于信息世界的建模，是现实世界到信息世界的第一层抽象，是用户与数据库设计人员之间进行交流的语言。因此概念模型一方面应该具有较强的语义表达能力，能够方便、直接地表达应用中的各种语义知识；另一方面它还应该简单、清晰、易于用户理解。概念模型是面向对象设计的基石，受到主观认识的影响较为深厚，设计概念模型的人员应该非常了解应用领域的相关内容，概念设计是后续设计的基础。

2. 逻辑模型

逻辑模型（Logical Data Model）是用户从数据库中看到的模型，是具体的 DBMS 支持的数据模型，主要包括层次模型（Hierarchical Model）、网状模型（Network Model）、关系模型（Relationship Model）、面向对象数据模型（Object Oriented Data Model）和对象关系数据模型（Object Relational Data Model）、半结构化数据模型（Semistructured Data Model）等。此模型既要面向用户，又要面向系统，主要用于实现数据库管理系统。

3. 物理模型

物理模型（Physical Data Model）是对数据最底层的抽象，它描述数据在系统内部的表示方式和存取方法，或在磁盘或彩带上的存储方式和存取方法，是面向计算机系统的。物理模型的具体实现是数据库系统的任务，数据库设计人员要了解和选择物理模型，最终用户则不需要考虑物理级的细节。

逻辑模型和物理模型都可以通过建模工具直接生成，如 Power Designer。

在数据库中，数据的物理结构又称数据的存储结构，就是数据元素在计算机存储器中的表示及其配置；数据的逻辑结构则是指数据元素之间的逻辑关系，它是数据在用户或程序员面前的表现形式，数据的存储结构不一定与逻辑结构一致。

1.5.2 数据模型的组成要素

数据模型需要按照某种组织形式对数据构建模型，从表述方式上来说是一组严格定义的概念的集合。在定义这些模型概念时，需要从系统的静态特征（数据结构）、动态特征（数据操作）和完整性约束条件 3 个方面来精确表述。数据结构、数据操作和数据的完整性约束条件被称作是数据模型的三要素。

1. 数据结构

数据结构是所研究的对象类型的集合。这些对象是数据库的组成部分，数据结构指对象和对象间联系的表达和实现，是系统静态特征的描述，包括以下两个方面。

（1）数据本身：类型、内容、性质，如关系模型中的域、属性、关系等。

（2）数据之间的联系：数据之间是如何相互联系的，如关系模型中的主码、外码等联系。

2. 数据操作

数据操作是对数据库中对象的实例允许执行的操作集合，主要指检索和更新（插入、删除、修改）两类操作。数据模型必须定义这些操作的确切含义、操作符号、操作规则（如优先级）以及实现操作的语言。数据操作是对系统动态特征的描述。

3. 数据的完整性约束条件

数据的完整性约束条件是一组完整性规则的集合，规定数据库状态及状态变化应满足的条件，以保证数据的正确性、有效性和相容性。

数据模型的这三个组成要素分别从静态、动态和完整性三个方面保证了数据描述的严密、合理和可用。针对概念模型、逻辑模型和物理模型的描述应该从整体上围绕这三个要素进行。

1.5.3　概念模型及其E-R表示方法

概念模型也称为信息模型，它是按用户的观点来建立数据和信息模型，主要用于数据库设计。概念模型一方面需要具有较强的语义表达能力，能够方便、直接地表达应用中的各种语义知识，另一方面它还应该简单、清晰、易于用户理解。

1. 基本概念

（1）实体

客观存在并可相互区别的事物称为实体（Entity）。实体可以是具体的人、事、物，也可以是抽象的概念或联系，例如，一个零件、一个学生、一个部门、一门课等，都是实体。

（2）属性

实体具有的某一特性称为属性（Attribute），一个实体可以由若干属性来刻画。例如，零件实体可以由零件号、零件名称、规格、单价等属性组成，属性组合（01，螺丝，2cm，1 元）即表征了一个零件。

（3）码

唯一表示实体的属性集称为码（Key）。例如，零件号是零件实体的码。

（4）域

域（Domain）是一组具有相同数据类型的值的集合。属性的取值范围来自某个域。例如，零件号的域为 8 位整数等。

（5）实体型

具有相同属性的实体必然具有共同的特征和性质。用实体名及其属性名集合来抽象和刻画同类实体，称为实体型（Entity Type）。例如，零件（零件号，零件名称，规格，单价）就是一个实体型。

（6）实体集（Entity Set）

同一类型实体的集合称为实体集。例如，全部零件就是一个实体集。

（7）联系

在现实世界中，事物内部和事物之间的联系反映在信息世界中就是实体内部和实体之间的联系（Relationship）。实体内部的联系通常是指组成实体的各属性之间的联系，实体之间的联系通常是指不同实体集之间的联系。

① 一对一联系（1:1）

如果对于实体集 A 中的每一个实体，实体集 B 中至多有一个实体与之联系，反之亦然，则称实体集 A 与实体集 B 具有一对一的联系，记为 1:1。

例如，一个部门有一个经理，而每个经理只在一个部门任职，则部门与经理的联系是一对一的。

② 一对多联系（$1:n$）

如果对于实体集 A 中的每一个实体，实体集 B 中有 n 个实体（$n>0$）与之联系，反之，对于实体集 B 中的每一个实体，实体集 A 中至多有一个实体与之联系，则称实体集 A 与实体集 B 有一对多联系，记为 $1:n$。

例如，一名学生只能在一个班级里学习，但是一个班级里可以有多个学生，则班级与学生之间具有一对多联系。

③ 多对多联系（$m:n$）

如果对于实体集 A 中的每一个实体，实体集 B 中有 n 个实体（$n>0$）与之联系，反之，对于实体集 B 中的每一个实体，实体集 A 中也有 m 个实体（$m>0$）与之联系，则称实体集 A 与实体集 B 具有多对多的联系，记为 $m:n$。

实际上，一对一联系是一对多联系的特例，而一对多联系又是多对多联系的特例。

2. 实体–联系方法与 E–R（Entity–Relationship）图

概念模型要按照人的理解分析，对信息世界进行抽象的建模。生成的概念模型应该能够方便、准确地表示自然界真实存在的事物，并构建信息世界中的抽象模型。概念模型能够明确描述信息世界中的常用概念，如实体、属性、实体间联系等。概念模型的表示方法很多，其中最为著名、最为常用的是实体-联系方法。该方法以实体和实体间的联系为概念模型的描述核心，用实体-联系方法表述的概念模型被称作 E-R 图。

E-R 图中给出了实体型、属性和联系的表示方法。

实体型：用矩形表示，矩形框内写实体名。

属性：用椭圆表示，并用无向线将其与相应的实体连接起来。

联系：用菱形表示，菱形框内写明联系名，并用无向边分别与有关实体联系起来，同时在无向边旁边上表上联系的类型（1:1、$1:n$、$n:m$）。

一个 E-R 图包含以下 4 个组成部分。

矩形框：在 E-R 图中用矩形表示实体，实体名写在矩形框中。

椭圆形框：实体及联系的属性用椭圆形框来描述，属性名在椭圆形框中。一个实体或实体间联系往往有多个属性，对应用多个椭圆形框来描述，其中主属性的名称下有一条下画线。

菱形框：实体间联系用菱形框表示，在框中记入联系名。

连线：实体与属性之间、实体与联系之间、联系与属性之间用直线相连，并在直线上标注联系的类型（对于一对一联系，要在两个实体连线方向各写 1；对于一对多联系，要在 1 的一方写 1，多的一方写 *n*；对于多对多关系，要在两个实体连线方向各写表示多的非 1 符号，如 *n*、*m*）。一个表示教学管理系统的 E-R 图，如图 1.8 所示。

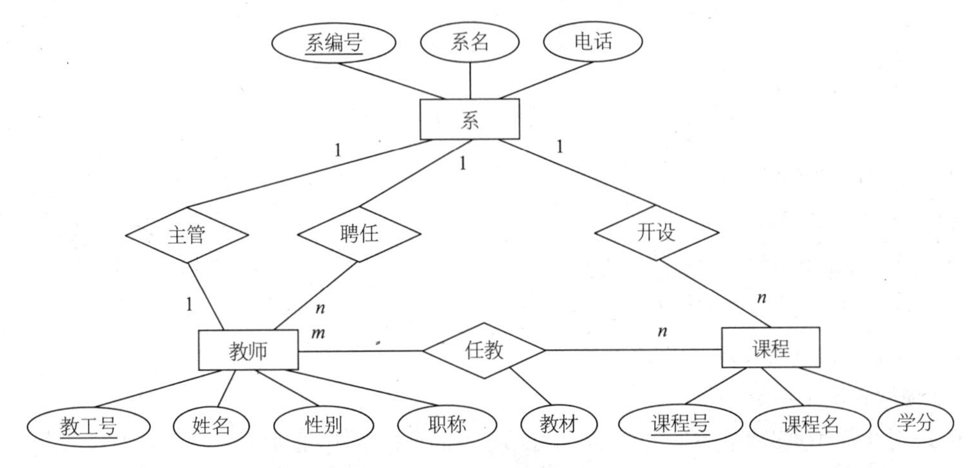

图1.8 教学管理系统E-R图

常用的绘制 E-R 图的软件有很多，如 Diagram Designer、DbSchema、微软公司的 Microsoft Visio、Sybase 公司的 Power Designer。这里推荐使用 Power Designer，利用 Power Designer 可以制作数据流程图、概念数据模型、物理数据模型，可以为数据仓库制作结构模型，还能控制团队设计模型。它可以与许多流行的软件开发工具，如 PowerBuilder、Delphi、VB 等相配合，缩短开发时间和优化系统设计。

1.5.4 逻辑模型

概念模型是对应用领域的分析并用信息世界的描述方式来表达的第一层数据抽象。形成了概念模型之后，需要考虑具体采用哪种逻辑模型来转换数据模型，为进一步在计算机中表示出来提供基础。逻辑数据模型主要有层次模型、网状模型、关系模型和面向对象数据模型，现在最常用的逻辑数据模型是关系模型。

1. 层次模型

层次模型是指用树型结构表示实体及其之间的联系，树中每一个节点代表一个记录类型，树状结构表示实体型之间的联系。层次模型是最早用于商品数据库管理系统的数据模型。

现实世界中有很多实体之间的联系呈现出层次关系，如行政机构、家族关系等。

（1）层次模型的数据结构

满足以下两个条件的基本层次联系的集合为层次模型。

① 有且只有一个没有双亲节点，这个节点称为根节点。

② 根节点之外的其他节点有且只有一个双亲节点。

在层次模型中，每个节点表示一个记录类型，记录之间的联系用节点之间的连线（有向边）表示，这种联系是父子之间的一对多联系。这就使得层次数据库系统只能处理一对多的实体联系。层次模型如图 1.9 所示。

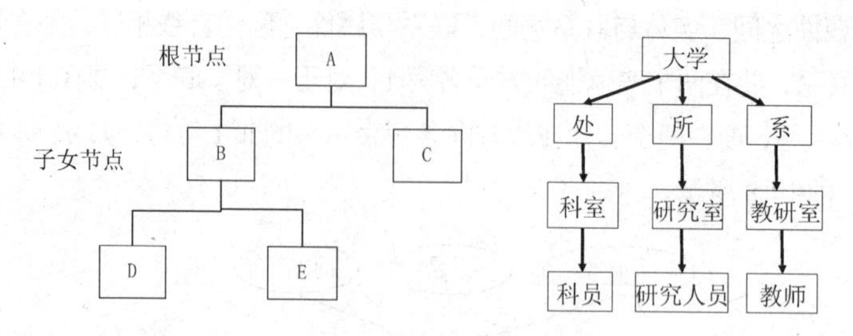

图1.9　层次模型

（2）层次模型的优缺点

层次模型的主要优点如下。

① 层次模型的数据结构比较简单清晰。

② 层次数据库的查询效率高。

③ 层次数据模型提供了良好的完整性支持。

层次模型的缺点主要如下。

① 现实世界中很多联系是非层次性的，如节点之间具有多对多的联系。

② 若一个节点具有多个双亲等，层次模型表示这类联系的方法很笨拙，只能引入冗余数据（容易产生不一致性）或创建非自然的数据结构（引入虚拟结点）来解决。对插入和删除操作的限制比较多，因此应用程序的编写比较复杂。

③ 查询子女结点必须通过双亲节点。

④ 由于结构严密，层次命令趋于程序化。

2. 网状模型

在现实世界中，事物之间的联系更多的是非层次关系的，用层次模型表示非树型结构很不方便，而网状模型可以克服这一点。

（1）网状模型的数据结构

满足以下两个条件的基本层次联系集合称为网状模型。

① 允许一个以上的节点无双亲；

② 一个节点可以有多于一个的双亲。

与层次模型一样，网状模型中的每个节点表示一个记录类型（实体），每个记录类型可包含若干字段（实体的属性），节点间的连线表示实体间一对多的父子关系。网状模型如图 1.10 所示。

（2）网状模型的优缺点

网状模型的主要优点如下。

① 能够更为直接地描述现实世界，如一个节点可以有多个双亲，节点之间可以有多种联系。

② 能具有良好的性能，存取效率高。

网状模型的主要缺点如下。

① 结构比较复杂，而且随着应用环境的扩大，数据库的结构就变得越来越复杂，不利于最终用户掌握。

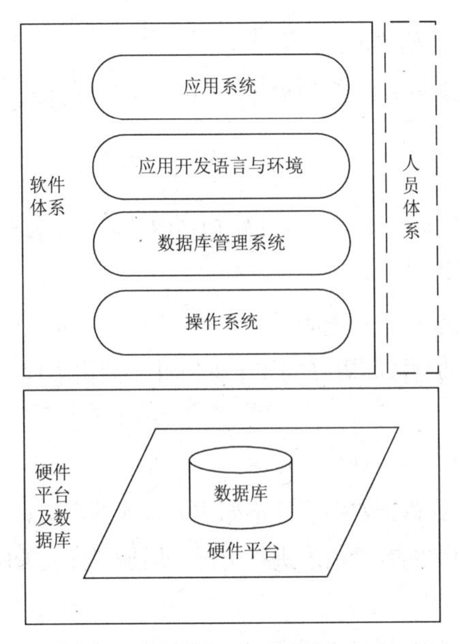

图1.10 网状模型

② 网状模型的 DDL、DML 复杂，并且要嵌入某一种高级语言中，用户不容易掌握和使用。

3. 关系模型

网状数据库和层次数据库已经很好地解决了数据的集中和共享问题，但是在数据独立性和抽象级别上仍有很大欠缺。用户在存取这两种数据库时，仍然需要明确数据的存储结构，指出存取路径。而后来出现的关系数据库较好地解决了这些问题。关系模型有严格的数学基础，抽象级别比较高，而且简单清晰，便于理解和使用。目前计算机厂商新推出的数据库管理系统几乎都支持关系模型。所以，关系数据库是我们学习的重点内容。

（1）关系模型的数据结构

在用户观点下，关系模型中数据的逻辑结构是一张二维表，它由行和列组成。学生实体的关系模型表示如图 1.11 所示。

学号	姓名	性别	出生日期
20162111	李婷	女	1998.10.03
20162112	张五江	男	1995.09.08
20163115	王云慧	女	1999.01.04
20163116	赵小光	男	1997.10.11

图1.11 学生实体的关系模型

（2）关系模式的优缺点

关系模式的优点如下。

① 数据结构单一

关系模型中，不管是实体还是实体之间的联系，都用关系来表示，而关系都对应一张二维数据表，数据结构简单、清晰。

② 关系规范化，并建立在严格的理论基础上

构成关系的基本规范要求关系中的每个属性不可再分割，同时关系建立在具有坚实理论基础的严格数学概念基础上。

③ 概念简单，操作方便

关系模型最大的优点就是简单，用户容易理解和掌握，一个关系就是一张二维表格，用户只需用简单的查询语言就能操作数据库。

④ 规程关系模型的存取路径对用户透明

关系模式具有更高的数据独立性和更好的安全保密性，简化了程序员的工作和数据库开发建立的工作。

关系模式的缺点如下。

① 存取路径对用户透明导致查询效率往往不如非关系数据模型。

② 为提高性能，必须对用户的查询请求进行优化，增加了开发 DBMS 的难度。

4. 面向对象数据模型

面向对象数据模型是随着面向对象的思想不断成熟发展而来的。它的核心思想是捕获在面向对象程序设计中支持的对象语义的逻辑数据模型，它是持久的和共享的对象集合，具有模拟整个解决方案的能力。面向对象数据模型把实体表示为类，一个类描述了对象属性和实体行为。例如，CUSTOMER 类不仅含有客户的属性（如 CUST.ID、CUST.NAME 和 CUST.ADDRESS 等），还包含模仿客户行为（如修改订单）的过程。类-对象的实例对应于客户个体。在对象内部，类的属性用特殊值来区分每个客户（对象），但所有对象都属于类，共享类的行为模式。面向对象数据库通过逻辑包含（Logical Containment）来维护联系。

（1）面向对象数据模型的数据结构

面向对象数据库把数据和与对象相关的代码封装成单一组件，外面不能看到其里面的内容。因此，面向对象数据模型强调对象（由数据和代码组成）而不是单独的数据。这主要是从面向对象程序设计语言继承而来的。在面向对象程序设计语言里，程序员可以定义包含其自身的内部结构、特征和行为的新类型或对象类。这样，不能认为数据是独立存在的，而是与代码（成员函数的方法）相关，代码（Code）定义了对象能做什么（它们的行为或有用的服务）。面向对象数据模型的结构是非常容易变化的。与传统的数据库（如层次、网状或关系）不同，对象模型没有单一固定的数据库结构。编程人员可以给类或对象类型定义任何有用的结构，如链表、集合、数组等。

（2）面向对象数据模型的优缺点

面向对象的数据模型具有如下优点。

① 适合处理各种各样的数据类型。传统的数据库（如层次、网状或关系）已经在以数字、文本类为主要数据的应用领域得到广泛应用，而面向对象数据库适合存储不同类型的数据，如图片、声音、视频，包括文本、数字等。

② 面向对象程序设计与数据库技术相结合。面向对象数据模型结合了面向对象程序设计与数据库技术，因而提供了一个集成应用开发系统。

③ 开发效率较高。面向对象数据模型提供强大的特性，如继承、多态和动态绑定，这样用户不用

编写特定对象的代码就可以构成对象并提供解决方案。这些特性能有效提高数据库应用程序开发人员的开发效率。

④ 改善数据访问。面向对象数据模型能够明确表示实体间的联系，支持以导航式和关联式两种方式访问信息。它比基于关系值的联系更能提高数据访问性能。

当然面向对象的数据模型也存在如下一些缺点。

① 没有准确的定义。很难提供准确的定义来说明面向对象 DBMS 应建成什么样，这是因为该名称已经应用到很多不同的产品和原型中，而这些产品和原型考虑的方面可能不一样。

② 维护困难。随着组织信息需求的改变，对象的定义也要求改变并且需移植现有数据库，以完成新对象的定义。当改变对象的定义和移植数据库时，它可能面临真正的挑战。

③ 不适合所有的应用。面向对象数据模型用于需要管理数据对象之间存在的复杂关系的应用，面向对象数据模型特别适合于特定的应用，如工程、电子商务、医疗等，但并不适合所有应用。当用于普通应用时，其性能会降低并要求很高的处理能力。

小结

本章是对数据库系统的概述，首先概括介绍了数据库相关的基本概念及数据库技术的发展历程，然后从数据库系统的组成入手，较为全面地介绍了数据库系统的整体组成和结构体系，并分别从不同角度阐述了数据库系统的整体架构。

数据模型是数据库系统的核心，是理解数据库组成的基础。本章对数据模型的基本概念、分类及组成要素进行了整体介绍，对概念模型的概念及具体的表达进行了解释，对常见的四种逻辑结构进行了数据结构方面的分析，并罗列出了相应的优缺点。

数据库技术是应用领域非常广泛，实用度极高的信息技术分支。由于与现实世界密切的关联性，所以在学习数据库技术时应时刻理论联系实际，从基本概念入手，对照日常生活中出现的各种案例进行学习，真正理解数据库、数据模型等的基本思想，才能为后续学习打下坚实的基础。

习　题

1. 什么是数据、数据库、数据库管理系统、数据库系统？
2. 数据库系统是用来做什么的？使用数据库系统的好处是什么？
3. 数据库管理系统的主要功能有哪些？
4. 什么是概念模型？什么是逻辑模型？什么是实体、实体集、实体型、属性、码、实体-联系图？实体之间有哪几种联系？
5. DBA的职责是什么？

02 第2章 关系数据库

关系数据库是当前应用最为广泛的数据库之一，它借助集合代数等概念和方法来处理数据库中的数据，其概念简单清晰，语言易懂易学，自面世以来，广受好评。1970 年，IBM 的研究员，有“关系数据库之父”之称的埃德加·弗兰克·科德（Edgar Frank Codd 或 E. F. Codd）博士在刊物 *Communication of the ACM* 上发表了题为“A Relational Model of Data for Large Shared Data Banks（大型共享数据库的关系模型）”的论文，文中首次提出了数据库的关系模型的概念，奠定了关系模型的理论基础。20 世纪 70 年代末，关系方法的理论研究和软件系统的研制均取得了很大成果，IBM 公司的 San Jose 实验室在 IBM 370 系列机上历时 6 年研制的关系数据库实验系统 System R 获得成功。1981 年，IBM 公司又发布了具有 System R 全部特征的新的数据库产品——SQL/DS。由于关系模型简单明了，具有坚实的数学理论基础，所以一经推出就受到了学术界和产业界的高度重视和广泛响应，并很快成为数据库市场的主流。自 20 世纪 80 年代以来，各计算机厂商推出的数据库管理系统几乎都支持关系模型，数据库领域当前的研究工作大都以关系模型为基础。

2.1 关系模型的数据结构及形式化定义

关系数据库是建立在关系数据模型基础上的数据库。第 1 章介绍了关系数据模型是当前主流的逻辑数据模型之一，数据模型有数据结构、数据操作和数据的完整性约束 3 个组成要素。下面围绕关系数据模型的数据结构展开介绍。

2.1.1 关系的基本术语

关系数据库的核心是关系。它的数据结构就叫作关系。一个关系从数据的组织形式来看就是一张由行和列构成的二维表。关系数据库的特点在于它将每个具有相同属性的数据独立地存储在一个表中。用户可以新增、删除和修改表中的数据，而不会影响表中的其他数据。表 2.1 为一个关系的示例。

表2.1 学生信息表

学号	姓名	性别	出生日期	系	籍贯	民族
20162111	李婷	女	1998.10.03	CS	浙江	汉族
20162112	张五江	男	1995.09.08	CS	陕西	汉族

续表

学号	姓名	性别	出生日期	系	籍贯	民族
20162113	刘玲玲	女	1996.03.21	CS	江苏	汉族
20162114	李想	男	1996.06.12	CS	湖南	土家族
20163115	王云慧	女	1999.01.04	IS	广西	壮族
20163116	赵小光	男	1997.10.11	IS	云南	汉族
20163117	王一丹	女	1996.08.28	IS	贵州	苗族
20163118	齐欢	女	1996.12.12	IS	上海	汉族

关系数据库就是采用这种二维表来描述数据库中的数据。

关系型数据库之所以应用非常广泛，是因为它有着非常严密的数学基础，整个理论体系的推演符合数学规律，能够运用数学的方法处理数据库中的数据。关系数据模型是建立在集合代数的基础上的。下面介绍集合代数中关键的两个概念：域和笛卡儿积。

1. 域

域（Domain）是一组具有相同数据类型的值的集合。

{自然数}{男，女}{0，1}都是具有相同数据类型的集合，它们都是域。从域的定义可以看出，域实际上给出了一种取值范围。域既然是一个数据集合，就会涉及集合中数据的个数。**域中数据的个数称为域的基数**。例如：

$D_1=\{-1,0,1\}$，基数是 3；

$D_2=$ {男，女}，基数是 2。

2. 笛卡儿积

笛卡儿积（Cartesian Product）是针对两个集合进行的一种运算，也就是域上的一种运算。

给定一组域 D_1，D_2，…，D_n，其中的域可以相同，D_1，D_2，...，D_n的笛卡儿积为

$D_1 \times D_2 \times \ldots \times D_n = \{(d_1, d_2, \ldots, d_n) \mid d_i \in D_i, i=1, 2, \ldots, n\}$。

笛卡儿积中的每一个元素（d_1，d_2，…，d_n）叫作一个 n 元组（n-tuple）或简称元组；

笛卡儿积的元素（d_1，d_2，…，d_n）中的每一个值 d_i 叫作一个分量。

作为集合的运算，多个域的笛卡儿积产生的结果也是一个集合，也有基数。

若 D_i（$i=1$，2，…，n）为有限集，其基数为 m_i（$i=1$，2，…，n），则 $D_1 \times D_2 \times \ldots \times D_n$ 的基数 M 为：

$$M=\prod_{i=1}^{n} m_i$$

例如，给定 3 个域

D_1=学生姓名的集合 NAME={李玲，王丽}

D_2=专业的集合 MAJOR={CS，IS，CT}

D_3=入学年份的集合 YEAR={2015,2016}

则 D_1，D_2，D_3 的笛卡儿积为

$D_1 \times D_2 \times D_3$ ={（李玲，CS，2015），（李玲，CS，2016），
（李玲，IS，2015），（李玲，IS，2016），
（李玲，CT，2015），（李玲，CT，2016），
（王丽，CS，2015），（王丽，CS，2016），
（王丽，IS，2015），（王丽，IS，2016），
（王丽，CT，2015），（王丽，CT，2016）}

笛卡儿积本身也是一个集合，它的每个元素都称作一个元组，例如，（王丽，CS，2015）就是一个元组，其中的值叫作一个分量，例如“王丽”就是一个分量。$D_1 \times D_2 \times D_3$ 的基数为 D_1，D_2，D_3 基数的积，即 $2 \times 3 \times 2=12$，也就是说，$D_1 \times D_2 \times D_3$ 一共有 12 个元组。

可以看出，多个域的笛卡儿积实际上是从每个域中各取一个元素构成的值的可能集合。这个集合也可以用一张二维表来表示，如表 2.2 所示。

表2.2 D_1，D_2，D_3的笛卡儿积

NAME	MAJOR	YEAR
李玲	CS	2015
李玲	CS	2016
李玲	IS	2015
李玲	IS	2016
李玲	CT	2015
李玲	CT	2016
王丽	CS	2015
王丽	CS	2016
王丽	IS	2015
王丽	IS	2016
王丽	CT	2015
王丽	CT	2016

事实上，笛卡儿积是从数学运算的角度来进行的集合运算，是所有域的所有取值的一个组合，且不能重复。笛卡儿积在运算时仅关注数学规则，而不考虑数据之间的意义。关系作为数据库中的一种数据模型，用来描述现实世界中的数据及数据之间的关联。所有值的所有排列在现实中往往是没有意义的，关系的取值更多情况下是笛卡儿积的子集。例如，表 2.3 为一个子集。

表2.3 学生专业入学情况

NAME	MAJOR	YEAR
李玲	CS	2015
王丽	IS	2016

表 2.2 在实际应用领域是没有现实意义的，而表 2.3 明确给出了学生与专业和入学年份之间的有意义的取值。

根据上述分析给出关系的形式化定义如下。

$D_1 \times D_2 \times \ldots \times D_n$ 的子集叫作在域 D_1，D_2，…，D_n 上的关系，表示为 R（D_1，D_2，…，D_n）。

其中 R 为关系名，n 为关系的目或者度。

关系是笛卡儿积的有限子集。

下面给出关系数据模型的几个基本术语。

（1）关系：一个关系对应一个二维表，二维表的名称就是关系名。如图 2.1 即为一个关系，关系名为“学生”。

（2）属性和值域：二维表中的列称为属性。属性的个数称为关系的元或度。列的值称为属性值；属性值的取值范围为值域。在图 2.1 中，“学号”“姓名”等均为该关系的属性；该关系的元（度）为 7；“20162114”“IS”“苗族”等均为属性值；{男，女}为“性别”属性的值域。

属性

学号	姓名	性别	出生日期	系	籍贯	民族
20162111	李婷	女	1998.10.03	CS	浙江	汉族
20162112	张五江	男	1995.09.08	CS	陕西	汉族
20162113	刘玲玲	女	1996.03.21	CS	江苏	汉族
20162114	李想	男	1996.06.12	CS	湖南	土家族
20163115	王云慧	女	1999.01.04	IS	广西	壮族
20163116	赵小光	男	1997.10.11	IS	云南	汉族
20163117	王一丹	女	1996.08.28	IS	贵州	苗族
20163118	齐欢	女	1996.12.12	IS	上海	汉族

元组

图2.1　学生基本信息关系中的元组与属性

（3）元组：二维表中的一行称为一个元组。

（4）分量：元组中的一个属性值称为该元组在该属性上的分量。

（5）键或者码：如果在一个关系中存在这样的一个**属性或属性组**，使得在该关系的任何一个关系状态中的两个元组，在该属性（属性组）上的**值都不同**，即这些属性（属性组）的值都能够用来**唯一标识该关系的元组**，则称这些属性为该关系的键或者码。例如，因为学生基本信息关系中的学号能够唯一标识每一个元组，所以学号是该关系的码。

（6）候选键或者候选码：如果在关系的一个键（属性或者属性组）中不能移去任何一个属性，否则它就不是这个关系的键，则称这个键为该关系的候选键或者候选码。一个关系的所有键或者码构成了该关系的候选键（候选码）。表 2.4 为一个学生的选课关系，其中（学号，课号）和（身份证号，课号）都是候选码。

表2.4　学生选课表

学号	姓名	身份证号	课号	成绩
20162111	李婷	110103199810031233	C1	95

续表

学号	姓名	身份证号	课号	成绩
20162111	李婷	110103199810031233	C2	98
20162112	张五江	110102199509081222	C1	90
20162113	刘玲玲	610103199603211608	C2	80
20162113	刘玲玲	610103199603211608	C3	60
20162114	李想	362522199606120709	C2	75
20163115	王云慧	210223199901040003	C3	60

（7）主键或者主码：在一个关系的若干候选键中指定一个键用来唯一标识该关系的元组，则称这个被指定的候选键为该关系的主键或者主码。

（8）全键或者全码：一个关系模式中的所有属性的集合称为全键或者全码。假设一个学生可以选修多门课程，一门课程可以由多个老师讲解，一个老师可以上多门课程，那么学生选课关系应该指明哪个学生选修了哪个老师上的哪门课，所以（学生编号，课程编号，教师编号）构成的关系中的所有属性的集合构成了全码。

（9）主属性和非主属性：关系中包含在任何一个候选键中的属性称为主属性，不包含在任何一个候选键中的属性为非主属性。

（10）外键或者外码：关系中的某个属性虽然不是这个关系的主键，但它却是另外一个关系的主键时，称之为外键或者外码。

（11）参照关系与被参照关系：是指以外键相互联系的两个关系，可以相互转化。

2.1.2 关系的性质

关系是笛卡儿积的有限子集。笛卡儿积作为一种域的数学运算并没有具体的现实意义，而关系作为数据模型用来描述现实世界的事物需要进行一定的限定才能真实地描述现实世界。关系的性质如下。

1. 关系中的每一个属性值都是不可分解的

关系作为一个二维表，要求每个元组的每个分量，也就是每一个属性值都必须是原子值，也就是不可分解的。如果出现了可分解的分量，在表述上将会出现表中表，如表 2.5 所示。

表2.5 职工工资信息表

<table>
<tr><th rowspan="2">职工编号</th><th rowspan="2">姓名</th><th rowspan="2">基本工资</th><th colspan="3">绩效工资</th></tr>
<tr><th>加班补助</th><th>超额奖励</th><th>其他</th></tr>
<tr><td rowspan="2">001</td><td rowspan="2">张青</td><td rowspan="2">3000</td><td colspan="3">1 500</td></tr>
<tr><td>500</td><td>500</td><td>500</td></tr>
<tr><td rowspan="2">002</td><td rowspan="2">李芳</td><td rowspan="2">2500</td><td colspan="3">1 000</td></tr>
<tr><td>500</td><td>0</td><td>500</td></tr>
</table>

可以看出表 2.5 不是一个纯粹的二维表，不符合笛卡儿积的数学规则，在进行相关运算时将难以满

足运算规则，所以在关系中明确规定不允许出现表中表的现象，也就是说，关系中的每一个属性值都不可以再分。

2. 关系中不允许出现相同的元组

笛卡儿积在运算过程中不允许重复取值，所以决定了关系中也不应该出现相同的元组。根据关系的相关术语，在一个关系中能够唯一确定每个元组的属性（属性组）被称为码，码能够唯一确定每个元组。而关系中不允许出现相同的元组，所以在关系中不允许出现相同的码。

3. 关系中不考虑元组之间的顺序

关系中没有相同的元组，所以对元组出现的顺序不做要求，也就是说，在关系中行的次序是可以任意交换的。

4. 元组中不考虑属性之间的顺序

因为笛卡儿积满足交换律，作为笛卡儿积的子集，关系也满足每个属性的交换性质，所以属性之间的顺序并不重要，通过不同的属性名进行区分。不同的属性可以有相同的域，只要属性名不同即可。

2.1.3 关系模式

关系是关系数据模型的数据结构，给出了存储在关系数据库中数据的描述和数据的值。我们把对数据的描述称为数据的型，也叫关系模式；把数据本身称为数据的值。作为数据库的组成部分，值是动态的数据，随着应用的变化而变化，而对值的描述，也就是型是相对不变的内容，是关系型数据库的核心。在表述关系时需要关注对型的介绍，也就是需要关注关系模式。

在介绍型时，需要考虑关系中元组的结构，也就是由哪些属性组成，进而每一个属性对应的值域是什么，以及属性与值域的映射关系是什么样的。除了上述静态的内容之外，关系模式还应该描述数据之间的依赖关系。下面给出关系模式的定义。

关系模式是对关系的描述。它可以形式化地表示为 *R*（*U*，*D*，dom，*F*），是一个五元组。

其中 *R* 是关系名，*U* 是组成该关系的属性名集合，*D* 是属性组 *U* 中属性来自的域，dom 为属性向域的映象集合，*F* 为属性间的数据依赖关系集合。

D 和 dom 作为属性的域和属性向域的映像往往根据应用场合进行符合使用习惯的定义，而 *F* 描述的是属性间的依赖关系，是描述关系的重要内容，所以往往关系模式会被表述成 *R*（*U*，*F*）三元组的形式。属性间的依赖关系与应用密切相关，描述起来更为复杂，将在第 4 章关系数据理论中重点介绍。作为简写，关系模式通常写成 *R*（*U*）。例如，表 2.1 表述的关系可以写成

学生（学号，姓名，性别，出生日期，系，籍贯，民族）

表 2.3 可以写成学生专业入学情况（NAME，MAJOR，YEAR）。

2.1.4 关系数据库与关系数据库模式

关系数据库是采用关系数据模型的数据库。关系数据模型以关系模型为逻辑模型，将概念模型中的实体、实体的属性、实体与实体之间的联系都用关系来表述，所有的关系形成一个关系集合，构成了关系数据库。

在关系数据库中，基本的数据对象是存储在各个关系中的数据。

关系数据库模式是对关系数据模型的描述，也就是对关系本身的描述，有哪些关系，每个关系有

哪些属性，属性的域是什么，如何对应，数据之间有哪些依赖等。应该理清关系数据库与关系数据库模式之间的关系。关系数据库模式与关系数据库中的数据一起构成了关系数据库。

关系模式描述关系数据库的逻辑模型，在具体的DBMS实现中，逻辑模型向物理模型的转化是由具体的DBMS借助于操作系统来实现的，在文件空间的划分、文件分配、组织与索引等方面有所区别。

2.2 关系的完整性

作为数据模型的三个组成要素之一，数据的完整性约束条件是必不可少的内容。数据的完整性是指存储在数据库中的数据应该处于正确的状态中。比如，在表2.1所示的学生关系中，学号属性一定要有值，因为不存在没有学号的学生；学号的取值应该符合一定的规则；系的取值必须是在已有的系当中选择，不能出现没有定义过的系名，等等。关系数据模型的数据结构是关系，它的完整性被称为关系的完整性。关系的完整性约束由实体完整性、参照完整性和用户自定义完整性3部分组成。

2.2.1 主码与实体完整性

作为现实世界中真实事物的数据表达，关系数据库中每个元组应该是不同的，可以相互区分。也就是关系中不允许出现相同的元组，这也是关系的基本性质之一。在关系模式中，每个元组相互不同的性质是靠实体完整性来约束的。

在关系中，实体的每个元组相互不同是靠主码来实现的，主码能够唯一确定一个元组。要保证这一点就必须对主码的取值有所约束。

对于关系模式R，如果属性集K是R的主码，那么K中的所有属性都不能为空，且K不能重复取值。对主码K的约束称为实体完整性约束。

实体完整性约束的内容有两方面。

1. 所有主属性不能取空值

空值是没有确定的值和无意义的值。主属性作为候选码中的属性，应该提供明确的值用于确定元组中的值，如果出现空值，将无法明确地标示一个元组。

2. 主码不能重复取值

根据主码的定义，主码可以唯一标识一个关系的元组，也就是主码一样，元组的所有其他属性一定是一样的。那么如果主码出现重复，元组将会重复，与关系中不允许出现相同的元组相悖，所以主码不能取重复的值。

例如，对于关系模式

学生（学号，姓名，性别，出生日期，系，籍贯，民族）

学号为主码，则该关系的实体完整性约束为针对主码学号的约束。学号的取值不能为空值，因为一个学生的学号为空表明没有这样的学生，这个元组是无意义的元组；同时学号的取值也不能重复，因为学号确定了，后面所有其他属性都将确定，学号重复，后面所有的其他属性都将重复，所以学号不能重复取值。

2.2.2 外码与参照完整性

实体完整性定义了一个实体自身的完整性，是通过对主码的约束来实现的。然而在现实世界中，实体与实体之间存在各种各样的关联，这种关联在关系中通过外码来实现。

在第 1 章中介绍过实体与实体之间的联系有一对一、一对多和多对多 3 种，分别记作 1:1、1:*n* 和 *n*:*m*。这 3 种联系通过关系中的外码来表示。例如，对于实体“学生”和实体“专业”来说，一个学生只能属于一个专业，一个专业可以有多个学生，专业与学生是 1:*n* 的联系，转化为关系时将一方“专业”的主码放在多方“学生”关系中，即

专业（专业号，专业名）

学生（学号，姓名，性别，专业号，年龄）

在学生关系中学号为主码，专业号为外码。

一个关系的外码在当前关系中不是主码，但是是另一个关系的主码。对当前关系来说，外码的取值也需要受到约束。

对于关系模式 *R*，如果属性集 *K* 是 *R* 的外码，也就是说 *K* 为关系模式 *S* 的主码，那么对于 *R* 中的 *K*，其取值或者为空值或者为 *S* 中已有的值。对属性集 *K* 的约束称为参照完整性约束。

参照完整性约束是针对外码的约束。图 2.2 为对应学生和专业两个关系的参照完整性约束的示例。

学 号	姓 名	性 别	专业号	年龄
801	张三	女	01	19
802	李四	男	01	20
803	王五	男		20
804	赵六	女	02	20
805	钱七	男	02	19

专业号	专业名
01	信息
02	数学
03	计算机

图2.2 参照完整性示例

在学生关系中，专业号为外码，那么学生关系中的专业号取值要么是空值，代表当前学生还没有分配专业；要么是确定的值，这些值必须来源于专业号作为主码的关系中主码的取值。比如当前学生关系中专业号的取值为 01 和 02，这两个值均为专业关系中的主码专业号的取值。如果在学生关系中，专业号出现了 01，02，03 之外的值，则不满足参照完整性规则。

2.2.3 用户自定义完整性

实体完整性和参照完整性从主码和外码的角度对数据库的完整性进行了约束。这两者的约束对关系型数据库来说是统一的，所有的关系都必须遵守这两个约束，关系模型必须满足约束条件，由关系系统自动支持。然而这两个约束并没有体现具体应用领域中的语义约束。比如在学生关系中，学生的出生年月根据国家对学生入学年龄的限制有一定的取值范围，性别的取值应该在{男，女}中选择。这些根据某一个具体的应用提出的完整性约束被称为用户自定义完整性约束。

当前主流的关系型数据管理系统都提供了一定的用户自定义完整性的机制。

三类数据完整性约束通过数据管理系统定义，并由数据管理系统检验，不符合数据完整性约束条件在进行数据的更新操作时将会报错。

2.3 关系代数

关系型数据库是基于集合的数据库，数据库中的关系均为集合，所有针对关系的操作都是针对集合的操作，操作对象和操作结果都是关系，即若干元组的集合。关系模型中常用的关系操作包括查询（Query）、插入（Insert）、删除（Delete）、修改（Update）。其中，关系的查询表达能力很强，是关系操作中最主要的部分。关系的运算在符合集合运算规则的基础上围绕数据的查询展开，也就是进行数据的查询。把对关系的运算称为关系代数，通过关系代数对关系进行抽象的查询操作。

与所有的运算相一致，关系的运算也由运算数、运算符和运算结果构成。运算数和运算结果都为集合，运算符是针对集合的运算符。根据运算符的不同，关系代数可以分成传统的集合运算和专门的关系运算。

2.3.1 传统的集合运算

关系是集合，所有针对集合的运算都能适用于关系。传统的集合操作包括并、差、交、笛卡儿积 4 种，均为二目运算。这些针对集合的运算是以元组为运算的基本元素进行的，是从行的角度展开的运算。

并、差、交集合运算必须满足**运算双方相容**的条件。

设给定两个关系 R、S，若满足：

（1）具有相同的度 n；

（2）R 中第 i 个属性和 S 中第 i 个属性必须来自同一个域。

则说关系 R、S 是相容的。

1. 并

关系 R 与关系 S 的并（Union）仍为 n 目关系，由属于 R 或属于 S 的元组组成，记为：

$$R \cup S = \{ t | t \in R \vee t \in S \}$$

关系的并运算是将两个关系中的所有元组合并构成新的关系，并且运算的结果中必须消除重复值。

2. 差

关系 R 与关系 S 的差（Difference）也是 n 目关系，由属于 R 而不属于 S 的所有元组组成，记为：

$$R - S = \{ t | t \in R \wedge t \notin S \}$$

关系的差运算的运算结果是由属于一个关系并且不属于另一个关系的元组构成的新关系，就是从一个关系中减去另一个关系。

3. 交

关系 R 与关系 S 的交（Intersection）也是 n 目关系，由既属于 R，又属于 S 的元组组成，记为：

$$R \cap S = \{ t | t \in R \wedge t \in S \}$$

根据差的定义还可以得出交的另一种表示方法：

$$R \cap S = R - (R - S)$$

关系的交运算的运算结果将两个关系中的公共元组构成新的关系。

图 2.3 为关系的并、差、交运算的运算示意。

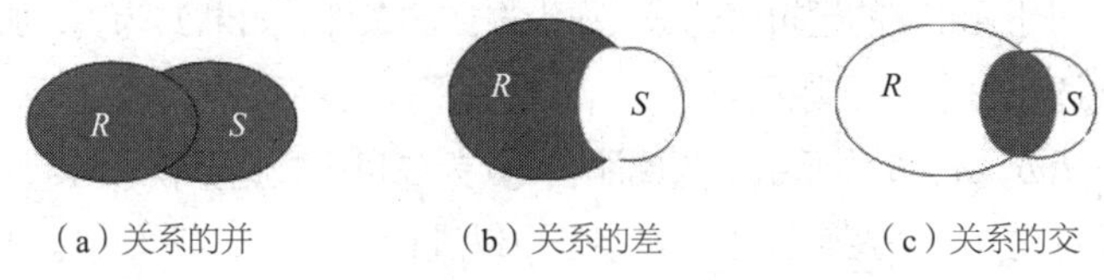

（a）关系的并　　（b）关系的差　　（c）关系的交

图2.3　关系的运算示意

4. 笛卡儿积

两个分别为 n 目和 m 目的关系 R 和 S 的笛卡儿积（Cartesian Product）是一个 $n+m$ 列的元组的集合。元组的前 n 列是关系 R 的一个元组，后 m 列是关系 S 的一个元组。若 R 有 K_1 个元组，S 有 K_2 个元组，则关系 R 和关系 S 的笛卡儿积有 $K_1 \times K_2$ 个元组。记作：

$$R \times S = \{t_r t_s \mid t_r \in R \wedge t_s \in S\}$$

图 2.4 为关系的并、差、交及笛卡儿积的运算示例。

R

A	B	C
a1	b1	c1
a1	b2	c2
a2	b2	c1

S

A	B	C
a1	b2	c2
a1	b3	c2
a2	b2	c1

R∪S

A	B	C
a1	b1	c1
a1	b2	c2
a1	b3	c2
a2	b2	c1

R−S

A	B	C
a1	b1	c1

R∩S

A	B	C
a1	b2	c2
a2	b2	c1

R×S

A	B	C	A	B	C
a1	b1	c1	a1	b2	c2
a1	b1	c1	a1	b3	c2
a1	b1	c1	a2	b2	c1
a1	b2	c2	a1	b2	c2
a1	b2	c2	a1	b3	c2
a1	b2	c2	a2	b2	c1
a2	b2	c1	a1	b2	c2
a2	b2	c1	a1	b3	c2
a2	a2	b1	a2	b2	c1

图2.4　关系的集合运算示例

2.3.2　专门的关系运算

交、并、差、笛卡儿积是所有集合都遵循的运算，是从元组的角度进行的运算，也就是从行的角度展开的运算。关系作为数据库中数据的表现形式，以有条件的查询为主要操作方式，需要一些既涉及行（元组），也涉及列（属性）的运算，这类运算通过一些专门的关系运算来实现，其中包括投影、选择、连接、除。

1. 选择

从关系中找出满足给定条件的所有元组称为选择（Selection）。其中的条件是以逻辑表达式给出的，该逻辑表达式的值为真的元组被选取。这是从行的角度进行的运算，即水平方向抽取元组。经过选择运算得到的结果能形成新的关系，其关系模式不变，但其中元组的数目小于或等于原来关系中元组的个数，选择运算的运算结果是原关系的一个子集，记为：

$$\sigma_F(R)=\{t|t\in R \land F(t)=\text{‘真’}\}$$

其中 F 是一个针对于元组 t 的逻辑表达式，作为选择的条件，如果 F 为真，那么当前的元组 t 作为结果中的一个元组被选择出来，否则丢弃 t。

F 的基本形式为 $A\theta B$，A、B 为元组中的属性名，θ 为二目比较运算符，从>、≥、<、≤、=、≠中选择，除了二目运算符之外，在逻辑表达式 F 中还可以进行与（∧）、或（∨）、非（┐）的单目逻辑运算。

例如，对于关系 R：

Sno	Cno	Grade
95001	1	92
95001	2	85
95001	3	88
95002	2	90
95002	3	80

选择运算的运算结果为：

Sno	Cno	Grade
95001	2	85
95001	3	88
95002	3	80

从结果可以看出，该选择运算查询所有成绩低于 90 的选课情况。

2. **投影**

从关系中挑选若干属性组成的新的关系称为投影（Projection）。这是从列的角度进行运算。经过投影运算能得到一个新关系，其关系包含的属性个数往往比原关系少，或属性的排列顺序不同。如果新关系中包含重复元组，则删除重复元组。

记为：$\pi_A(R)=\{t[A]|t\in R\}$，其中 A 为 R 中的属性列。对于上述关系 R，投影运算的运算结果为：

Sno
95001
95002

从结果可以看出，该投影运算查询所有选了课的同学的学号。

3. 连接

连接（Join）是从关系 R 和 S 的笛卡儿积中选取属性值满足某一操作的元组，也称为连接，记为

$$R \underset{A\theta B}{\bowtie} S = \{\widehat{t_r t_s} \mid t_r \in R \wedge t_s \in S \wedge t_r[A]\theta t_s[B]\}$$

其中，A 和 B 分别为 R 和 S 上列数相等且可比的属性组，θ 是比较运算符。连接运算从 R 和 S 的笛卡儿积中选取 R 关系在 A 属性组上的值域与 S 关系在 B 属性组上的值满足比较关系的元组。

在数据库中，比较运算用得最多的是相等关系。

如果是等号“=”，该连接操作称为“等值连接”。等值连接从关系 R 与 S 的广义笛卡儿积中选取 A、B 属性值相等的元组，表示为：

$$R \underset{A=B}{\bowtie} S = \{\widehat{t_r t_s} \mid t_r \in R \wedge t_s \in S \wedge t_r[A] = t_s[B]\}$$

自然连接是一种特殊的等值连接，要求两个参与比较的分量 A、B 必须同名且在结果中把重复的属性列去除。

例如，对于关系 R 和 S

R

A	B	C
3	6	7
2	5	7
7	2	3
4	4	3

S

C	D	E
3	4	5
7	2	3

$R \underset{A<E}{\bowtie} S$ 为

A	B	$R.C$	$S.C$	D	E
3	6	7	3	4	5
2	5	7	3	4	5
2	5	7	7	2	3
4	4	3	3	4	5

$R \underset{A=E}{\bowtie} S$ 为

A	B	$R.C$	$S.C$	D	E
3	6	7	7	2	3

$R \underset{A>E}{\bowtie} S$ 为

A	B	C	D	E
3	6	7	2	3

4. 除

选择运算是按照一定的条件从关系中选出特定的元组，是从行的角度进行的运算；投影运算是从关系中选出特定的属性列，是从列的角度进行的运算；连接运算将两个关系按照某个条件连接在一起，一般的连接运算是从行的角度进行的，自然连接由于需要取消重复列，所以是同时从行和列的角度进行的运算。除了上述运算，关系代数中还定义了除（Division）运算。设关系 R 除以关系 S 的结果为关

系 T，则 T 包含所有在 R 中但不在 S 中的属性及其值，且 T 的元组与 S 的元组的所有组合都在 R 中。除法也是同时从行和列的角度进行的运算。这 4 种运算的示意图如图 2.5 所示。

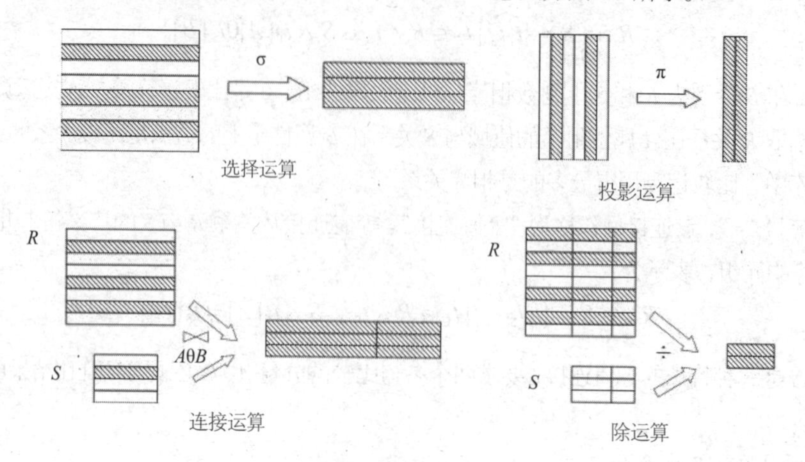

图2.5　专门的关系运算

要想理解除运算，首先需要理解象集的概念。

给定一个关系 R（X，Z），X 和 Z 为属性组。当 $t[X]=x$ 时，x 在 R 中的象集（Images Set）为：

$$Z_x=\{t[Z]|t\in R，t[X]=x\}$$

它表示 R 中属性组 X 上值为 x 的诸元组在 Z 上分量的集合。

例如，已知关系 R

A	*B*	*C*	*D*
*a*1	*b*1	*c*2	*d*2
*a*2	*b*2	*c*1	*d*2

(*a*1,*b*1)在 R 中的象集为

C	*D*
*c*1	*d*1
*c*2	*d*2

给定关系 R（X,Y）和 S（Y,Z），其中 X，Y，Z 为属性组。R 中的 Y 和 S 中的 Y 可以有不同的属性名，但必须出自相同的域集。R 和 S 的除运算得到一个新的关系 P（X），P 是 R 中满足下列条件的元组在 X 属性上的投影：元组在 X 上分量值 x 的象集 Y_X 包含 S 在 Y 上投影的集合。记作

$$R\div S=\{t_r[X]\mid t_r\in R\wedge \pi_Y(S)\subseteq Y_x\}$$

其中 Y_x 为 x 在 R 中的象集，$x=t_r[X]$。

例如，给定 R 和 S，求 $R\div S$。

R

A	B	C
a1	b1	c2
a2	b3	c7
a3	b4	c6
a1	b2	c3
a4	b6	c6
a2	b2	c3
a1	b2	c1

S

B	C	D
b1	c2	d1
b2	c1	d1
b2	c3	d2

R÷S
A
a1

小结

关系数据库是目前使用最广泛的数据库系统，它采用关系（二维表）作为数据结构，结构清晰简单，有利于针对数据结构的各种操作。

本章围绕关系型数据库展开介绍，重点介绍了关系数据模型的各个组成要素，分别是关系模型的数据结构和形式化定义、关系的完整性和关系的操作关系代数。

习　题

1. 关系数据逻辑模型数据库中的关系、属性、元组分别对应数据模型中的哪些概念？（实体型、实体、属性）

2. 什么是码、候选码、主码、外部码？主码、外部码的作用是什么？

3. 关系代数的基本运算有哪些？针对关系数据逻辑模型数据库的关系代数运算有哪些？这些运算实现了数据库的哪些操作？

03

第3章 关系数据库标准语言SQL

当面对一个陌生的数据库时，用户通常需要一种方式与它进行交互，以完成用户需要的各种工作，这时就需要使用 SQL。

结构化查询语言（Structured Query Language，SQL），是一种数据库查询和程序设计的编程语言，用于定义、查询、更新数据以及管理关系数据库系统。目前，SQL 已成为关系数据库的标准语言。

本章以实例的方式介绍 SQL，便于读者理解 SQL 语句的作用，向读者传达带着问题去寻找答案的有效的快速提高方法。SQL 简单易懂，与英文口语非常相近，读者完全可以按照日常生活中的语言思维方式编写 SQL 语句。本章的实例非常简单，便于读者初步认识 SQL 语句。读者以后遇到实际问题完全可以通过自己思考、查询书籍、网上搜索等方式寻找答案。

3.1 SQL概述

SQL 是最重要的关系数据库操作语言，并且它的影响已经超出数据库领域，得到其他领域的重视和采用，如人工智能领域的数据检索、第四代软件开发工具中嵌入 SQL 等。

SQL 基本上独立于数据库本身使用的机器、网络、操作系统，基于 SQL 的 DBMS 产品可以运行在从个人机、工作站到基于局域网、小型机和大型机的各种计算机系统上，具有良好的可移植性。可以看出标准化的工作是很有意义的。早在 1987 年就有些有识之士预测 SQL 的标准化是“一场革命”，是“关系数据库管理系统的转折点”。数据库和各种产品都使用 SQL 作为共同的数据存取语言和标准的接口，使不同数据库系统之间的互操作有了共同的基础，进而实现异构机、各种操作环境的共享与移植。

SQL 是一种交互式查询语言，允许用户直接查询存储数据，但它不是完整的程序语言，如它没有 DO 或 FOR 类似的循环语句，但它可以嵌入另一种语言中，也可以借用 VB、C、Java 等语言，通过调用级接口（Call Level Interface）直接发送到数据库管理系统。SQL 基本上是域关系演算，但可以实现关系代数操作。

SQL 包含以下 6 个部分。

1. **数据定义语言**（Schema Data Definition Language，DDL）

其语句包括动词 CREATE 和 DROP。利用 DDL 在数据库中创建新表（CREAT TABLE）或删除表（DROP TABLE）；为表加入索引等。DDL 也是动作查询的一部分。

2. **数据查询语言**（Data Query Language，DQL）

其语句也称为“数据检索语句”，用于从表中获得数据，保留字 SELECT 是 DQL（也是所有 SQL）用得最多的动词，其他 DQL 常用的保留字有 WHERE、ORDER BY、GROUP BY 和 HAVING。这些 DQL 保留字常与其他类型的 SQL 语句一起使用。

3. **数据操作语言**（Data Manipulation Language，DML）

其语句包括动词 INSERT、UPDATE 和 DELETE，分别用于添加、修改和删除表中的行，也称为动作查询语言。

4. **数据控制语言**（Data Control Language，DCL）

它的语句通过 GRANT 或 REVOKE 获得许可，确定单个用户和用户组对数据库对象的访问。某些 RDBMS 可用 GRANT 或 REVOKE 控制对表单个列的访问。

5. **事务处理语言**（TPL）

它的语句能确保被 DML 语句影响的表的所有行及时得以更新。TPL 语句包括 BEGIN TRANSACTION、COMMIT 和 ROLLBACK。

6. **指针控制语言**（CCL）

它的语句像 DECLARE CURSOR、FETCH INTO 和 UPDATE WHERE CURRENT 一样用于对一个或多个表单独行的操作。

3.1.1　SQL的产生与发展

在 20 世纪 70 年代初，IBM 公司的 San Jose 和 California 研究实验室的 Edgar Codd 发表将数据组成表格的应用原则（Codd’s Relational Algebra）。1974 年，同一实验室的 D.D.Chamberlin 和 R.F. Boyce 在对 Codd’s Relational Algebra 研制的关系数据库管理系统 System R 中，研制出一套规范语言——SEQUEL（Structured English QUEry Language），并在 1976 年 11 月的 IBM Journal of R&D 上公布新版本的 SQL（名叫 SEQUEL/2）。1980 年改名为 SQL。1986 年 10 月，美国 ANSI 公布了第一个 SQL 标准（SQL-86），后为国际标准化组织（ISO）采纳为国际标准。此后，ANSI 不断修改和完善 SQL，并在 1989 年第二次公布 SQL 标准（SQL-89）。1992 年又公布 SQL-92 标准。

目前（21 世纪初期）主要的关系数据库管理系统支持某些形式的 SQL，大部分数据库管理系统能支持 SQL-92 标准中的大部分功能以及 SQL-99、SQL-2003 中的部分概念。许多数据库软件厂商对 SQL 基本命令集还进行了不同程度的扩充和修改，也有所支持标准以外的一些功能的尝试。

3.1.2　SQL的基本概念

支持 SQL 的 RDBMS 同样支持关系数据库三级模式结构。

其中，外模式对应视图（View）和部分基本表（Base Table），模式对应基本表，内模式对应存储文件（Stored File）。数据库三级模式图如图 3.1 所示。

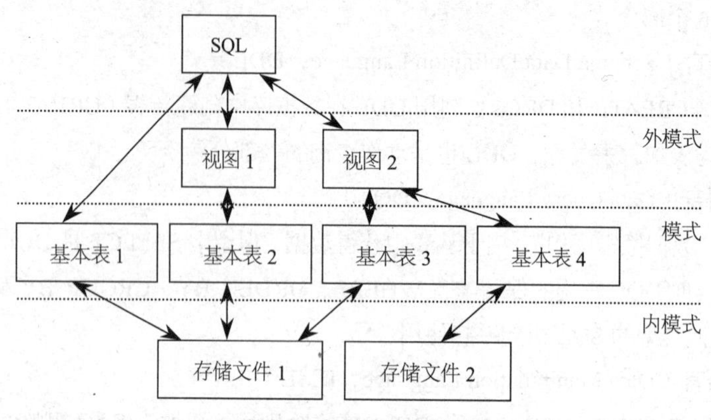

图3.1　数据库三级模式图

用户可以用 SQL 语句对基本表和视图进行查询或其他操作。

基本表是本身独立存在的表，在 SQL 中一个关系对应一个表。一个（或多个）基本表对应一个存储文件，一个表可以带若干索引，索引也可以存放在存储文件中。

存储文件的逻辑结果组成了关系数据库的内模式。存储文件的物理结构对用户是透明的。

视图是一个或几个基本表导出的表，是一个本身不存储任何数据的虚表，这些视图中的数据仍存放在导出视图的基本表中。视图在概念上和基本表等同，可以在视图上再次定义视图。

3.1.3　SQL的特点

SQL 是一种非过程化的语言，它允许在高层数据结构上操作，而不是对单个记录进行操作。用户在使用 SQL 的过程中，完全不用考虑数据的存储格式、数据存储路径等复杂问题。用户需要做的只是用 SQL 提出自己的需求，至于如何实现这些需求则是关系数据库管理系统的任务了。

1. **集多种数据语言为一体**

数据查询语言（Data Query Language，DQL）、数据操纵语言（Data Manipulation Language，DML）、数据定义语言（Schema Data Definition Language，模式 DDL），以及数据控制语言（Data Control Language，DCL）都可以用 SQL 来实现。

2. **统一的数据操作方式**

在关系模型中，实体与实体之间的联系用关系来表示，即实体和实体具有统一的数据结构，这种统一的数据结构使得对数据的增删查改只需一种操作符。

3. **面向集合的操作方式**

SQL 采用集合操作方式，每次增删查改的操作对象都可以是元组的集合。

4. **高度非过程化**

用 SQL 对数据进行操作，只需要知道想做什么并写出相应的 SQL 语句，而不需要知道该怎么做，存取路径的选择和 SQL 语句的操作过程全部由数据库关系系统自动完成。

5. **一种语言，两种使用方式**

用户既可以在终端键盘上直接键入 SQL 命令对数据库进行操作，也可以作为嵌入式语言，嵌入高级语言的程序中。这两种使用方式的语法基本一致。

6. 语言易懂易学易用

SQL 非常接近日常生活中的英语，容易学习，并且它只用了 9 个动词就完成了数据定义、数据操作、数据控制的核心功能，语言简洁、容易使用。SQL 的核心动词如表 3.1 所示。

表3.1 SQL的核心动词

SQL 功能	动 词
数据定义	CREATE、DROP、ALTER
数据查询	SELECT
数据操纵	INSERT、UPDATE、DELETE
数据控制	GRANT、REVOKE

3.2 MySQL数据库简介

MySQL 是一种开放源代码的关系型数据库管理系统（RDBMS），MySQL 数据库系统使用最常用的数据库管理语言——结构化查询语言（SQL）进行数据库管理。本篇涉及的数据库操作以及第二篇的数据库开发使用的都是 MySQL。

由于 MySQL 是开放源代码的，因此任何人都可以在 General Public License 的许可下下载并根据个性化的需要对其进行修改。MySQL 因为其速度快、可靠性高和适应性强而备受关注。大多数人都认为在不需要事务化处理的情况下，MySQL 是管理内容最好的选择。

下面以 MySQL 为例简单介绍 SQL 语句。但在正式介绍 SQL 之前，需先了解 MySQL 的几个概念。在 MySQL 中，有一个大单位叫数据库（Database），MySQL 中可以建立多个数据库，每个数据库都有若干表（Table），每个表中有若干字段，数据存储在表中，数据的类型代表表中字段的类型。

扫一扫右下方的二维码可以在线观看 MySQL 5.7 版本的安装视频。

3.2.1 MySQL常用的语句

从前述 SQL 的产生和发展历史可知，不同的数据库管理系统支持的 SQL 标准也不尽相同，SQL 语法表达方式通常存在些许差异，本书中的 SQL 语句遇到运行问题时，可查阅相关数据库管理系统（DBMS）的用户手册，进行调整、调试，也可以反馈至作者团队微信公众号。

MySQL 中常用的 SQL 语句如下。

（1）使用 SHOW 语句查找服务器当前存在的数据库

```
SHOW DATABASES;
```

（2）创建一个数据库 DB

```
CREATE DATABASE DB;
```

（3）选择创建的数据库

```
USE DB;
```

（4）查看当前数据库中存在的表

```
SHOW TABLES;
```

（5）显示表的结构

```
DESCRIBE TB;
```

（6）用文本方式将数据装入数据库表中（如 D:/mysql.txt）

```
LOAD DATA LOCAL INFILE "D:/mysql.txt" INTO TABLE TB;
```

（7）导入.sql 文件命令（如 D:/mysql.sql）

```
USE DATAEBASE;
SOURCE d:/mysql.sql;
```

（8）删除表

```
DROP TABLE TB;
```

（9）清空表

```
DELETE FROM TB;
```

（10）全局管理权限对应解释

FILE：在 MySQL 服务器上读写文件。

PROCESS：显示或杀死属于其他用户的服务线程。

RELOAD：重载访问控制表、刷新日志等。

SHUTDOWN：关闭 MySQL 服务。

（11）数据库/数据表/数据列权限

ALTER：修改已存在的数据表（如增加/删除列）和索引。

CREATE：建立新的数据库或数据表。

DELETE：删除表的记录。

DROP：删除数据表或数据库。

INSERT：增加表的记录。

SELECT：显示/搜索表的记录。

UPDATE：修改表中已存在的记录。

3.2.2 MySQL的数据类型

MySQL 的数据类型大致分为以下几类。

1. 数值类型

MySQL 的数值类型可以大致划分为整数和浮点数或小数两类。表 3.2 列出了各种数值类型和允许范围以及占用的内存空间。

表3.2 MySQL数值类型

类型	大小	范围（有符号）	范围（无符号）	用途
TINYINT	1 字节	（–128,127）	（0,255）	小整数值
SMALLINT	2 字节	（–32768,32767）	（0,65535）	大整数值
MEDIUMINT	3 字节	（–8388608,8388607）	（0,16777215）	大整数值

续表

类型	大小	范围（有符号）	范围（无符号）	用途
INT 或 INTEGER	4 字节	(−2147483648,2147483647)	(0,4294967295)	极大整数值
BIGINT	8 字节	(−9233372036854775808, 9233372036854775807)	(0,18446744073709551615)	小整数值
FLOAT	4 字节	(−3.402823466E+38,1.175 494 351 E-38),0,(1.175 494 351 E-38, 3.402823466 351 E+38)	0,(1.175 494 351 E-38, 3.402823466 351 E+38)	单精度浮点数值
DOUBLE	8 字节	(1.7976931348623157E+308,2.225 073 858 507 2014 E-308),0,(2.225 073 858 507 2014 E-308, 1.797693134 8623157E+308)	0,(2.225 073 858 507 2014 E-308, 1.7976931348623157E+308)	双精度浮点数值
DECIMAL	对 DECIMAL(M,D)，如果 M>D,为 M+2，否则为 D+2	依赖于 M 和 D 的值	依赖于 M 和 D 的值	小数值

2. 字符串类型

MySQL 提供了 8 种基本的字符串类型，如表 3.3 所示，可以存储从简单的一个字符到巨大的文本块或二进制字符串数据。

表3.3 MySQL字符串类型

类　型	大　小	用　途
CHAR	0～255 字节	定长字符串
VARCHAR	0～255 字节	变长字符串
TINYBLOB	0～255 字节	不超过 255 个字符的二进制字符串
TINYTEXT	0～255 字节	短文本字符串
BLOB	0～65535 字节	二进制形式的长文本数据
TEXT	0～65535 字节	长文本数据
MEDIUMELOB	0～16 777 215 字节	二进制形式的中等长度文本数据
MEDIUMTEXT	0～16 777 215 字节	中等长度文本数据
LOGNGBLOB	0～4 294 967 295 字节	二进制形式的极大文本数据
LONGTEXT	0～4 294 967 295 字节	极大文本数据

3．日期和时间类型

MySQL 有 5 种日期和时间类型，如表 3.4 所示。

表3.4 MySQL日期和时间类型

类 型	大小（字符）	范 围	格 式	用 途
DATE	3	1000-01-01～9999-12-31	YYYY-MM-DD	日期值
TIME	3	'-838:59:59' ～'838:59:59'	HH:MM:SS	时间值或持续时间
YEAR	1	1901～2155	YYYY	年份值
DATETIME	8	1000-01-01 00:00:00～9999-12-31 23:59:59	YYYY-MM-DD HH:MM:SS	混合日期和时间值
TIMESTAMP	8	1970-01-01 00:00:00/2037年某时	YYYYMMDDHHMMSS	混合日期和时间值，时间戳

3.3 定义数据

关系数据库由模式、外模式和内模式组成，对应关系数据库中的表、视图和索引。数据定义就是用 SQL 把想创建的数据库的表、视图和索引在数据库中创建出来。

下面通过实例介绍数据定义，其他实例可以直接套公式（这里使用的是 MySQL Workbench 操作平台，在官网下载 MySQL 时，会默认安装 MySQL Workbench 操作平台）。

3.3.1 创建与使用模式

1. 创建模式

例 3-1 定义一个学生-课程模式 S_T。

```
CREATE SCHEMAS_T;
```

在 MySQL Workbench 中的具体操作如图 3.2 所示。

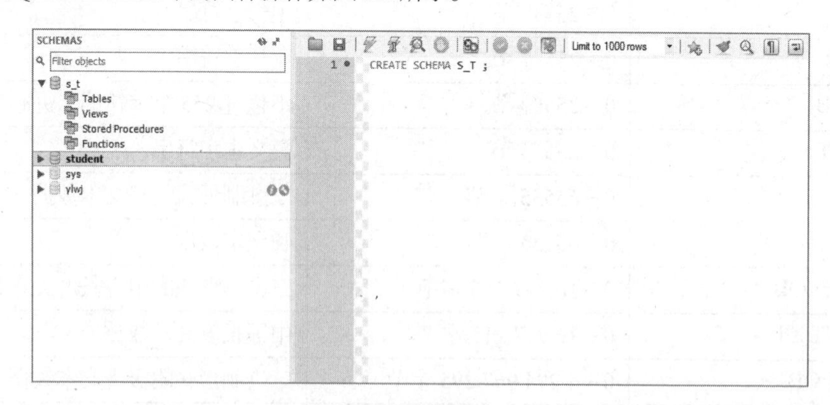

图3.2 创建模式

解释：一个数据库系统可能有多个数据库，而创建模式就是在同一个数据库系统中建立一个新的具体的数据库。举一个简单的例子，在自己的计算机安装了 MySQL 服务器，在自己计算机的 MySQL 服务器下，新建一个用户，之后这个用户创建了多个数据库，包括学生选课数据库、银行借贷款数据库、商场进出货数据库，这些不同的数据库就对应的模式。

2. 删除模式

例 3–2　删除模式 S_T。

```
DROP SCHEMA S_T CASCADE;
```

解释：删除模式 S_T 的同时，该模式中的表也被删除。

3.3.2　创建与使用基本表

1. 创建基本表

例 3–3　建立一个存储学生信息的表，包含学生的学号、姓名、性别、年龄、所属院系 5 个属性的信息，并且学号是主键，不能为空，值唯一。

```
CREATE TABLE  Student
(
Sno          VARCHAR(10)  PRIMARY KEY,
Sname         VARCHAR(5),
Ssex          VARCHAR(1) ,
Sage          INT,
SdepartmentVARCHAR(10)
);
```

解释：一个数据库中，即在一个模式下可能有多个表。

例 3–4　建立一个存储课程的表，包含课程的代号、课程名、选修课程、学分 4 个属性的信息，并且课程代号是主键，不能为空，值唯一，选修课程是外键，被参照表是存储课程的表，被参照列是课程的代号。

```
CREATE TABLE Course
(
Cno VARCHAR(10) PRIMARY KEY,
Cname VARCHAR(10),
CprimarynoVARCHAR(10),
CcreditVARCHAR(10),
FOREIGN KEY (Cprimaryno) REFERENCES Course(Cno)
)
```

例 3–5　建立一个学生选课表 S_C，包含学生学号、选修课程号、成绩 3 个属性，主键由学号和课程号定义，外键学号参照的是学生表中的学号列，外键课程号参照的是课程表中的课程号列。

```
CREATE TABLE SC
(
Sno VARCHAR(10),
Cno VARCHAR(10),
Result VARCHAR(10),
PRIMARY KEY (Sno,Cno),
FOREIGN KEY Sno REFERENCE Student(Sno),
FOREIGN KEY Cno REFERENCE Course(Cno)
)
```

在 MySQL Workbench 中的具体操作如图 3.3 所示。

解释：SQL 主键与外键的作用。主键默认不能为空，且值唯一，并自动按主键建立索引。外键取值要么为空值，要么参照主键的值。插入非空值时，如果主键表中没有这个值，则不能插入；更新时，不能改为主键表中没有的值；删除主键表记录时，可以在创建外键时设置外键记录一起级联删除还是拒绝删除；更新主键记录时，同样有级联更新和拒绝执行的选择。

外键的作用就是保持数据的一致性和完整性的，主键为外键提供数据完整性约束。

```
CREATE TABLE  Student
(
Sno          VARCHAR(10)  PRIMARY KEY,
Sname        VARCHAR(5),
Ssex         VARCHAR(1) ,
Sage          INT,
Sdepartment   VARCHAR(10)
);

CREATE TABLE Course
(
Cno VARCHAR(10) PRIMARY KEY,
Cname VARCHAR(10),
Cprimaryno VARCHAR(10),
Ccredit VARCHAR(10),
FOREIGN KEY (Cprimaryno) references Course(Cno)
);

CREATE TABLE SC
(
Sno VARCHAR(10),
Cno VARCHAR(10),
Result VARCHAR(10),
PRIMARY KEY (Sno,Cno),
FOREIGN KEY (Sno) REFERENCES Student(Sno),
FOREIGN KEY (Cno) REFERENCES Course(Cno)
)
```

图3.3　创建表

2. 向基本表中增加一列

例 3-6　向存储学生信息的表中增加一个属性：学生所属的班级，即向 Student 表中增加一列班级。

```
ALTER TABLE Student
ADD Class CHAR(5);
```

解释：不论原表是否为空，都可以增加一列，并且增加的一列的值都为空。

3. 修改列的数据类型

例 3-7　由于学校转来一名少数民族的学生，学生姓名长度不满足需求，需要增加其长度，即修改 Student 表中 Name 列的数据类型。

```
ALTER TABLE Student
MODIFY Name CHAR (10) ;
```

解释：如果更改数据类型，可能会破坏原有的数据。

4. 删除唯一性约束

例 3-8　学生信息表中不再以学号为唯一的标识，即删除 Student 表中 No 列取唯一值的约束。

```
ALTER TABLE Student
DROP UNIQUE(No);
```

SQL 没有提供删除属性列的语句，可以将原表中要保留的列以及内容复制到一个新表中来删除原表。

MySQL Workbench 提供可视化修改表的工具，如图 3.4 所示。

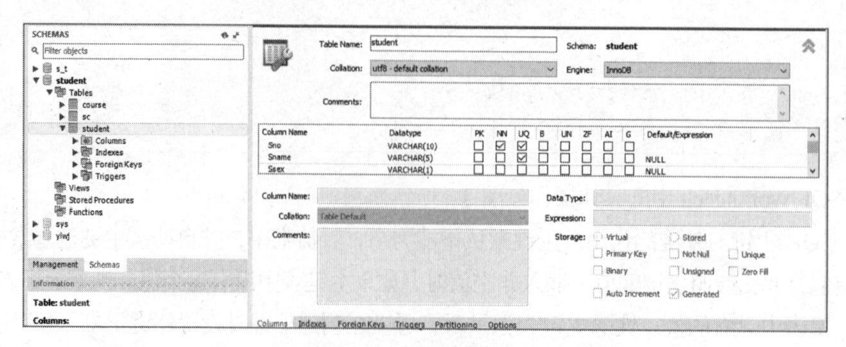

图3.4　可视化修改表

5. 删除基本表

例 3–9　删除 Student 表。

```
DROP TABLE Student;
```

在 MySQL Workbench 中提供可视化删除表的工具，如图 3.5 所示。

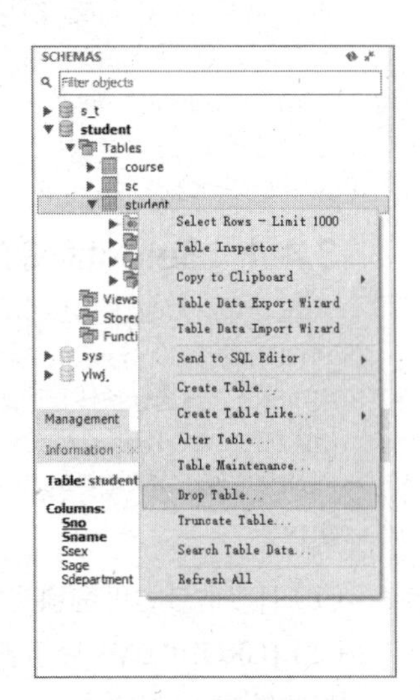

图3.5　可视化删除表

3.3.3　创建与使用索引

为了加快查询速度，建立索引是行之有效的方法。在日常生活中翻阅字典时，肯定不是直接查找信息，而是通过目录找到信息所在的页码，之后只需要翻阅感兴趣的几页，而不用翻阅整本字典。数据库建立的索引就相当于字典的目录，通过索引可以大大加快查询的速度。

可以在基本表上根据需要建立一个或多个索引，并且建立与删除索引由数据库管理员（DBA）负责完成，系统存取数据时，自动选择合适的索引作为存储路径，不需要用户干预。

1. 建立索引

例 3–10　为了加快查询速度，为学生信息表（Student 表）按学号（No）建立唯一索引。

```
CREATE UNIQUE INDEX Stuname ON Student (Sname) ;
```

在 MySQL Workbench 中的具体操作如图 3.6 所示。

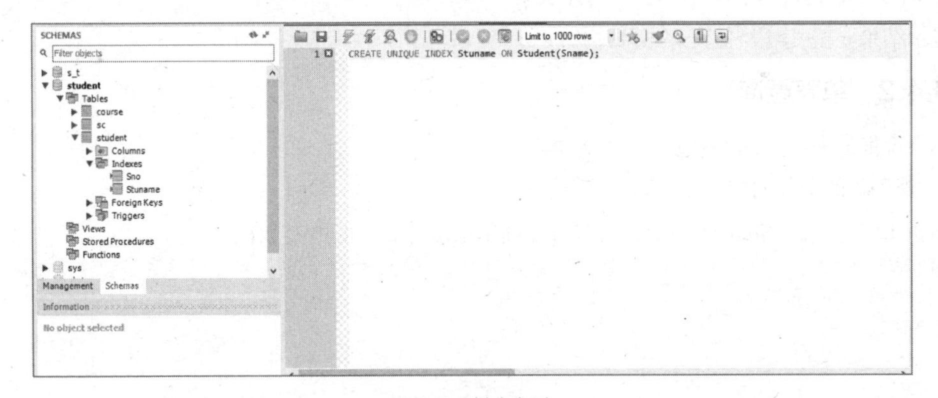

图3.6　创建索引

解释：可以在 Student 表中的 Indexes 中看到两个索引（Sno 与 Stuname），这是因为在以 Sno 为主键建表时，系统默认以 Sno 建立索引。

2. 删除索引

例 3–11　删除学生信息表（Student 表）的 Stuname 索引。

```
DROP INDEX Stuname;
```

3.4　查询数据

数据库的查询功能可以说是数据库的核心功能。SQL 提供了 SELECT 语句进行数据查询，并且提供了丰富的用法以满足用户各种需求的查询。

本节采用实例进行介绍，再有实例可以直接套下面的这些方法。

以学生-课程信息数据库为例，以下是数据库中的三个表。

```
学生基本信息表（学号，姓名，性别，年龄，院系）
Student (Sno, Sname, Ssex, Sage, Sdepartment)
课程信息表（课程编号，课程名，要修这门课需要先修的课程，学分）
Course (Cno, Cname, Cprimaryno, Ccredit)
学生选课表（学号，课程号，成绩）
SC (Sno, Cno, Result)
```

3.4.1 Select命令的一般格式

```
SELECT [ ALL | DISTICT ] <字段表达式 1>[,<字段表达式 2>,…]
FROM <表名 1>[,<表名 2>, …]
[WHERE <筛选择条件表达式>]
[GROUP BY <分组表达式> [HAVING<分组条件表达式>]]
[ORDER BY <字段>[ASC | DESC]]
```

解释：

（1）[]方括号为可选项。

（2）[GROUP BY <分组表达式> [HAVING<分组条件表达式>]]表示

将结果按<分组表达式>的值进行分组，该值相等的记录为一组，带【HAVING】短语则只有满足指定条件的组才会输出。

（3）[ORDER BY <字段>[ASC | DESC]]

显示结果要按<字段>值升序或降序排序

3.4.2 单表查询

单表查询是指要查询的数据只和一个表相关。

1. 查询表的全部内容

例 3-12 不知道 Student 表中有何内容，简单地浏览表中的所有数据。

```
SELECT *
FROM Student;
SELECT *
FROM Course;
SELECT *
FROM SC;
```

在 MySQL Workbench 中的具体操作如图 3.7～图 3.9 所示。

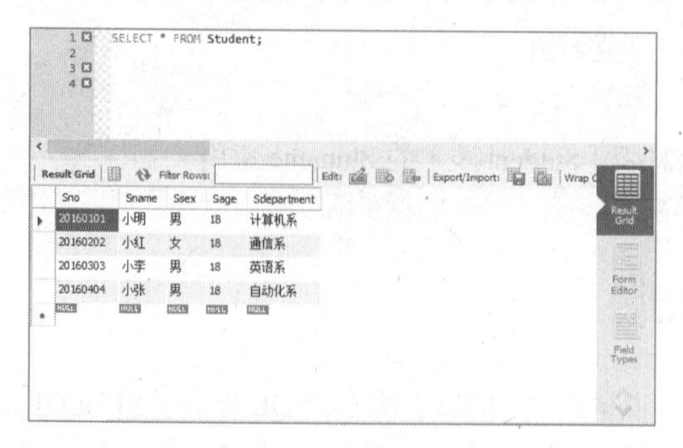

图3.7 查询Student表的全部内容示例

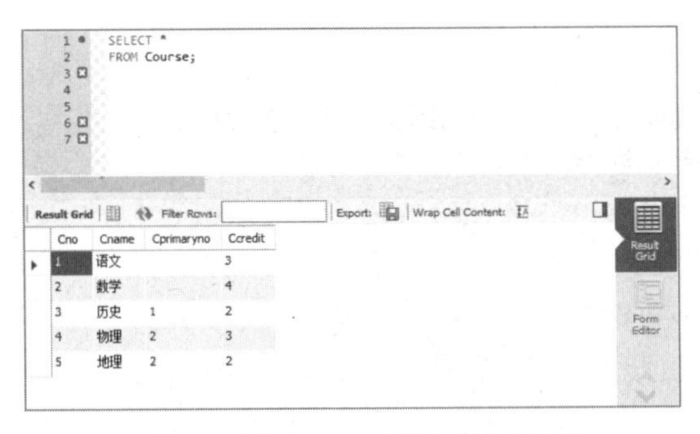

图3.8　查询Course表的全部内容示例

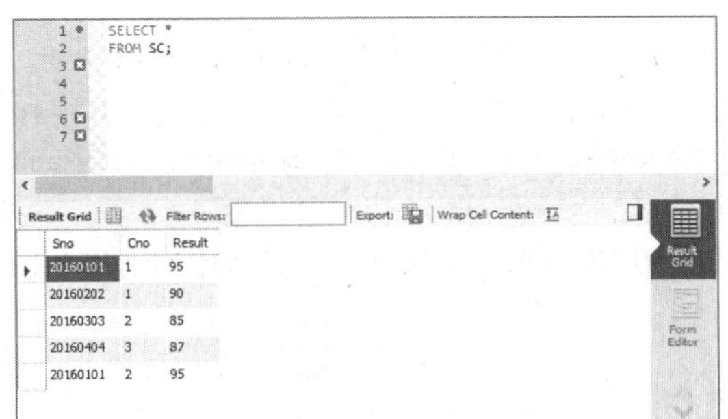

图3.9　查询SC表的全部内容示例

2. 查询表中某些列的内容

例 3-13　查询全体学生的学号和姓名。

```
SELECT Sno, Sname
FROM Student;
```

在 MySQL Workbench 中的具体操作如图 3.10 所示。

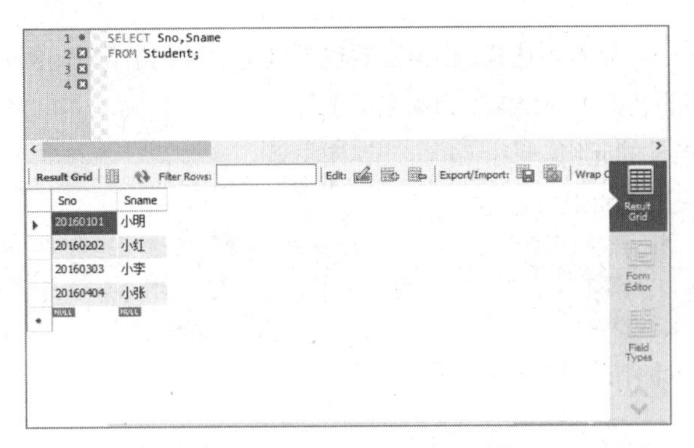

图3.10　查询表中某些列的内容示例

3. 查询表中的某些列，并且按照规定的列顺序显示

例 3-14　查询全体学生的学号和姓名，并且按照姓名、学号的列顺序输出。

```
SELECT Sname,Sno
FROM Student;
```

在 MySQL Workbench 中的具体操作如图 3.11 所示。

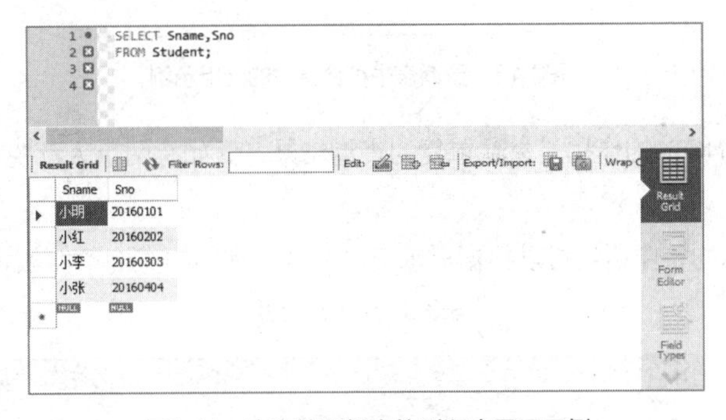

图3.11　查询按照规定的列顺序显示示例

4. 查询经过计算的值，并更改列标题

例 3–15 查询全体学生的出生日期，并用 Birthday 作为计算出的出生日期的列标题。

```
SELECT Sno Number,Sname Name,2016-Sage Birthday
FROM Student;
```

在 MySQL Workbench 中的具体操作如图 3.12 所示。

图3.12 查询经过计算的值并更改列标题示例

解释：2016-Sage 是一个算术表达式，根据需要也可以是函数和字符串，例如，My name is'、COUNT（列的名称）、AVG（列的名称）、MAX（列的名称）等。

5. 查询表中符合条件的元组

例 3–16 查询全体男生的学号。

```
SELECT DISTINCT Sname
FROM Student
WHERE Ssex='男';
```

在 MySQL Workbench 中的具体操作如图 3.13 所示。

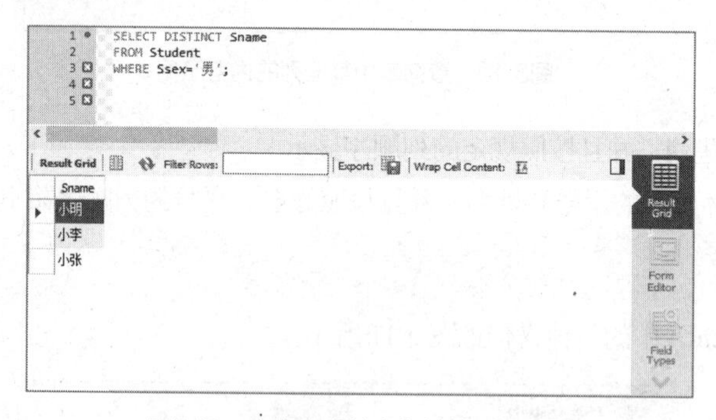

图3.13 查询表中符合条件的元组示例

解释：（1）DISTINCT 的作用是去除重复的查询结果，假如有两个人都叫小明，则这里的查询结果只会显示一个。

（2）WHERE 之后的条件语句可以根据需求自己编写。常用的查询条件如表 3.5 所示。

表3.5 谓语动词表

查询条件	谓　词
比较	=、<、>、<=、>=、!=、<>、!<、!>

续表

查询条件	谓　词
确定范围	BETWEEN ..AND..,NOT BETWEEN..AND..
确定集合	IN,NOT IN
字符匹配	LIKE,NOT LIKE
空值	IS NULL,IS NOT NULL
多重条件	AND,OR

字符匹配是查找指定的属性列值与<匹配串>相匹配的元组。<匹配串>可以是一个完整的字符串，也可以含有通配符%和_。

%（百分号）代表任意长度（长度可以为 0）的字符串。

例如，a%b 标识以 a 开头，以 b 结尾的任意长度的字符串。Abc、addgb、ab 等都满足该匹配串。

_（下画线）代表任意单个字符。

例如，a_b 表示以 a 开头，以 b 结尾的长度为 3 的任意字符串，acb、afb 等都满足该匹配串。

6. 对查询结果进行排序

例 3–17 查询全体学生的 1 号课程的成绩，并按这门课程的成绩由高到低排序。

```
SELECT Sno,Result
FROM SC
WHERE Cno='1'
ORDER BY Result DESC;
```

在 MySQL Workbench 中的具体操作如图 3.14 所示。

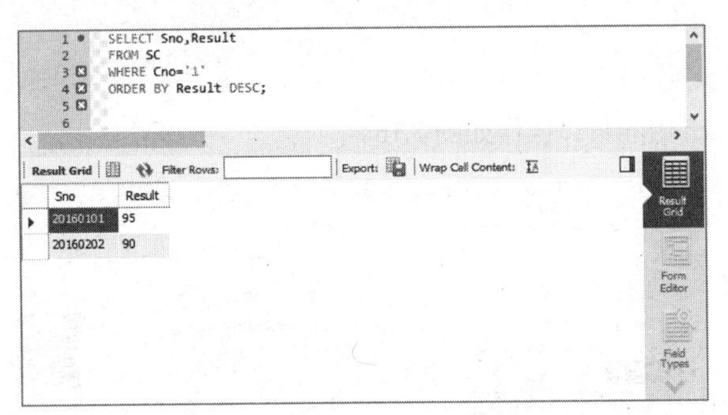

图3.14 对查询结果进行排序示例

解释：DESC 表示降序，ASC 表示升序（默认为升序）。

7. 对查询的结果进行分组

例 3–18 查询全体学生中选修了两门以上课程的学号，以及选修的总门数。

```
SELECT Sno,COUNT (Cno)
FROM SC
GROUP BY Sno
HAVING COUNT(*)>1;
```

在 MySQL Workbench 中的具体操作如图 3.15 所示。

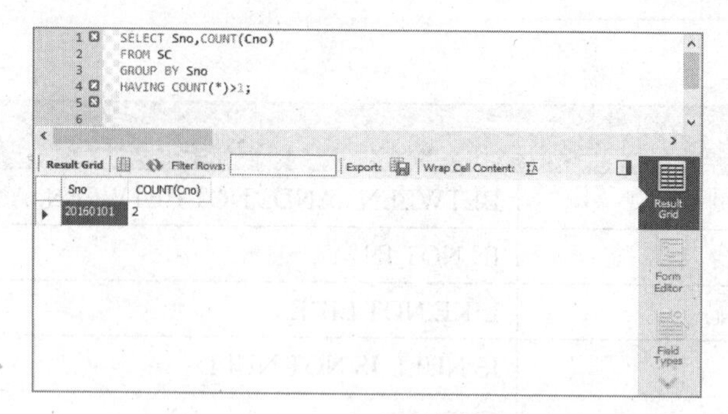

图3.15　对查询结果进行分组示例

解释：这条 SELECT 语句按 Sno 分组，即把具有相同学号的元组分到一个组中并对其进行计数。

WHERE 和 HAVING 都是条件语句，不过 WHERE 的操作对象是元组，而 HAVING 的操作对象是由元组组成的组。

3.4.3　连接查询

一个数据库中肯定不止存在一张表，并且这些表之间一般都存在某种联系，它们一起提供完整可用的信息。上一小节都是对单表的查询，若一个查询同时涉及两个或者两个以上的表，则需要进行连接查询。

举一个简单的例子，查询课程号为 1 的课程考 95 分的同学的姓名，在 SC 表中只存储了学号并没有学生姓名，所以需要 SC 表和 Student 表连接查询。连接查询是数据库查询最主要的方式。

1. 等值与非等值的连接查询

例 3–19　查询每个学生及其选课情况，要求显示学生学号、学生姓名、选修课程代码和成绩。

```
SELECT Student.Sno,Sname,SC.Cno,Result
FROM Student,SC
WHERE Student.Sno=SC.Sno ;
```

在 MySQL Workbench 中的具体操作如图 3.16 所示。

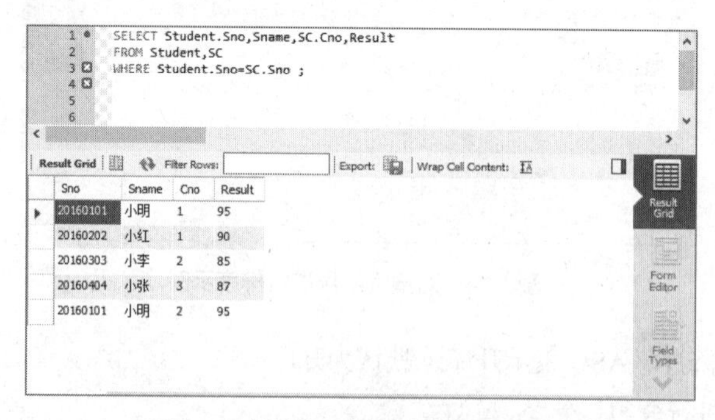

图3.16　等值与非等值的连接查询示例

解释：（1）上面的 SQL 语句是对 Student 表、SC 表的自然连接。还有一种意义不大的卡氏积。它对每个表的每个元组都要进行连接，其查询结果可能很庞大。假如 Student 表里有 5 个元组，SC 表有 4 个元组，查询结果就会有 5×4=20 个元组。卡氏积的 SQL 语句如下：

```
SWLWCT Student.*,SC.*.
FROM Student,SC
```

（2）连接查询的 WHERE 子句中用来连接两个表的条件称为连接条件或连接谓词，其一般格式为：

```
[<表名 1>.]<列名 1><比较运算符>[<表名 2>.]<列名 2>
```

其中比较运算符主要有：=、>、<、>=、<=、!=（或<>）等。

此外，连接谓词还可以使用下面的形式。

```
[<表名 1>.]<列名 1>BETWEEN[<表名 2>.]<列名 2>AND[<表名 2>.]<列名 3>
```

当连接运算符为=时，称为等值连接。使用其他运算符称为非等值连接。

连接谓词中的列名称为连接字段。连接条件中的各连接字段类型必须是可比的，但名称不必相同。

2. 表自身和自身连接查询

例 3–20 查询课程的先修课的先修课，要求显示课程号，以及先修课的先修课的课程号。

```
SELECT ONE.Cno, TWO.Cprimeryno
FROM Course ONE,Course TWO
WHERE ONE.Cprimeryno=TWO.Cno;
```

在 MySQL Workbench 中的具体操作如图 3.17 所示。

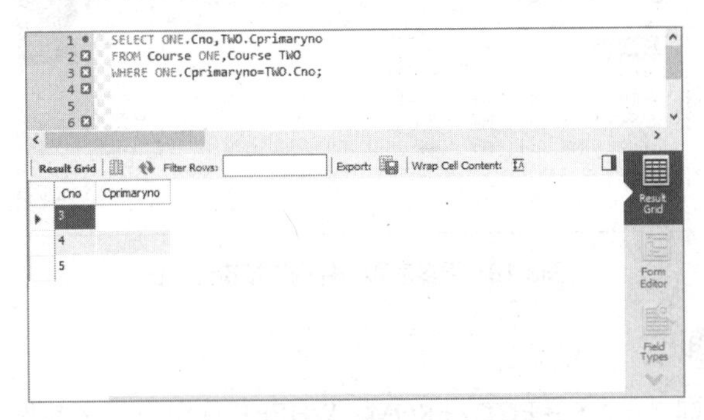

图3.17 表自身和自身连接查询示例

解释：为了区分自身连接的前后两个相同的表，在 FROM 语句中为这两个表定义了两个不同的别名。

3. 外连接查询

例 3–21 查询每个学生及其选课情况，要求显示学生学号、学生姓名、选修课程代码，以及成绩。

```
SELECT Student.Sno,Sname,SC.Cno,Result
FROM Student,SC
WHERE Student.Sno=SC.Sno;
```

在 MySQL Workbench 中的具体操作如图 3.18 所示。

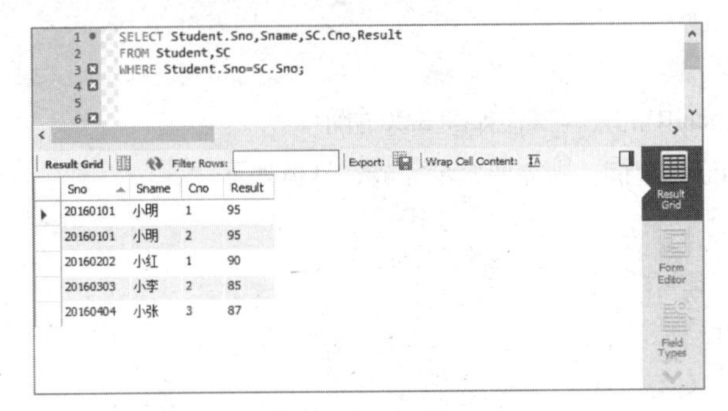

图3.18 外连接查询示例

解释：外连接符*出现在连接运算符的右边，称为左外连接；出现在连接运算符的左边叫作右外连接。

4. 更多表、更多条件的连接查询

例 3-22 查询每个学生及其选课情况，要求显示学生学号、学生姓名、选修课程代码、课程名称以及成绩。

```
SELECT Student.Sno,Sname,SC.Cno,Cname,Result
FROM Student,Course,SC
WHERE Student.Sno=SC.Sno AND
     Course.Cno=SC.Cno;
```

在 MySQL Workbench 中的具体操作如图 3.19 所示。

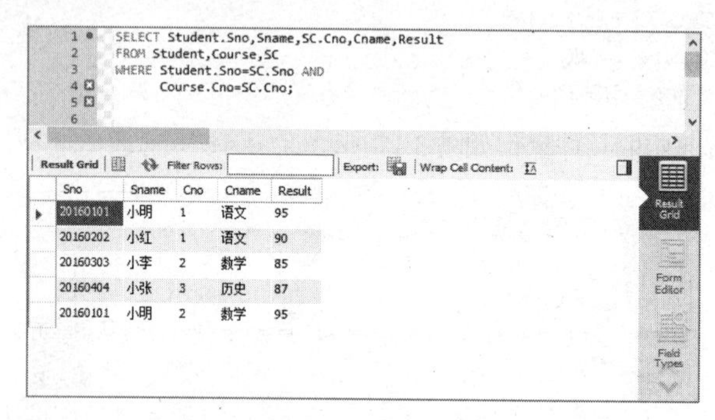

图3.19 更多表和条件的连接查询示例

3.4.4 嵌套查询

SQL 还支持嵌套查询。一个 SELECT…FROM…WHERE 称作一个查询块，将一个查询块嵌套在另一个查询块的 WHERE 或 HAVING 语句中的查询叫作嵌套查询。使用嵌套查询可以减少手动操作的步骤，大大方便了二次或者多次相关联的查询。

1. 子查询带有谓词 IN 的嵌套查询

例 3-23 查询与李明在同一个系的学生。

```
SELECT Sno,Sname,Sdepartment
FROM Student
WHERE Sdepartment IN
(
  SELECT Sdepartment
  FROM Student
  WHERE Sname='小明'
);
```

在 MySQL Workbench 中的具体操作如图 3.20 所示。

解释：（1）若不用嵌套查询，则需要分步完成，具体如下。

```
  SELECT Sdepartment
  FROM Student
  WHERE Sname='小明';
结果：Sdepartment
     计算机
```

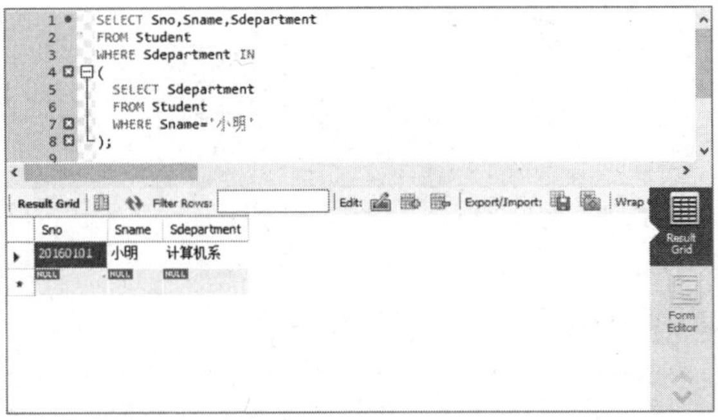

图3.20 子查询带有谓词IN的嵌套查询示例

```
SELECT Sno,Sname,Sdepartment
FROM Student
WHERE Sdepartment='计算机系';
```

（2）当然，在子查询中再插入子查询也是可以的，即在上例中第二个 WHERE 再插入一个查询块也是可以的，以此类推。

2. 子查询带有谓词是比较运算符的嵌套查询

例 3-24 查询与小明性别相同的学生。

```
SELECT Sno,Sname,Ssex
FROM Student
WHERE Ssex =
(
 SELECT Ssex
 FROM Student
 WHERE Sname='小明'
);
```

在 MySQL Workbench 中的具体操作如图 3.21 所示。

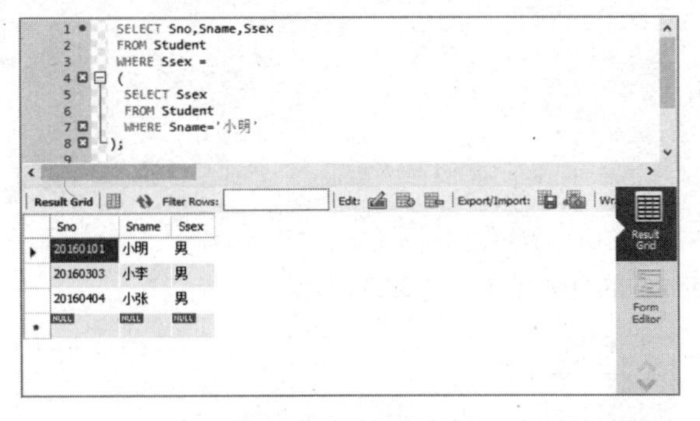

图3.21 子查询带有谓词是为比较运算符的嵌套查询示例

解释：比较运算符必须是与具体的一个值比较，若子查询返回的是一组数，则不能使用比较运算符。但是在比较运算符后面加上 ANY 或者 ALL 则可以比较，含义是比子查询返回的一组数中的任意一个大或者小，比子查询返回的一组数中所有的数都大或者小。

3. 子查询带有 EXISTS 谓词的嵌套查询

例 3-25 查询所有选修了 1 号课程的学生名字。

```
SELECT  Sname
```

```
FROM Student
WHERE EXISTS
(
SELECT *
FROM SC
WHERE Sno=Student.Sno AND Cno='1'
);
```

在 MySQL Workbench 中的具体操作如图 3.22 所示。

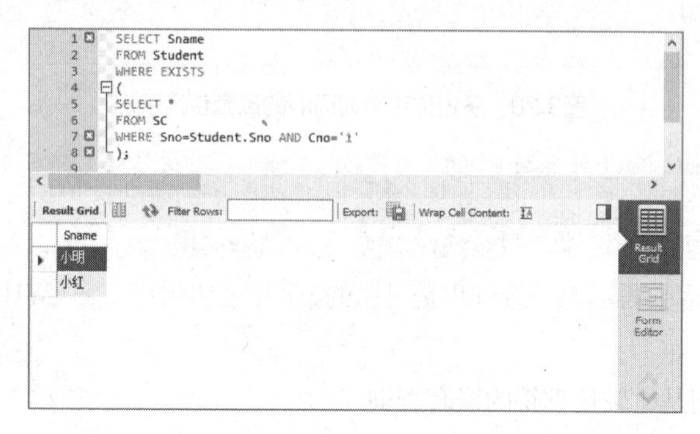

图3.22　子查询带有EXISTS谓词的嵌套查询示例

解释：EXISTS 代表存在，它只产生逻辑值 1 或 0。

3.4.5　集合查询

因为 select 语句的查询结果是元组的集合，所以多个 select 语句的结果可以进行集合操作。集合操作主要包括并（union）、交（intersect）和差（except）。注意，参加操作的各查询结果的列数和对应项的数据类型都必须相同。

例 3-26　查询年龄是 18 岁的男生。

```
SELECT *
FROM Student
WHERESage='18'
UNION
SELECT *
FROMStudent
WHERE Ssex='男';
```

在 MySQL Workbench 中的具体操作如图 3.23 所示。

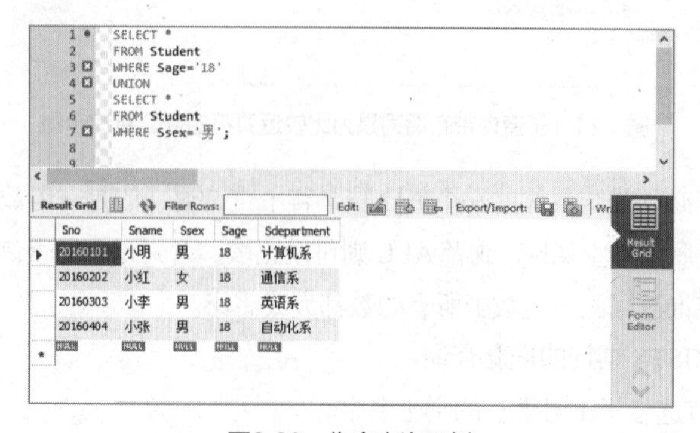

图3.23　集合查询示例

解释：UNION 取的是两者的并集。

3.5　更新数据

数据库中的数据不可能是一成不变的，SQL 提供了插入数据、修改数据和删除数据三条更新数据语句。

3.5.1　插入数据

插入语句 INSERT 的一般格式如下。

```
INSERT
INTO<表名称> [(<属性列 1>[,<属性列 2>...])]
VALUE(<常量 1>[,<常量 2>]...);
```

1. 插入一条完整属性的数据

例 3–27　2016 年，小明来学校报道，学校要将小明的基本信息插入学生信息表中。小明的个人信息为（学号：20160108，姓名：小赵，性别：男，所在系：计算机，年龄：19）。

```
INSERT
INTO Student
VALUE ('20160108','小赵','男','19','计算机系');
```

在 MySQL Workbench 中的具体操作如图 3.24 所示。

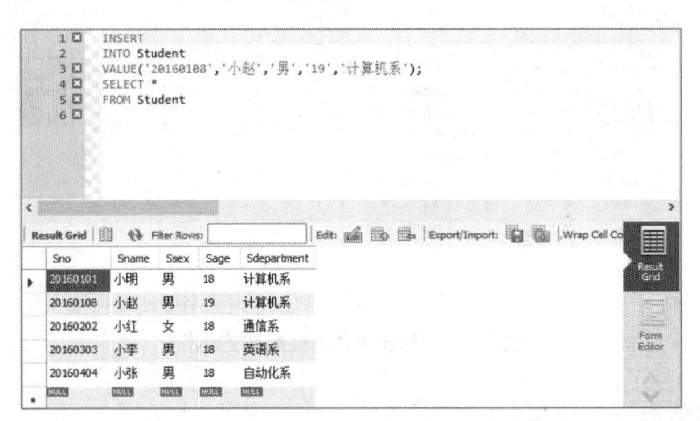

图3.24　插入一条完整属性的数据示例

2. 插入一条属性不完整的数据并更新

例 3–28　2016 年，小孙来学校报道，学校要将小孙的基本信息插入学生信息表中。小孙的个人信息为（学号：20160109，姓名：小孙，性别：男，所在系：计算机），小孙忘记写自己的年龄了，但是信息需要录入，年龄信息以后再补。

```
INSERT
INTO Student (Sno,Sname,Ssex,Sdepartment)
VALUE ('20160109','小孙','男','计算机');
```

在 MySQL Workbench 中的具体操作如图 3.25 所示。

解释：没有年龄信息，在 Sage 这一列上取空值。

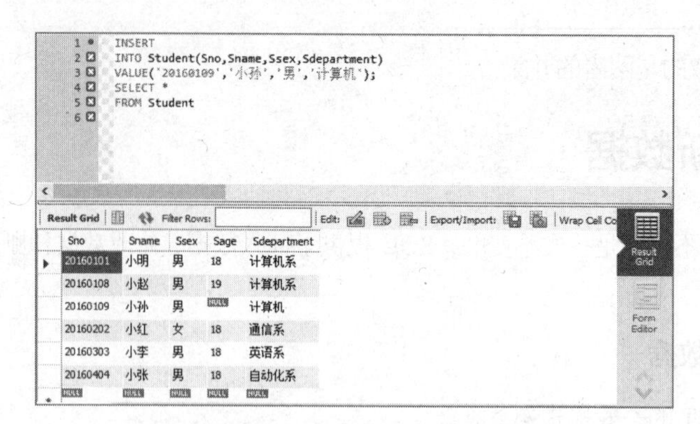

图3.25 插入一条属性不完整数据的示例

下面为更新年龄信息的代码。

```
UPDATE Student
SET Sage='17'
WHERE Sno='20160109';
SELECT *
FROM Student;
```

在 MySQL Workbench 中的具体操作如图 3.26 所示。

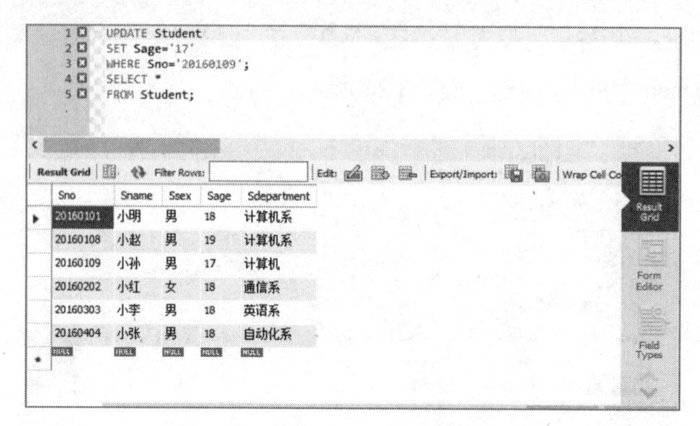

图3.26 更新一个属性数据的示例

3. 插入一个查询结果

例 3–29 求每一系的学生的平均年龄。

```
CREATE TABLE Avgage_dept
(
Sdepartment   CHAR(20),
Avgage        samallint
);
INSERT
INTO Avgage_dept(Sdepartment,Avgage)
SELECT Sdepartment,AVG(Sage)
FROM Student
GROUP BY Sdepartment;
```

在 MySQL Workbench 中的具体操作如图 3.27 所示。

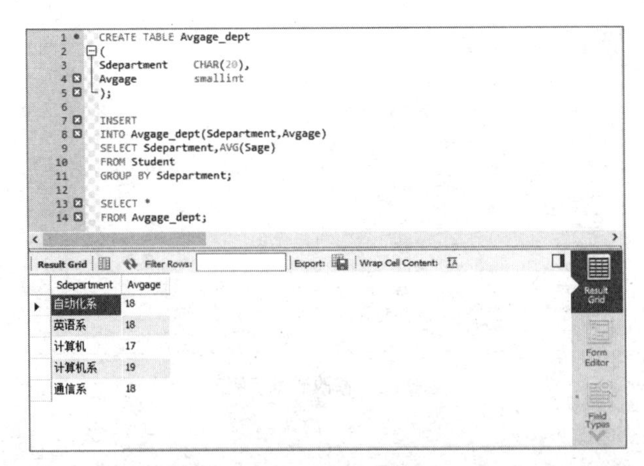

图3.27 插入一个查询结果的示例

解释：这时出现了一个错误，在录入小孙的系时，少录入了一个“系”字，系统把“计算机”和“计算机系”当成了两个系。当然这并不影响我们的理解。插入子查询最大的功能是可以向表中批量插入符合要求的数据。

3.5.2 修改数据

例 3-30 将学生小赵的年龄改为 22 岁。

```
UPDATE Student
SET Sage=22
WHERE Sno='20160101',
```

在 MySQL Workbench 中的具体操作如图 3.28 所示。

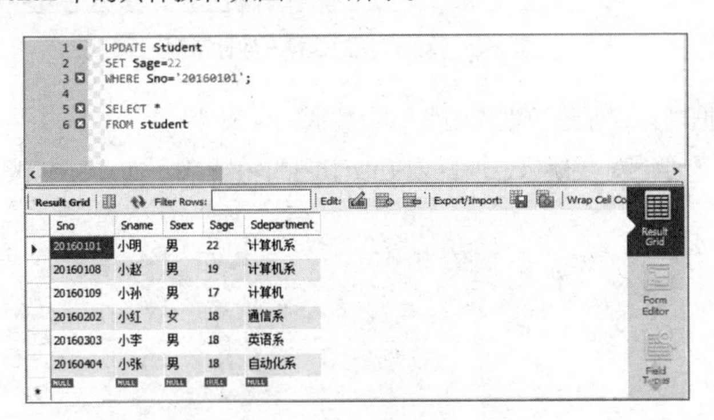

图3.28 修改数据示例1

例 3-31 将所有人的年龄增加一岁。

```
UPDATE Student
SET Sage=Sage+1;
```

在 MySQL Workbench 中的具体操作如图 3.29 所示。

例 3-32 将计算机系所有学生的所有课程都改为 60 分。

```
UPDATE  SC
SET  Result=60
WHERE  '计算机系' =
(SELECT Sdepartment
```

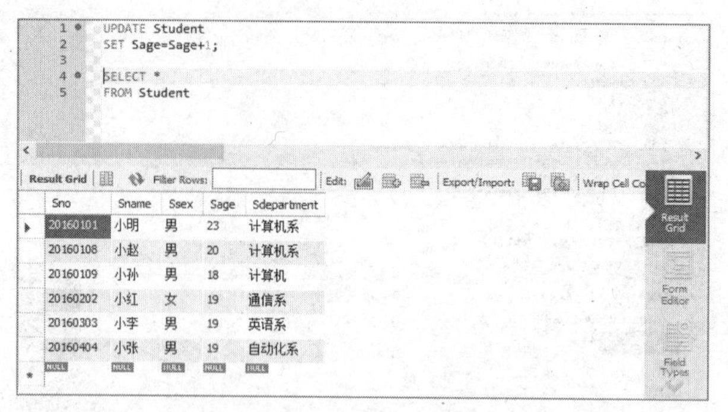

图3.29 修改数据示例2

```
FROM  Student
  WHERE Student.Sno=SC.Sno
);
```

在 MySQL Workbench 中的具体操作如图 3.30 所示。

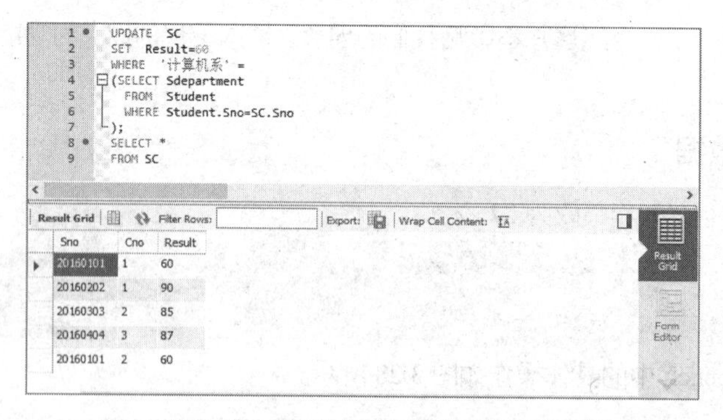

图3.30 修改数据时保持一致性示例

修改一个表的数据时，要保证数据库中所有表数据的一致性。

例 3-33 李明由于学习好要跳级，所以要更改李明的学号，由 20160101 改成 20160201。

```
UPDATE Student
SET  Sno='20160201'
WHERE Sno='20160101';

UPDATE SC
SET Sno='20160201'
WHERE Sno='20160101';
```

解释：(1) 由于 Sno 属性不只存在一张表中，在更新数据时要修改属性存在的所有表，以保持数据库中数据的一致性。

(2) 为了解决数据库中数据一致的问题，同时又不用繁琐地把每个表都更新一遍，数据库系统引入了事务 (Transaction) 的概念，这将在后面介绍。

3.5.3 删除数据

1. 删除整个表的内容

例 3-34 删除所有学生的选课记录。

```
DELETE
```

```
FROM SC;
```

2. 删除某些元组的内容

例 3-35 删除计算机系学生的选课记录。

```
DELETE
FROM SC
WHERE Sno IN
(
 SELECT Sno
FROM Student
WHERE Sdepartment='计算机系'
);
```

3.6 关于视图

视图是一个虚拟表，其内容由查询定义。同基本表一样，视图包含一系列带有名称的列和行的数据。视图中的数据并不是存储在视图中，而是存储在原基本表中。行和列数据来自定义视图的查询时所用的基本表，并且在引用视图时可以动态生成。

对于视图引用的基本表来说，视图的作用类似于筛选。视图通常用来集中、简化和自定义每个用户对数据库的不同需要，并且视图还可以用作安全机制，允许用户通过视图访问数据，而不授予用户直接访问基本表的权限。

SQL 中 CREATE VIEW 语句的一般格式如下。

```
CREATE VIEW<视图名>[(<列名>)[,<列名>]..)]
AS<子查询>
[WITH CHECK OPTION];
```

例 3-36 建立计算机系学生的视图。

```
CREATE VIEW Computer
AS
SELECT Sno,Sname,Sage
FROM Student
WHERE Sdepartment='计算机系';
```

在 MySQL Workbench 中的具体操作如图 3.31 所示。

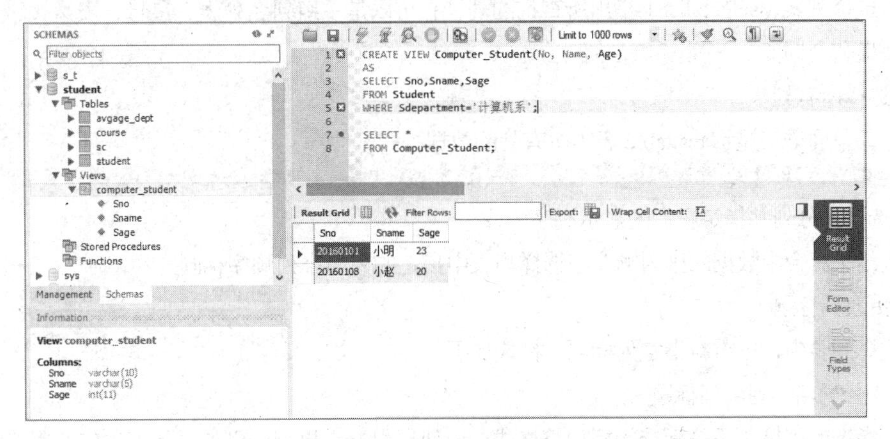

图3.31 建立视图示例1

解释：本例中省略了视图 Computer_Student 的列名，默认为原来列的名称。可以在例 3-37 中修改列名。

例 3-37　删除计算机系学生的视图

```
DROP VIEW Computer_Student;
```

例 3-38　建立计算机系学生的视图，列名分别为 No、Name、Age。

```
CREATE VIEW Computer (No,Name,Age)
AS
SELECT Sno,Sname,Sage
FROM Student
WHERE Sdepartment='计算机系';
```

在 MySQL Workbench 中的具体操作如图 3.32 所示。

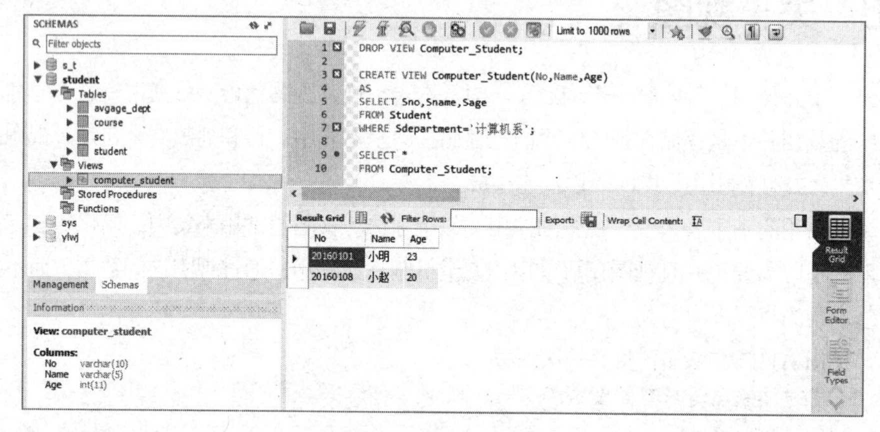

图3.32　建立视图示例2

小结

SQL 是最重要、最常用的数据查询语言。下面对数据查询语言的特点进行总结。

简单的 Transact-结构化查询语言查询只包括选择列表、FROM 子句和 WHERE 子句。它们分别说明所查询列、查询的表或视图和搜索条件等。

（1）选择列表（select_list）指出所查询的列，它可以是一组列名列表、星号、表达式、变量（包括局部变量和全局变量）等。

① 选择所有列

例如，下面语句显示 testtable 表中所有列的数据。

```
SELECT * FROM testtable
```

② 选择部分列并指定它们的显示次序

查询结果集合中数据的排列顺序与选择列表中指定的列名排列顺序相同。

③ 更改列标题

在选择列表中，可重新指定列标题，格式如下。

列标题=列名　列名列标题

如果指定的列标题不是标准的标识符格式，应使用引号定界符。例如，下列语句使用汉字显示列标题。

```
SELECT 昵称=nickname，电子邮件=email  FROM testtable。
```

④ 删除重复行

SELECT 语句中使用 ALL 或 DISTINCT 选项来显示表中符合条件的所有行或删除其中重复的数据行，默认为 ALL。使用 DISTINCT 选项时，所有重复的数据行在 SELECT 返回的结果集合中只保留一行。

⑤ 限制返回的行数

使用 TOP *n* [PERCENT]选项限制返回的数据行数，TOP *n* 说明返回 *n* 行，TOP *n* PERCENT 说明 *n* 是一个百分数，指定返回的行数等于总行数的百分之几。TOP 命令仅针对 SQL Server 系列数据库，并不支持 Oracle 数据库。

（2）FROM 子句

FROM 子句指定 SELECT 语句查询及与查询相关的表或视图。在 FROM 子句中最多可指定 256 个表或视图，它们之间用逗号分隔。

在 FROM 子句同时指定多个表或视图时，如果选择列表中存在同名列，则应使用对象名限定这些列所属的表或视图。例如，在 usertable 和 citytable 表中同时存在 cityid 列，在查询两个表中的 cityid 时，应使用下面语句格式加以限定。

```
SELECTusername,citytable.cityid
  FROMusertable,citytable
  WHEREusertable.cityid=citytable.cityid
```

（3）WHERE 子句

WHERE 子句设置查询条件，过滤掉不需要的数据行。

WHERE 子句可包括各种条件运算符。

① 比较运算符（大小比较）。>;、>=、=、<;、<=、<>;、! >;、! <。

② 范围运算符（表达式值是否在指定的范围）：

BETWEEN…AND…;

NOT BETWEEN…AND…。

③ 列表运算符（判断表达式是否为列表中的指定项）：

IN （项 1，项 2……）;

NOT IN （项 1，项 2……）。

④ 模式匹配符（判断值是否与指定的字符通配格式相符）：LIKE、NOT LIKE。

⑤ 空值判断符（判断表达式是否为空）：IS NULL、IS NOT NULL。

⑥ 逻辑运算符（用于多条件的逻辑连接）：NOT、AND、OR。

⑦ 可使用以下通配字符。

百分号%：可匹配任意类型和长度的字符，如果是中文，则使用两个百分号，即%%。

下画线_：匹配单个任意字符，它常用来限制表达式的字符长度。

方括号[]：指定一个字符、字符串或范围，要求匹配对象为它们中的任一个。[^]的取值与[] 相同，但它要求匹配对象为指定字符以外的任意一个字符。

（4）使用 ORDER BY 子句将查询返回的结果按一列或多列排序。ORDER BY 子句的语法格式如下。

```
ORDER BY {column_name [ASC|DESC]} [, …, n]
```

其中，ASC 表示升序，为默认值，DESC 为降序。ORDER BY 不能按 ntext、text 和 image 数据类型进行排序。

关于 SQL 语句的书写，本章给出的实例有很大的局限性，但基本方法已给出，请读者一定要活学活用。因为 SQL 语句非常接近我们日常生活中的语言规范，所以读者一定要按照自己的思路大胆地尝试编写。

习 题

1. SQL的功能有哪些？其核心动词是什么？有什么特点？
2. 自己动手实现3.3 ~ 3.6节的SQL语句的例子。
3. 使用SQL定义下面的数据表。

图书（书号，类型，名称，作者号，出版社号，价格）

Book（BNo，BType，BName，AuthorNo，PublishNo，BPrice）

作者（作者号，作者名，性别，出生日期，籍贯）

Author（AuNo，AuName，AuSex，AuBirth，AuHometown）

出版社（出版社号，出版社名，所在地，电话）

Publish（PublishNo，PublishName，PublishCity，PublishTel）

用SQL实现下面的功能。

（1）为上述3个表以“编号”建立索引。

（2）查找在“人民邮电出版社”出版的、书名为《数据库系统原理》的作者名字。

（3）王教授在“人民邮电出版社”出版过的书有哪些？

（4）查找书名中有“数据库”一词的图书的书名。

（5）为“图书”表增加“出版时间”列。

（6）使用视图有什么优点？

04 第4章 关系数据库设计规范化理论

本章先介绍关系数据库模式涉及的一些基本理论知识，然后介绍如何判断设计的数据库模式是否可行，以及如何进一步评价数据库的好坏——数据库范式。

数据库模式直接决定和影响数据的完整性、准确性、一致性和可操作性，它对数据库的性能有着至关重要的影响。关系数据库设计的目标就是从可能的关系模式组合中选取一组关系模式来构建数据库模式，这样既不必存储不必要的重复信息，又可以方便地获取信息，提高数据库的可操作性。通常数据库设计要求达到 3NF（第三范式）。

4.1 规范化问题的提出

在任何一个数据库设计的过程中，都会遇到如何构造合适的数据库模式的问题。由于关系模式具有严格的数学理论基础，所以以关系模式来讨论数据库模式规范化的问题。下面通过一个实例介绍数据库模式不规范带来的问题，从而引出数据库设计规范化的必要性。

例如，银行存款借贷系统中有一张表如下。

Lend(Branch_name, Branch_city, Assets, Customer_no, Customer_name, Loan_no, Amount)

贷款表（银行机构名称，机构所在城市，资产，用户代码，用户名字，贷款号码，贷款金额）

主键是银行机构名称，用户代码。

稍加分析，就会发现这个关系模式存在如下问题。

（1）数据冗余

由于要在一个支行的每一笔贷款信息中重复存储该支行的资产值和所在城市名称等信息，所以造成了大量的数据冗余。

（2）插入异常

如果新成立了一个支行，由于该支行还没有客户和贷款，这时就无法把该支行的基本信息（branch_name, branch_ city, assets）加入 Lend 表中。

（3）删除异常

当某一支行所有的贷款都偿还后，在删除贷款信息的同时也删除了该支行的基本信息。

（4）更新异常

因为可能有很多人向该支行贷款，所以表中会有很多条 Assets 记录。如果某支行的资产发生变化，Lend 表中所有有关该支行的元组都要修改。这就有可能出现一部分数据被修改，而另一部分没有被修改的情况，从而出现一致性问题。

以上的这些问题统称为存储异常，在数据库模式的设计中应该尽量避免。之所以会出现上面的种种问题，是因为这个关系模式没有设计好，在它的一些属性之间存在不良函数依赖关系。规范化理论就是用来改造关系模式，通过分解关系模式来消除其中不合适的数据依赖，以解决上面出现的数据冗余、插入异常、删除异常、更新异常等问题。因为函数依赖和多值依赖是最重要的数据依赖，所以下面首先介绍函数依赖的一些基本概念，接着介绍用函数依赖关系严格定义的码，最后介绍数据库模式规范化设计一般都要遵从的 4 个范式。

4.2 函数依赖

4.2.1 函数依赖的定义

函数依赖通俗地说就是：某个属性集决定另一个属性集时，称另一属性集依赖于该属性集。举个简单例子，知道了一个人的学号，就能知道他的姓名，这就是学号属性决定姓名属性。下面给出函数依赖的定义。

若对于 $R(U)$，U 是 R 的属性集合，X、Y 是 U 中的子集，则对于 $R(U)$ 任意一个可能的关系 r，不可能存在两个元组在 X 上的属性值相等，而在 Y 上的属性值不同，则称 X 决定 Y 或者 Y 依赖于 X，记作 $X \to Y$。

需要注明以下两点。

（1）函数依赖不是指关系模式 R 的某个或某些关系实例满足的约束条件，而是指 R 的所有关系实例均要满足的约束条件。

（2）函数依赖是语义范畴的概念，只能根据数据的语义来确定函数依赖。

例如，“姓名→年龄”这个函数依赖只有在不允许有同名人的条件下成立。

数据库设计者可以对现实世界做强制规定。例如，规定不允许同名人出现，函数依赖“姓名→年龄”成立。所插入的元组必须满足规定的函数依赖，若发现有同名人存在，则拒绝装入该元组。

属性集合中的属性当然可以有一个或者多个。

4.2.2 平凡函数依赖与非平凡函数依赖

当关系中的属性集合 Y 是属性集合 X 的子集($Y \subseteq X$)时，存在函数依赖 $X \to Y$，即一组属性函数决定它的所有子集，这种函数依赖称为平凡函数依赖。

当关系中的属性集合 Y 不是属性集合 X 的子集时，存在函数依赖 $X \to Y$，则称这种函数依赖为非平凡函数依赖。

4.2.3　完全函数依赖与部分函数依赖

设 X、Y 是关系 R 的两个属性集合，X' 是 X 的真子集，存在 $X \rightarrow Y$，但对于每一个 X' 都有 $X'! \rightarrow Y$，则称 Y 完全函数依赖于 X。即只要 X 这个属性集合少一个属性，Y 就不依赖于 X。

设 X、Y 是关系 R 的两个属性集合，存在 $X \rightarrow Y$，若 X' 是 X 的真子集，存在 $X' \rightarrow Y$，则称 Y 部分函数依赖于 X。

4.2.4　传递函数依赖

设 X,Y,Z 是关系 R 中互不相同的属性集合，存在 $X \rightarrow Y(Y ! \rightarrow X)$，$Y \rightarrow Z$，有 $X \rightarrow Z$，则称 Z 传递函数依赖于 X。

4.3　码（键）的概念

码通俗地说就是能够唯一标识关系中每个元组的属性或属性集合。候选码是码的集合。下面给出码的定义。

在关系模式 R（U，F）中，K 是 U 中的属性或属性集合，若 K 完全决定 U，则称 K 为 R 的一个候选码（Candidate Key）。若关系模式 R 有多个候选码，则选定其中的一个作为主码（Primary Key）。

主属性是指在任一候选键中出现的属性。

4.4　关系模式的范式

关系数据库中的关系是要满足一定要求的，满足不同程度要求的为不同范式。满足最低要求的属于第一范式，简称 1NF。在第一范式中满足进一步要求的属于第二范式，其余依此类推。

在 1971～1972 年，E. F. Codd 系统地提出了 1NF、2NF、3NF 的概念，讨论了规范化的问题。1974 年，Codd 和 Boyce 共同提出了一个新范式，即 BCNF。1976 年 Fagin 提出了 4NF。后来又有人提出了 5NF。本文只介绍到 BCNF，这 4 个范式的关系可用图 4.1 表示。

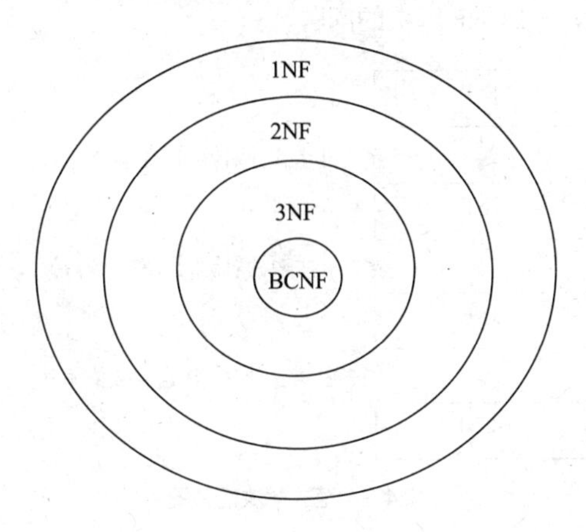

图4.1　范式关系图

设计一个好的数据库就是要使数据库中的关系模式规范化，规范化的基本方法就是通过分解关系模式，用一组等价的关系模式来代替原有的关系模式，消除数据依赖中不合理的部分，使一个关系仅描述一个实体或者实体间的一种联系。

下面结合实例来说明如何一步一步地将关系模式规范化。

例如，关系模式：

```
SLC(Sno,Sdepartment,Slocation,Cno,Result)
```

学生-宿舍-课程（学号，院系，宿舍，课程编号，成绩）

主码为：Sno、Cno

其中的函数依赖如下。

（1）Sno、Cno 完全决定 Result，部分决定 Sdepartment，部分决定 Slocation。

（2）Sno 决定 Sdepartment。

（3）Sno 决定 Slocation。

（4）Sdepartment 决定 Slocation（同一个系的学生住在一起）。

但是采取这样的方式会产生以下问题。

1. 插入异常

（1）假如新生刚刚入学，没有选课，没有课程编号，又因为码不能为空，所以新生信息不能插入。

（2）假如一个学院刚刚成立没有学生，这么院系的信息也无法插入。

2. 删除异常

（1）假如选修同一门课程的学生全部毕业，删除所有毕业学生信息的同时，也把选课信息一并删除了，导致删除异常。

（2）同样地，所有的学生都毕业后，院系的信息也被删除了。

3. 数据冗余大

假如一个同学选修了 5 门课程，他的院系和宿舍信息也被存储了 5 次。

同一个院系的学生宿舍相同，关于宿舍的信息重复存储了与该院系人数相同的次数。

4. 修改复杂

先看图 4.2 初步了解 1NF ~ BCNF 解决的问题。

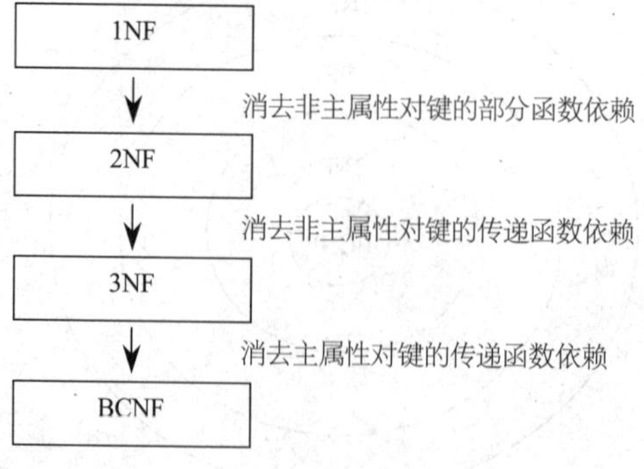

图4.2 范式解决问题图

4.4.1 第一范式（1NF）

如果一个关系模式 R 的所有属性都是不可分的基本数据项，则 $R \in 1NF$。即 1NF 规范化的就是消除关系模式中的非原子属性。

在任何一个关系数据库系统中，1NF 是最起码的要求，不满足 1NF 的数据库就不能称作关系数据库。

4.4.2　第二范式（2NF）

虽然关系模式示例 SLC 满足 1NF 能称其为关系数据库了，但是会存在上述的种种问题。

将 SLC 分解成如下几个关系模式。

（1）SC（Sno，Cno，Result）

主码为 Sno、Cno。

函数依赖关系为：Sno、Cno 决定 Result。

（2）SL（Sno，Sdepartment，Slocation）

主码为 Sno。

函数依赖关系为：Sno 决定 Sdepartment，Slocation；Sdepartment 决定 Slocation。

上述（1）的问题有所解决，是因为取消了关系模式中的部分函数依赖关系。

2NF 的定义如下。

若关系模式 $R \in$ 1NF，并且每一个非主属性都完全依赖于 R 的码，则 $R \in$ 2NF。

4.4.3　第三范式（3NF）

关系模式示例 SLC 经过分解成 SL 和 SC 解决了（1）的问题，但是依旧存在（2）的问题。

进一步将 SL 分解成：

（1）SD（Sno，Sdepartment）

主码为 Sno

函数依赖关系为：Sno 决定 Sdepartment。

（2）DL（Sdepartment，Slocation）

主码为 Sdepartment。

函数依赖关系为：Sdepartment 决定 Slocation。

上述（2）的问题有所解决，是因为消除了 SLocation 依赖于 Sdepartment 依赖于 Sno 的这种传递依赖关系。3NF 的定义如下。

如果关系模式 R（U，F）中，不存在候选码 X，属性组 Y 以及非主属性组 Z（Z 不属于 Y），使得 X 决定 Y，Y 决定 Z 和 Y 不决定 X 成立，则 $R \in$ 3NF。简单来说就是在 $R \in$ 2NF 的基础上，非主属性都不传递依赖于任何候选码。

4.4.4　BC范式（BCNF）

经过两次分解，关系模式符合了 3NF，问题基本上都解决了，那就没有问题了吗？看下面的一个例子。

关系模式 STJ（S，T，J）

学生-老师-课程（学生，老师，课程），每个老师开一门课，每个老师可以开相同的课，一个学生选某个老师开的课。

候选码 1：*S*、*J*。

候选码 2：*S*、*T*。

函数依赖关系为：*S*、*J* 决定 *T*；*S*、*T* 决定 *J*；*T* 决定 *J*。

显然，$R \in 3NF$，可另一方面，*T* 决定 *J*，*T* 是决定属性集。这样的关系模式也存在插入异常、删除异常、数据冗余和修改复杂的问题。由此看来关系模式属于 3NF 也并不是理想的关系模式。

将 STJ 进行分解：

ST（S，T）

主码为：S。

函数依赖关系为：S 决定 T。

TJ（T，J）

主码为：T。

函数依赖关系为：T 决定 J。

在分解后，它解决了关系模式中存在的插入异常、删除异常、数据冗余、修改复杂的问题，则 BCNF 的定义如下。

设关系模式 *R*（*U*，*F*）属于 1NF，对于 *R* 的每个函数依赖 $X \rightarrow Y$，若 *Y* 不属于 *X*，则 *X* 中必含有候选码，那么 *R* 属于 BCNF。简单来说，就是比 3NF 更进一步，所有的属性包括主属性和非主属性都不能传递依赖于候选码。

如果一个关系数据库中的所有关系模式都属于 BCNF，那么在函数依赖范畴中，这个关系数据库已实现了模式的彻底分解，达到了最高的规范化程度，消除了插入异常和删除异常的问题。

小结

（1）第一范式（1NF）如果一个关系模式 R 的所有属性的域都是原子的，则称 *R* 是属于 1NF 的关系模式。

（2）第二范式（2NF）

因为我们没有理由设计一个属于 2NF 但不属于 3NF 或更高范式的数据库模式，所以这里就不再讨论它了。

（3）第三范式（3NF）

如果关系模式 *R*（*U*，*F*）中的所有非主属性都不传递依赖于 *R* 的任何候选码，则称 *R* 是属于 3NF 的关系模式。

（4）Boyce-Codd 范式（BCNF）

如果关系模式 *R*（*U*,*F*）的所有属性（包括主属性和非主属性）都不传递依赖于 *R* 的任何候选键，则称 *R* 是属于 BCNF 的关系模式。

上述几种范式中，1NF 是关系模型的最低要求，从 1NF 到 BCNF 规范性逐步增强。此外，还有更高级的第四范式、第五范式等。一般数据库设计只要求达到 BCNF 或 3NF，这里就不再讨论这些更高级的范式了。

规范化的优点是明显的，它避免了大量的数据冗余，节省了空间，保持了数据的一致性，在进行插、删、改时减少了 I/O 次数，加快了插、删、改的速度。如果一个数据库的记录经常改变，这个优点就更加明显了。它最大的缺点是，由于关系模式分解很细，在实际应用中很多经常一起使用的信息放在数据库的不同表中，在进行查询操作时，要把多个表连接在一起才能获得所需的信息，而表和表的连接花费是非常大的。在当今信息爆炸增长的时代，在多个表连接查询效率上出现了很大的问题，因此现在常常采取用空间换时间的方法，允许数据有大量的冗余，以加快查询的效率。这时数据库满足第一范式即可。

一般情况下，BCNF 或 3NF 就能满足实际应用要求，而数据库性能的损失又不大，通常认为 3NF 在性能、扩展性和数据完整性方面达到了最好的平衡。

数据库理论不是一成不变的，要随着时代的发展，跟上时代的脚步，满足社会的需求。

习　题

1. 什么是码、候选码和主码?

2. 用自己的话表述什么是函数依赖，什么是平凡函数依赖，什么是非平凡函数依赖，什么是完全函数依赖，什么是部分函数依赖，什么是传递函数依赖。

3. 举例说明部分函数依赖和传递函数依赖会对关系模式造成的不利影响。

使用习题3中举的例子，分别根据1NF、2NF、3NF对其进行分解，并写出每一步分解所解决的问题。

现在建立有关学生、系、班级、社团等信息的一个关系数据库。一个系有若干专业，每个专业每年只招收一个班，每个班又有若干学生。一个系的学生住在同一个宿舍区。每个社团可以招若干学生，每个学生还可以参加若干社团。

学生的属性有：学号、姓名、出生年月、系号、班号、宿舍楼。

班级的属性有：班号、专业名、系号、入学年份、人数。

系的属性有：系号、系名、办公地点、宿舍楼、人数。

社团的属性有：社团名、办公地点、成立年份、人数。

设计关系模式数据库存储上述信息，并使用1NF、2NF、3NF对其进行验证，写出结果。

05 第5章　数据库的安全性

数据库安全包含多层含义，涉及软硬件本身、相关技术、规章制度、法律法规和职业道德。本章主要讨论两层含义，第一层是指计算机系统的安全，计算机系统运行安全受到的威胁五花八门，如蠕虫病毒、后门程序、恶意行攻击等破坏性活动；第二层是指系统信息安全，系统信息安全受到的威胁主要体现在黑客入侵数据库，并盗取、篡改、破坏受保护信息数据。通常数据库系统的安全特性主要是针对数据而言的，包括数据独立性、数据安全性、数据完整性、并发控制、故障恢复等几个方面。

5.1　数据库安全性概述

根据数据泄露调查分析报告和信息安全事件技术分析显示，信息泄露主要呈现以下两种趋势。

（1）黑客通过 B/S 应用，以 Web 服务器为跳板，窃取数据库中的数据。这通常是系统解决方案对应用访问和数据库访问协议缺乏控制能力的表现，比如，SQL 注入就是一个典型的数据库黑客攻击手段。

（2）数据泄露常常发生在内部，大量的运维人员直接接触敏感数据，传统以防外为主的网络安全解决方案失去了用武之地。

数据库在这些泄露事件中成为了主角，这与我们在传统的安全建设中忽略了数据库安全问题有关。在传统的信息安全防护体系中，数据库处于被保护的核心位置，不易被外部黑客攻击，同时数据库自身已经具备强大的安全措施，表面上看足够安全，但这种传统安全防御的思路存在致命的缺陷。

安全性问题不是数据库系统独有的，所有计算机系统都有这个问题。只是在数据库系统中大量数据集中存放，而且为许多最终用户直接共享，从而使安全性问题更为突出。系统安全保护措施是否有效是数据库系统的主要指标之一。

数据库的安全性和计算机系统的安全性（包括操作系统、网络系统的安全性）是紧密联系、相互支持的，计算机系统的安全模型如下。

用户（用户标识和鉴别）

↓

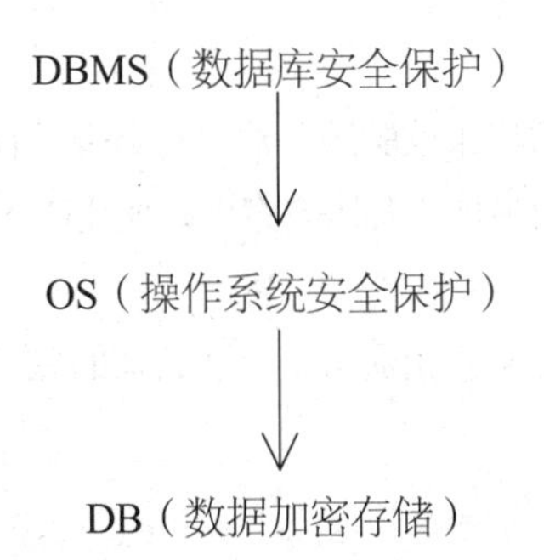

5.1.1　数据库的安全性问题

数据库的安全性是指保护数据库，以防止不合法的使用造成数据泄露、更改或破坏。数据库的安全性也就是指数据库中数据的保护措施，一般包括登录身份验证管理、数据库的使用权限管理和数据库中对象的使用权限管理 3 种安全性保护措施。以下是 10 种常见的数据库安全性问题。

1. 错误地部署

开发者在部署过程中的粗心大意很容易让数据库陷入危难之中。在现实中，有些公司会意识到优化搜索引擎对于业务取得成功的重要性，但只有对数据库进行排序，SEO 才可以很好地对其优化。尽管功能性测试对性能有一定的保证，但测试并不能预料数据库会发生的一切。因此，在进行完全部署之前，对数据库进行全面的检查是非常有必要的。

2. 数据泄露

可以把数据库当作后端设置的一部分，并将焦点转移到保护互联网安全上面，黑客很容易操纵数据库中的网络接口，所以，为了避免这种现象发生，工程师在进行数据库开发时，使用 TLS 或 SSL 加密通信平台变得尤为重要。

3. 数据库维护

2003 年的 SQL Slammer 蠕虫病毒利用 SQL Server 的漏洞进行传播，导致全球范围内的互联网瘫痪，中国也有 80%以上网民受到影响。该蠕虫的成功充分说明了保护数据库安全是多么的重要。不幸的是，现实中很少有公司对他们的系统提供常规的补丁，因此，他们很容易遭受蠕虫攻击。

4. 数据库备份信息被盗

通常，数据库备份信息外泄一般会通过两种途径，一种是外部，另一种是内部的。这是许多企业经常会遇到的问题，而解决这种问题的唯一方法是对档案进行加密。

5. 滥用数据库特性

据专家称，每一个被黑客攻击的数据库都会滥用数据库特性。例如，黑客可以在系统没有执行的情况下随意进入系统。解决这种问题的方法是移除不必要的工具。

6. 基础设施薄弱

黑客一般不会马上控制整个数据库，相反，他们会选择玩跳房子游戏来发现基础架构中薄弱的地方，然后再利用该地方的优势来发动字符串攻击，直到抵达后端。

7. 缺乏隔离

给管理员和用户划分职责，如果他们试图盗取数据，那么内部员工将会面临更多的困难。所以，限制用户数量，这样黑客想控制整个数据库就会有一定的挑战。

8. SQL 注入

一旦应用程序被注入恶意的字符串来欺骗服务器执行命令，那么管理员不得不收拾残局，在保护数据库上，这是一个主要问题。目前最佳的解决方案就是使用防火墙来保护数据库网络。

9. 密钥管理不当

密钥安全是非常重要的，但是加密密钥通常存储在公司的磁盘驱动器上，如果无人防守，那么系统会很容易遭受黑客攻击。

10. 违法操作

开发人员可以利用追踪信息/日志文本来查询和解决此类问题。

5.1.2 数据库系统相关安全标准

各个国家在计算机安全技术方面都建立了一套可信标准。目前在各国引用或制定的一系列安全标准中，最重要的是美国国防部（DoD）正式颁布的《DoD 可信计算机系统评估标准》（简称 TcsEc，又称橘皮书）。TDI / TCSEC 的标准是将 TcsEc 扩展到数据库管理系统，即《可信计算机系统评估标准关于可信数据库系统的解释》（Tmsted Database Interpretation 简称 TDI，又称紫皮书）。在 TDI 中定义了数据库管理系统的设计与实现中需满足和用以评估安全性级别的标准。

TDI 与 TcsEc 一样，从安全策略、责任、保证和文档 4 个方面描述安全性级别划分的指标。每个方面又细分为若干项。

根据计算机系统对安全性各项指标的支持情况，TCSEC（TDI）将系统划分为四组（division）7 个等级，依次是 D、C（C1、C2）、B（B1、B2、B3）、A（A1），按系统可靠或可信程度逐渐增高。

这些安全级别之间具有偏序向下兼容的关系，即较高安全性级别提供的安全保护包含较低级别的所有保护要求，同时提供更多或更完善的保护能力。各个等级的基本内容如下。

D 级是最低级别，一切不符合更高标准的系统，统统归于 D 组。

Cl 级只提供了非常初级的自主安全保护，能够实现对用户和数据的分离，进行自主存取控制（DAC），保护或限制用户权限的传播。

C2 级实际是安全产品的最低档次，提供受控的存取保护，即将 C1 级的 DAC 进一步细化，以个人身份注册负责，并实施审计和资源隔离。

Bl 级标记安全保护。对系统的数据加以标记，并对标记的主体和客体实施强制存取控制（MAC）以及审计等安全机制。

B2 级结构化保护。建立形式化的安全策略模型并对系统内的所有主体和客体实施 DAC 和 MAC。

B3 级安全域。该级的 TCB 必须满足访问监控器的要求，审计跟踪能力更强，并提供系统恢复过程。

Al 级验证设计，即在提供 B3 级保护的同时，给出系统的形式化设计说明和验证，以确信各安全保护真正实现。

5.2 数据库安全性控制的常用方法

实现数据库安全性控制的常用方法和技术有以下几种。

（1）用户身份标识和鉴别。该方法由系统提供一定的方式让用户标识自己的名字或身份。每次用户要求进入系统时，由系统进行核对，通过鉴定后才会提供系统的使用权。

（2）存取权限控制。通过用户权限定义和合法权检查确保只有合法权限的用户访问数据库，所有未被授权的人员无法存取数据。例如，CZ 级中的自主存取控制（DAC）、B1 级中的强制存取控制（MAC）。

（3）视图机制。为不同的用户定义视图，通过视图机制把要保密的数据对无权存取的用户隐藏起来，从而自动对数据提供一定程度的安全保护。

（4）数据加密。对存储和传输的数据进行加密处理，从而使得不知道解密算法的人无法获知数据的内容。

（5）审计机制。建立审计日志，把用户对数据库的所有操作自动记录下来放入审计日志中，DBA 可以利用审计跟踪的信息，重现导致数据库现有状况的一系列事件，找出非法存取数据的人、时间和内容等。

（6）统计数据库。通过数据统计、交叉计算的方法来防止数据库数据泄密。

5.2.1 用户身份标识与鉴别

用户身份标识与鉴别是数据库系统提供的最外层安全保护措施，它可以和操作系统一起使用，方便简单，但是安全级别较低。

基本方法：系统提供一定的方式让用户标识自己的名字或身份，系统内部记录所有合法用户的标识，每次用户要求进入系统时，由系统核对用户提供的身份标识，通过鉴定后才提供机器使用权。用户标识和鉴定可以重复多次用户名/口令，简单易行，容易被人窃取，每个用户预先约定好一个计算过程或者函数系统提供一个随机数，用户根据自己预先约定的计算过程或者函数进行计算，系统根据用户计算结果是否正确鉴定用户身份。

5.2.2 存取权限控制

1. 自主存取控制方法

定义各个用户对不同数据对象的存取权限。当用户访问数据库时，首先检查用户的存取权限，防止不合法用户存取数据库。

2. 强制存取控制方法

每一个数据对象被（强制地）标以一定的密级，每一个用户也被（强制地）授予某一个级别的许可证。系统规定只有具有某一许可证级别的用户才能存取某一个密级的数据对象。

主体是系统中的活动实体，既包括 DBMS 管理的实际用户，也包括代表用户的各进程。客体是系统中的被动实体，是受主体操纵的，包括文件、基表、索引、视图等。对于主体和客体，DBMS 为它们的每个实例（值）指派一个敏感度标记（Label）。

敏感度标记被分成若干级别，如绝密（Top Secret）、机密（Secret）、可信（Confidential）、公开（Public）等。主体的敏感度标记称为许可证级别（Clearance Level），客体的敏感度标记称为密级（Classification Level）。

5.2.3 视图机制

说到视图你会想到什么？视图是从一个表或者多个表中导出的表，它不同于基本表，它是一个虚表，在数据库中只存放视图的定义，并不存放视图对应的数据，那些数据仍然存放在原来的基本表上，所以，当基本表的数据改变时，从视图上查询出来的数据也会相应地改变。从某种意义上来说，视图就像是一个窗口，透过这个窗口可以看到你感兴趣的数据。

世界的所有事情都是有利有弊的，视图也不例外，视图最终是定义在基本表之上的，对视图的所有操作最终都要转换成对基本表的操作，而且对于一些非行列子集视图的查询和更新操作有时会出现问题，那为什么还要定义视图呢？因为合理地使用视图能够带来许多好处。

（1）视图能够简化用户操作。视图机制能够使用户把注意力集中在感兴趣的数据上，如果这些数据不是直接来自基本表，就可以定义视图，使数据库的结构更清晰、更简单，这样也可以简化用户的数据查询操作。例如，那些定义了若干表连接的视图，这些视图将表间连接的操作对用户隐蔽了起来。换句话说，用户所做的只是对一个虚表进行简单的查询操作。而这个虚表是怎么得来的，用户无需知道。

（2）视图能够使用户以多种角度看待同一数据。视图机制能够使不同的用户用不同的方式看待同一数据。当许多用户共享同一数据库时，这种灵活性很有用。

（3）视图为重构数据库提供了一定程度的逻辑独立性。数据的物理独立性是指用户的应用程序不依赖于数据库的物理结构。数据的逻辑独立性是指数据库的重构时，如数据库添加新的关系和在关系上添加新的字段等，用户的应用程序不会受影响。当数据库重构时，可以新建一个视图，将这个视图定义为用户原来的关系，使用户的外模式保持不变，这样用户应用程序中的查询数据的语句不用改变也可以正确查询出数据。这就提供了重构数据库的逻辑独立性。但是视图也只能是在一定程度上提供重构数据库的逻辑独立性，因为在视图上进行更新操作是有条件的，所以用户应用程序中有些修改数据的语句可能要随着基本表的结构的改变而改变。

（4）视图为机密数据提供了安全保护。在设计用户应用系统时，可以为不同的用户定义不同的视图，使机密数据不出现在不应该看到的用户的视图上，这样视图就自动提供了对机密数据的安全保护措施。例如，包含了若干系的学生信息的学生表，可以为每个系定义一个视图，每个视图只包含本系所有学生的信息，并只允许每个系的主任查询和修改自己系的学生视图。

（5）适当使用视图可以更清晰地表达查询。

5.2.4 数据加密

数据库加密系统是一种基于透明加密技术的数据库防泄漏系统，能够实现对数据库中的敏感数据加密存储、访问控制增强、应用访问安全、安全审计以及三权分立等功能。

对数据进行加密，主要有 3 种方式：客户端（DBMS 外层）加密、服务器端（DBMS 内核层）加密、系统中加密。客户端加密的好处是不会加重数据库服务器的负载，并且可实现网上传输加密，这种加密方式通常利用数据库外层工具实现。服务器端的加密需要对数据库管理系统本身进行操作，属核心层加密，如果没有数据库开发商的配合，其实现难度相对较大。对那些希望通过 ASP 获得服务的企业来说，只有在客户端实现加解密，才能保证其数据的安全可靠。

系统中加密的方式使得在系统中无法辨认数据库文件中的数据关系，将数据先在内存中加密，然后文件系统把每次加密后的内存数据写入数据库文件中，读入时再逆向进行解密。这种加密方法相对简单，只要妥善管理密钥就可以了，缺点是对数据库的读写比较麻烦，每次都要进行加解密的工作，对程序的编写和读写数据库的速度都会有影响。

在 DBMS 内核层实现加密需要对数据库管理系统本身进行操作。这种加密是指数据在物理存取之前完成加解密工作。这种加密方式的优点是加密功能强，并且加密功能几乎不会影响 DBMS 的功能，可以实现加密功能与数据库管理系统之间的无缝耦合。其缺点是加密运算在服务器端进行，加重了服务器的负载，而且 DBMS 和加密器之间的接口需要 DBMS 开发商的支持。

在 DBMS 外层实现加密的好处是不会加重数据库服务器的负载，并且可实现网上传输，加密比较实际的做法是将数据库加密系统做成 DBMS 的一个外层工具，根据加密要求自动完成对数据库数据的加解密处理。

采用这种加密方式加密，加解密运算可在客户端进行，它的优点是不会加重数据库服务器的负载，并且可以实现网上传输的加密，缺点是加密功能会受到一些限制，与数据库管理系统之间的耦合性稍差。

数据库加密系统分成两个功能独立的主要部件：一个是加密字典管理程序，另一个是数据库加解密引擎。数据库加密系统将用户对数据库信息具体的加密要求以及基础信息保存在加密字典中，通过调用数据加解密引擎实现对数据库表的加密、解密及数据转换等功能。数据库信息的加解密处理是在后台完成的，对数据库服务器是透明的。

按以上方式实现的数据库加密系统具有很多优点。首先，系统对数据库的最终用户是完全透明的，管理员可以根据需要进行明文和密文的转换工作；其次，加密系统完全独立于数据库应用系统，无须改动数据库应用系统就能实现数据加密功能；最后，加解密处理在客户端进行，不会影响数据库服务器的效率。

数据库加解密引擎是数据库加密系统的核心部件，它位于应用程序与数据库服务器之间，负责在后台完成数据库信息的加解密处理，对应用开发人员和操作人员来说是透明的。数据加解密引擎没有操作界面，在需要时由操作系统自动加载并驻留在内存中，通过内部接口与加密字典管理程序和用户应用程序通信。数据库加解密引擎由三大模块组成：加解密处理模块、用户接口模块和数据库接口模块。

5.2.5 审计机制

审计功能是指 DBMS 的审计模块在用户对数据库执行操作的同时，把所有操作自动记录到系统的审计日志中。因为任何系统的安全保护措施都不是完美无缺的，蓄意盗窃破坏数据的人总可能存在。利用数据库的审计功能，DBA 可以根据审计跟踪的信息，重现导致数据库现有状况的一系列事件，找出非法存取数据的人、时间和内容等。

5.2.6 统计数据库

统计数据库允许用户查询聚集类型的信息，如合计、平均值、最大值、最小值等，不允许查询单个记录信息。但是，可以从合法的查询中推导出不合法的信息，即可能存在隐蔽的信息通道，这是统计数据库要研究和解决的特殊安全性问题。

5.3 MySQL数据库的数据安全性机制

MySQL 作为一种快速、多用户、多线程的 SQL 数据库服务器，可以通过 Internet 方便地获取和升级，属免费软件，这使它成为 B/S 系统开发的首选数据库。作为一个网络数据库，安全性尤其重要。MySQL 管理员有责任保证数据库系统、内容的安全性，使这些数据记录只能被正确授权的用户访问，这涉及数据库系统的内部安全性和外部安全性。内部安全性关心的是文件系统的问题，外部安全性关心的是外部通过网络连接服务器的客户问题。MySQL 提供了一套外部安全机制。

5.3.1 创建数据库角色和用户

1. 创建新用户

例 5-1 在使用 root 用户登录的基础上，添加一个在本地主机 localhost 上登录的新用户 qingzhengyu，密码是 123456（见图 5.1）。

```
CREATE USER 'qingzhengyu'@'localhost' IDENTIFIED BY '123456';
```

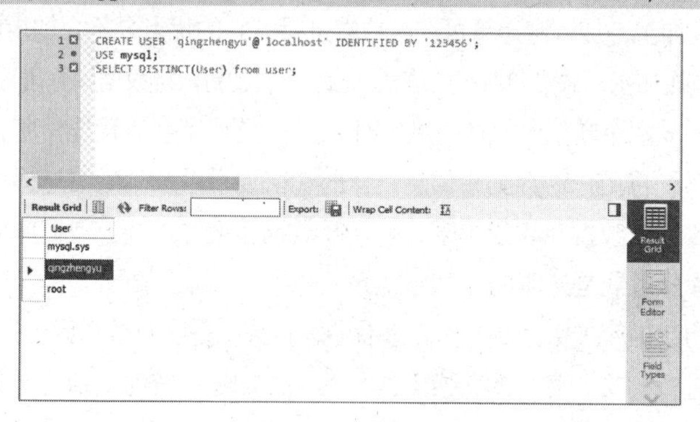

图5.1 创建用户

解释：创建用户的一般格式为 CREATE USER 'username'@'host' IDENTIFIED BY 'password'。Username 表示将创建的用户名。host 指定该用户可以在哪个主机上登录，如果是本地用户，可用 localhost；如果想让该用户可以从任意远程主机登录，可以使用通配符%。Password 表示该用户的登录密码，密码可以为空。如果为空，则该用户可以不需要密码登录服务器。

MySQL Workbench 中也提供可视化的图形界面用来创建新用户，如图 5.2 和图 5.3 所示。

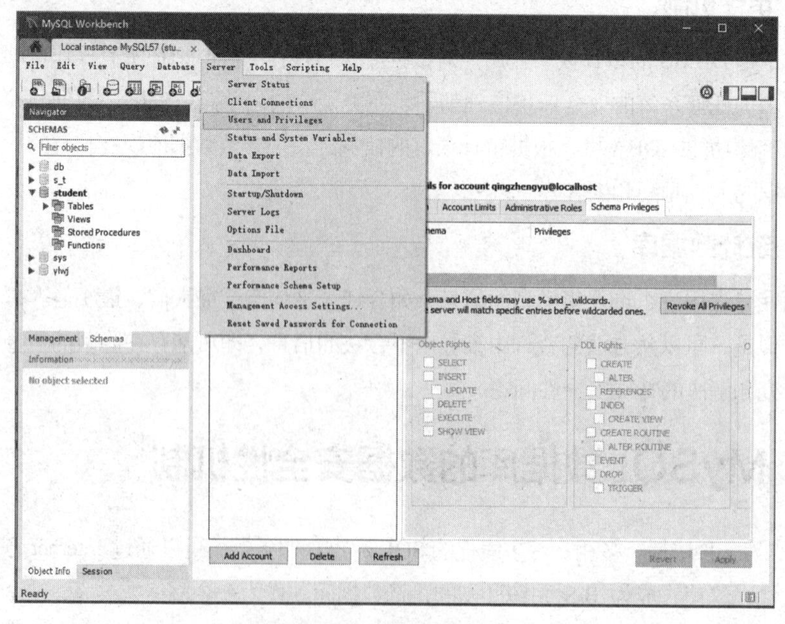

图5.2 可视化创建用户1

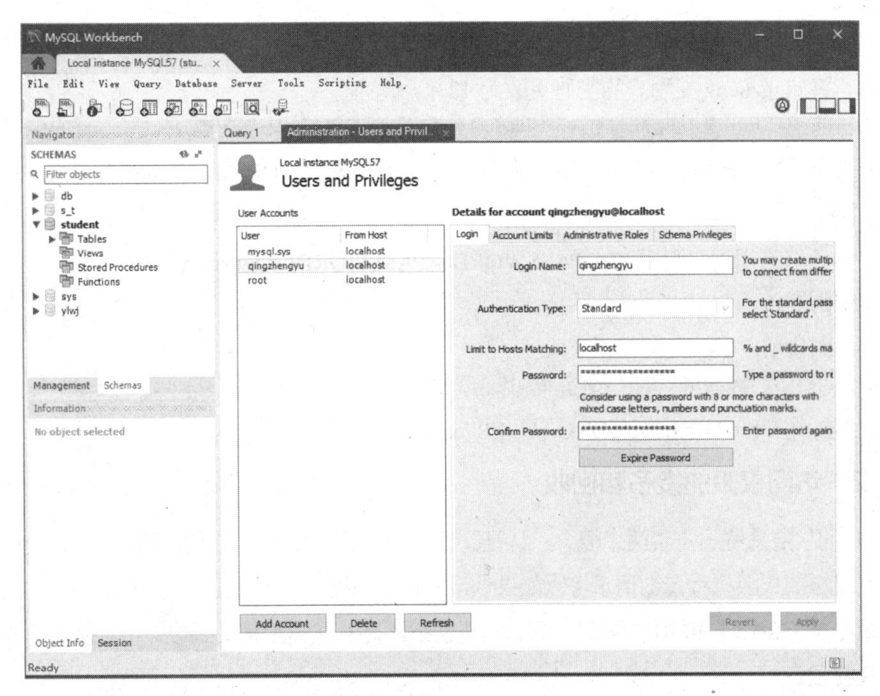

图5.3　可视化创建用户2

2. 登录数据库

例 5–2　使用用户 qingzhengyu 登录数据库（见图 5.4）。

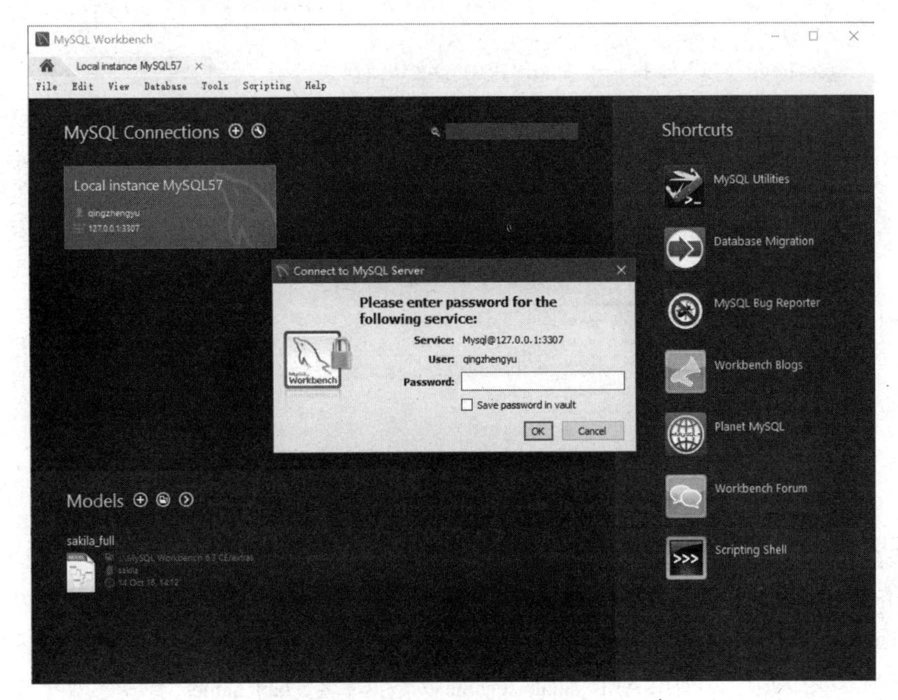

图5.4　用户登录

解释：在命令行下，使用命令 mysql -u 用户名 -p 密码，来登录数据库。

3. 设置与更改用户密码

例 5-3 将 qingzhengyu 用户的密码更改为 123。

```
SET PASSWORD FOR 'qingzhengyu'@'localhost' = PASSWORD("123");
```

解释：设置用户密码的一般命令格式为 SET PASSWORD FOR 'username'@'host' =PASSWORD('newpassword');

如果是当前登录用户，则用 SET PASSWORD = PASSWORD("newpassword");

4. 删除用户

例 5-4 删除用户 qingzhengyu。

```
DROP USER 'qingzhengyu'@'localhostt';
```

解释：删除用户的一般格式为 DROP USER 'username'@'host';

5.3.2 访问权限的授予和回收

MySQL 的权限系统围绕着两个概念：认证、确定用户是否允许连接数据库服务器；授权、确定用户是否拥有足够的权限执行查询请求等。如果认证不成功，授权就无法进行。MySQL 中访问权限的授予和回收命令是 GRANT 和 REVOKE，两者的语法差不多，只需要把关键字"to"换成"from"表示授予或回收权限。

下面举例：使用 root 用户把 s_t 数据库所有表的所有权限赋予新建的 qingzhengyu 用户。

1. 赋予权限

例 5-5 将数据库 s_t 的全部权限赋予用户 qingzhengyu（见图 5.5）。

```
GRANT ALL
ON s_t.*
TO 'qingzhengyu'@'localhost' IDENTIFIED BY '123456';
```

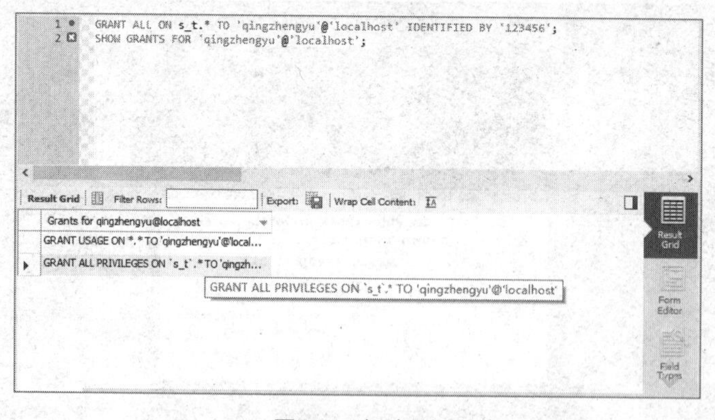

图5.5 赋予权限

解释：一般格式如下。

```
GRANT privileges ON databasenametablename TO 'username'@'host'
```

privileges 表示用户的操作权限，如 SELECT，INSERT，UPDATE 等（详细列表见图 5.9 后的权限）。如果要授予所有的权限，则使用 ALL.;databasename 为数据库名，tablename 为表名。如果要授予该用户对所有数据库和表的相应操作权限，则可用*表示，如*.*。

在 MySQL Workbench 中依然提供方便用户进行权限管理的可视化界面，如图 5.6、图 5.7 所示。

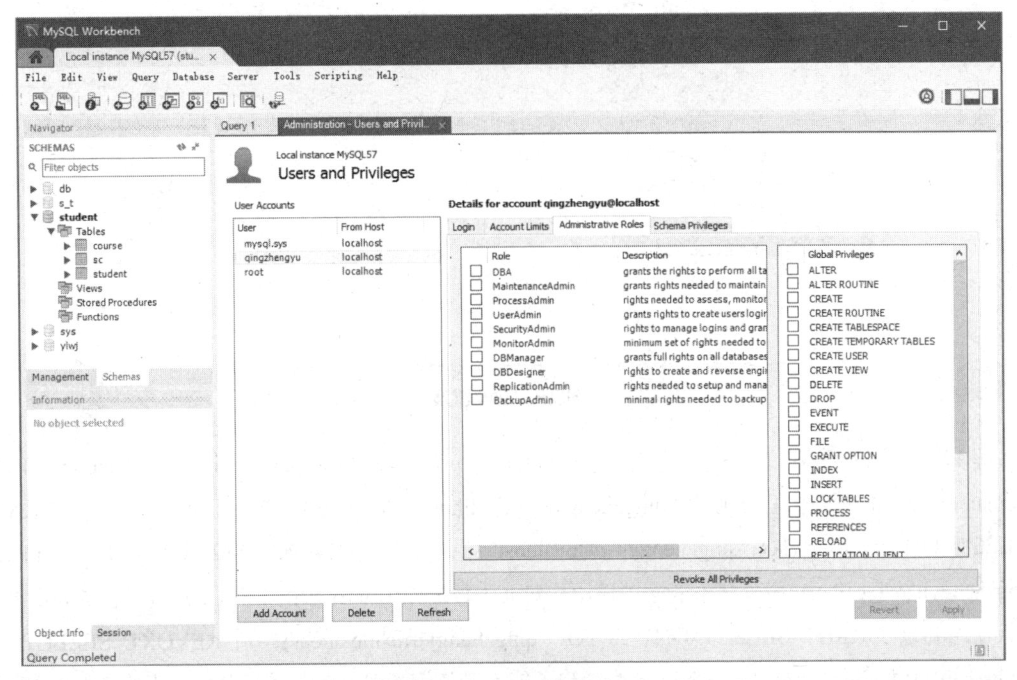

图5.6　可视化权限管理1

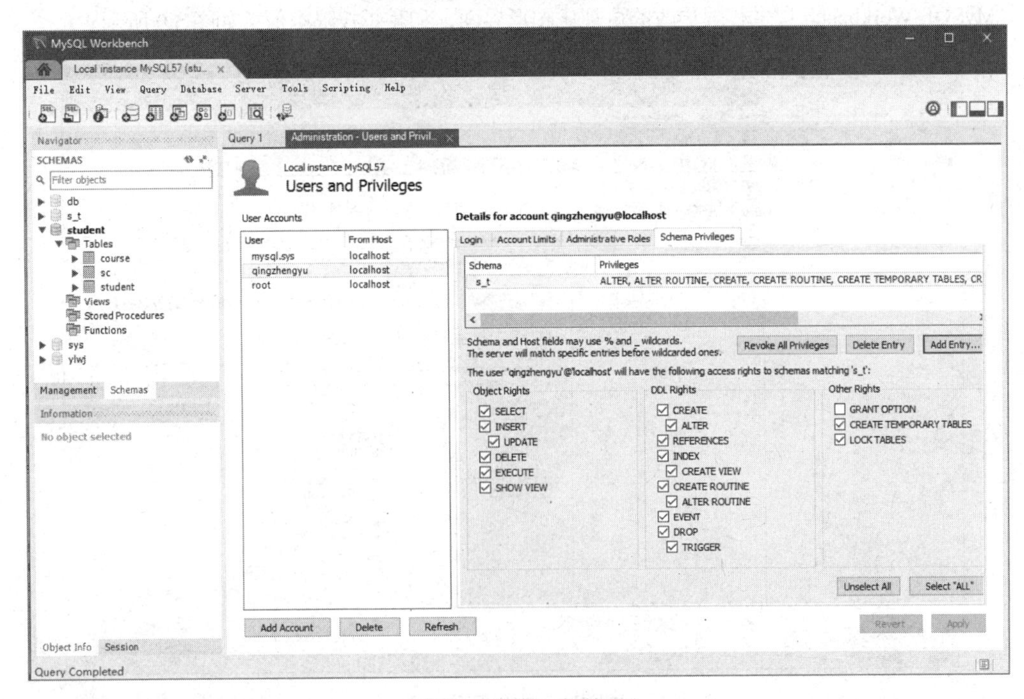

图5.7　可视化权限管理2

2. 收回权限

例 5-6　收回 qingzhengyu 用户对 s_t 数据库中表 student 的查询与插入权限（见图 5.8）。

```
REVOKE INSERT,SELECT
ON s_t.*
FROM 'qingzhengyu'@'localhost';
```

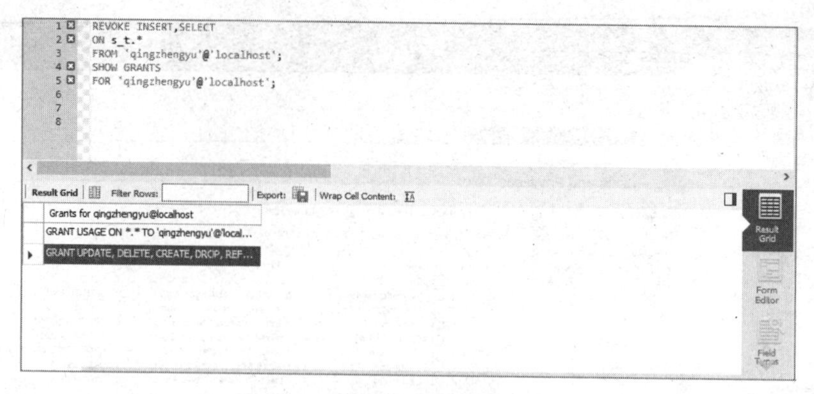

图5.8　回收权限

解释：收回权限的一般格式为 REVOKE privilege ON databasename.tablename FROM 'username'@'host'。假如在给用户 'qingzhengyu'@'localhost'授权时是这样的（或类似的）：GRANT SELECT ON test.user TO 'qingzhengyu'@'localhost'，则使用 REVOKE SELECT ON *.* FROM 'qingzhengyu'@'localhost';命令并不能撤销该用户对 test 数据库中 user 表的 SELECT 操作。相反，如果授权使用的是 GRANT SELECT ON *.* TO 'qingzhengyu'@'localhost';，则 REVOKE SELECT ON test.user FROM 'qingzhengyu'@'localhost';命令也不能撤销该用户对 test 数据库中 user 表的 Select 权限。

MySQL Workbench 提供权限更改的可视化图形界面，和赋予权限类似，如图 5.9 所示。

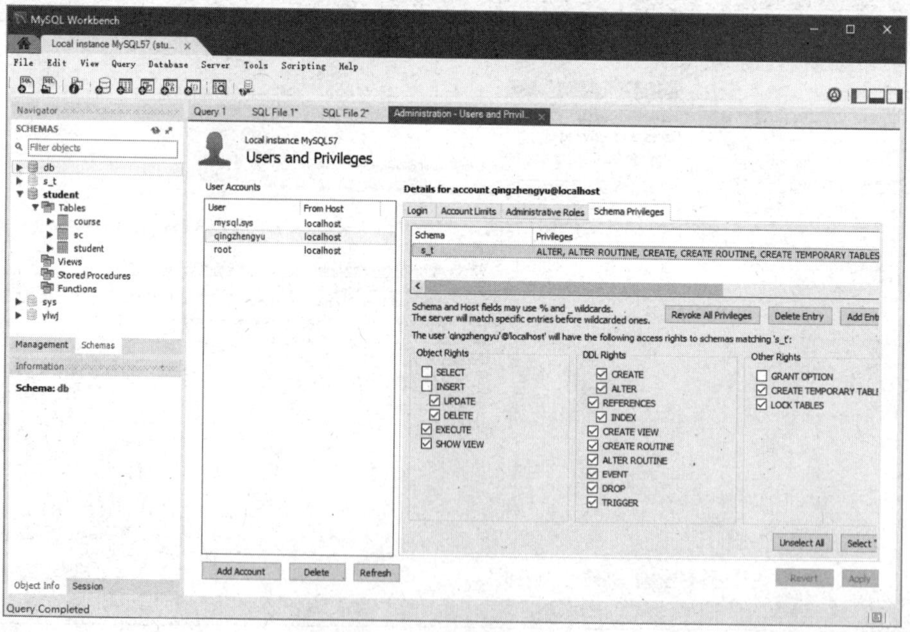

图5.9　可视化权限收回

下面列出 MySQL 数据库中的所有操作权限，以供参考。

ALL PRIVILEGES 影响除 WITH GRANT OPTION 之外的所有权限。

ALTER 影响 ALTER TABLE 命令的使用。

ALTER ROUTINE 影响创建存储例程的能力。

CREATE 影响 CREATE TABLE 命令的使用。

CREATE ROUTINE 影响更改和弃用存储例程的能力。

CREATE TEMPORARY TABLES 影响 CREATE TEMPORARY TABLE 命令的使用。

CREATE USER 影响创建、弃用、重命名和撤销用户权限的能力。

REATE VIEW 影响 CREATE VIEW 命令的使用。

DELETE 影响 DELETE 命令的使用。

DROP 影响 DROP TABLE 命令的使用。

EXECUTE 影响用户运行存储过程的能力。

EVENT 影响执行事件的能力（从 MySQL 5.1.6 开始）。

FILE 影响 SELECT INTO OUTFILE 和 LOAD DATA INFILE 的使用。

GRANT OPTION 影响用户委派权限的能力。

INDEX 影响 CREATE INDEX 和 DROP INDEX 命令的使用。

INSERT 影响 INSERT 命令的使用。

LOCK TABLES 影响 LOCK TABLES 命令的使用。

PROCESS 影响 SHOW PROCESSLIST 命令的使用。

REFERENCES 未来 MySQL 特性的占位符。

RELOAD 影响 FLUSH 命令集的使用。

REPLICATION CLIENT 影响用户查询从服务器和主服务器位置的能力。

小结

现在我们处于信息爆炸式增长的时代，这些信息中必然会有与我们自身相关的信息，数据库的安全就是保障我们信息的安全。从根本上讲，我们每个人都要树立信息安全意识，从后台人员不泄露信息和不主动探取信息两个方面，维护数据库安全，维护信息安全。

习　题

1. 试述实现数据库安全性控制的常用方法和技术。
2. 为什么强制存取控制提供了更高级别的数据库安全性?
3. 什么是数据库的审计功能，为什么要提供审计功能?
4. 试述你了解的某一个实际的DBMS产品的安全性措施。

06 第6章 数据库的完整性

数据库的完整性是十分重要的概念，是指数据库中数据在逻辑上的一致性、正确性、有效性和相容性。完整性是保证数据库数据正确性、有效性、相容性的重要保障措施。不完整的数据、不符合业务逻辑的数据是垃圾数据，这些数据是没有任何用处的。数据库完整性对于数据库应用系统非常关键，其作用主要体现在以下几个方面：

（1）数据库完整性约束能够防止合法用户使用数据库时向数据库中添加不合语义的数据。

（2）利用基于 DBMS 的完整性控制机制来实现业务规则，易于定义，容易理解，而且可以降低应用程序的复杂性，提高应用程序的运行效率。同时，基于 DBMS 的完整性控制机制是集中管理的，因此比应用程序更容易实现数据库的完整性。

（3）合理的数据库完整性设计，能够同时兼顾数据库的完整性和系统的效能。比如装载大量数据时，只要在装载之前临时使基于 DBMS 的数据库完整性约束失效，此后再使其生效，就能保证既不影响数据装载的效率，又能保证数据库的完整性。

（4）在应用软件的功能测试中，完善的数据库完整性有助于尽早发现应用软件的错误。

数据库完整性约束可分为 6 类：列级静态约束、元组级静态约束、关系级静态约束、列级动态约束、元组级动态约束、关系级动态约束。动态约束通常由应用软件来实现。不同 DBMS 支持的数据库完整性基本相同。

数据库的完整性和安全性是数据库保护的两个不同方面。

安全性是保护数据库，以防止非法使用造成数据的泄露、更改和破坏，安全性措施的防范对象是非法用户和非法操作。

完整性是防止合法用户使用数据库时向数据库中加入不符合语义的数据，完整性措施的防范对象是不合语义的数据。

6.1 数据库完整性的含义

数据库的完整性是指保护数据库中数据的正确性、有效性和相容性，防止错误的数据进入数据库造成无效操作。一般包括以下几种完整性。

1. 实体完整性

实体完整性（Entity Integrity）是指表中行的完整性，主要用于保证操作的数据（记录）非空、唯一且不重复。即实体完整性要求每个关系（表）有且仅有一个主键，每一个主键值必须唯一，而且不允许为“空”（NULL）或重复。

例如，将 Student 表中的 Sno 属性定义为码。

```
CREATE TABLE Student
( Sno CHAR(9) PRIMARY KEY,        /*在列级定义主码*/
Sname CHAR(20) NOT NULL,
Ssex CHAR(2),
Sage SMALLIT,
Sdept CHAR(20)
);
```

定义主码后，用户对基本表插入一条记录或者对主码进行更新操作时，RDBMS 将进行下面两个步骤。

（1）检查主码值是否唯一，如果不唯一则拒绝插入或修改。

（2）检查主码的各个属性是否为空，只要有一个为空，就拒绝插入或修改。

2. 用户自定义完整性

用户定义完整性约束（User-defined integrity constraints）是用户定义某个具体数据库所涉及的数据必须满足的约束条件，是由具体应用环境来决定的。例如，约定学生成绩的数据必须小于或等于 100。

不同的关系数据库系统根据其应用环境的不同，往往还需要一些特殊的约束条件。用户自定义的完整性约束就是针对某一具体业务领域要求，符合现实业务逻辑，它反映某一具体应用所涉及的数据必须满足的语义要求，这个约束往往最具现实性和多样性。

一般商用数据库中定义用户完整性的两类方法：用 CREATE TABLE 语句在建表时定义用户完整性约束；通过触发器来定义用户的完整性规则。

（1）用 CREATE TABLE 语句在建表时定义用户完整性约束，可定义三类完整性约束：

- 列值非空（NOT NULL 短语）
- 列值唯一（UNIQUE 短语）
- 检查列值是否满足一个布尔表达式（CHECK 短语）

例 6–1 建立部门表 DEPT，要求部门名称 Dname 列取值唯一，部门编号 Deptno 列为主码。

```
CREATE TABLE DEPT
    (Deptno NUMBER,
    Dname VARCHAR(9) CONSTRAINT U1 UNIQUE,
    Loc     VARCHAR(10),
    CONSTRAINT PK_DEPT PRIMARY KEY (Deptno));
```

其中，CONSTRAINT U1 UNIQUE 表示约束名为 U1，该约束要求 Dname 列值唯一。

例 6–2 建立学生登记表 Student，要求学号在 90000～99999 之间，年龄<29，性别只能是“男”或“女”，姓名非空。

```
CREATE TABLE Student
    (Sno    NUMBER(5) CONSTRAINT C1 CHECK (Sno BETWEEN 90000 AND 99999),
    Sname  VARCHAR(20) CONSTRAINT C2 NOT NULL,
```

```
    Sage   NUMBER(3) CONSTRAINT C3  CHECK (Sage < 29),
    Ssex   VARCHAR(2) CONSTRAINT C4 CHECK (Ssex IN ('男', '女'));
```

（2）通过触发器来定义用户的完整性规则

定义其他的完整性约束时，需要用数据库触发器（Trigger）来实现。数据库触发器是一类靠事务驱动的特殊过程，一旦由某个用户定义，任何用户对该数据的增、删、改操作均由服务器自动激活相应的触发过程程序，在核心层进行集中的完整性控制。

定义数据库触发器的语句：CREATE [OR REPLACE] TRIGGER。

例如，为教师表 Teacher 定义完整性规则："教授的工资不得低于 800 元，如果低于 800 元，自动改为 800 元"。

```
CREATE TRIGGER UPDATE_SAL
    BEFORE INSERT OR UPDATE OF Sal, Pos ON Teacher
    FOR EACH ROW
    WHEN (:new.Pos='教授')
    BEGIN
        IF :new.sal<800
            THEN
            :new.Sal:=800;
        END IF;
    END;
```

3. 参照完整性

参照完整性（Referential Integrity）属于表间规则。对于永久关系的相关表，在更新、插入或删除记录时，如果只改其一，就会影响数据的完整性。例如，删除父表的某记录后，子表的相应记录未删除，致使这些记录成为孤立记录。更新、插入或删除表间数据的完整性统称为参照完整性。通常，在客观现实中的实体之间存在一定联系，在关系模型中实体及实体间的联系都是以关系进行描述，因此，操作时就可能存在关系与关系间的关联和引用。

例如，下面代码中，关系 SC 中的一个元组表示一个学生选修某门课程的成绩，（Sno、Cno）是主码，Sno、Cno 分别参照引用 Student 表的主码和 Course 表的主码。

```
CREATE TABLE SC
(Sno CHAR(9) NOT NULL,
Cno CHAR(9) NOT NULL,
Grade SMALLINT,
PRIMARY KEY(Sno,Cno),                              /*在表级定义实体完整性*/
FOREIGN KEY (Sno) REFERENCES Student(Sno),         / *在表级定义参照完整性*/
FOREIGN KEY (Cno) REFERENCES Course (Cno),         / *在表级定义参照完整性*/
);
```

其他一些完整性约束的例子如下。

年龄属于数值型数据，只能含 0,1,…,9，不能含字母或特殊符号。

月份只能取 1～12 之间的正整数。

表示同一事实的两个数据应相同，否则就不相容，如一个人不能有两个学号。

维护数据库的完整性非常重要，数据库中的数据是否具备完整性关系到数据能否真实地反映现实世界。

6.2 DBMS完整性控制机制

为了实现完整性控制，数据库管理员应向DBMS提出一组完整性规则，以检查数据库中的数据，看其是否满足语义约束。这些语义约束构成了数据库的完整性规则，这组规则作为DBMS控制数据完整性的依据。它定义了何时检查、检查什么、查出错误又怎样处理等事项。

具体地说，完整性规则主要由以下三部分构成。

（1）触发条件：规定系统什么时候使用规则检查数据。

（2）约束条件：规定系统检查用户发出的操作请求违背了什么样的完整性约束条件。

（3）违约响应：规定系统如果发现用户的操作请求违背了完整性约束条件，应该采取一定的动作来保证数据的完整性，即违约时要做的事情。

完整性规则从执行时间上可分为立即执行约束和延迟执行约束。

6.2.1 完整性约束条件定义功能

一条完整性规则可以用一个五元组（D，O，A，C，P）来形式化地表示。

D（Data）：代表约束作用的数据对象。

O（Operation）：代表触发完整性检查的数据库操作，即当用户发出什么操作请求时需要检查该完整性规则。

A（Assertion）：代表数据对象必须满足的语义约束，这是规则的主体。

C（Condition）：代表选择A作用的数据对象值的谓词。

P（Procdure）：代表违反完整性规则时触发执行的操作过程。

例如，对于“学号不能为空”的这条完整性约束，可以如下形式化表示。

D：代表约束作用的数据对象为SNO属性；

O（Operation）：当用户插入或修改数据时需要检查该完整性规则。

A（Assertion）：SNO不能为空。

C（Condition）：A可作用于所有记录的SNO属性。

P（Procdure）：拒绝执行用户请求。

6.2.2 检查功能

定义了完整性规则就要有必要的检查功能，从而发现违反数据完整性的错误。DBMS提供了完整性检查的功能机制，有条件地触发检查机制，有效保护数据的完整性。

完整性规则从执行时间上可分为立即执行约束和延迟执行约束。

立即执行约束是指在执行用户事务过程中，某一条语句执行完成后，系统立即对此数据进行完整性约束条件检查。

延迟执行约束是指在整个事务执行结束后，再对约束条件进行完整性检查，结果正确后才能提交。

例如，银行数据库中“借贷总金额应平衡”的约束就属于延迟执行约束，从账号A转一笔钱到账号B为一个事务，从账号A转出去钱后，账就不平了，必须等转入账号B后，账才能重新平衡，这时才能进行完整性检查。

6.2.3 违约方反应

进行完整性检查后，DBMS 会有适时的检查反应。

如果发现用户操作请求违背了立即执行约束，则可以拒绝该操作，以保护数据的完整性。

如果发现用户操作请求违背了延迟执行约束，而又不知道是哪个事务的操作破坏了完整性，则只能拒绝整个事务，把数据库恢复到该事务执行前的状态。

关系模型的完整性包括实体完整性、参照完整性和用户自定义的完整性。

对于违反实体完整性和用户定义完整性规则的操作，一般都是采用拒绝执行的方式处理。

对于违反参照完整性的操作，并不都是简单地拒绝执行，一般在接受这个操作的同时，执行一些附加的操作，以保证数据库的状态仍然是正确的。例如，在删除被参照关系中的元组时，应该将参照关系中的所有外码值与被参照关系中要删除元组主码值对应的元组一起删除。

在被参照关系中删除元组时可有 3 种策略。

（1）级联删除。将参照关系中所有外码值与被参照关系中要删除元组主码值相同的元组一起删除。

（2）受限删除。仅当参照关系中没有任何元组的外码值与被参照关系中的主码值相同时，系统才执行删除操作，否则拒绝此删除操作。

（3）置空值删除。删除被参照关系的元组，并将参照关系中相应元组的外码值置空值。例如：

```
CREATE TABLE SC
(Sno CHAR(9) NOT NULL,
 Cno CHAR(4) NOT NULL,
 Grade SMALLINT,
 PRIMARY KEY(Sno,Cno),                              /*在表级定义实体完整性*/
FOREIGN KEY(Sno) REFERENCES Student(Sno)           /*在表中定义参照完整性*/
   ON DELETE CASCADE          /*当删除 student 表中的元组时，级联删除 SC 表中相应的元组*/
   ON UPDATE CASCADE,         /*当更新 student 表中的 sno 时，级联更新 SC 表中相应的元组*/
FOREIGN KEY(Cno) REFERENCES Course(Cno)            /*在表中定义参照完整性*/
   ON DELETE NO ACTION        /*当删除 course 表中的元组造成了与 SC 表不一致时，拒绝删除*/
   ON UPDATE CASCADE          /*当更新 course 表中的 cno 时，级联更新 SC 表中相应的元组*/
);
```

在参照关系中插入元组时的策略如下。

（1）受限插入：仅当被参照关系中存在此相应元组，其主码值与参照关系插入元组的外码值相同时，系统才执行相应操作，否则拒绝此操作。

（2）递归插入：首先向被参照关系插入相应的元组，其主码值等于参照关系插入元组的外码值，然后向参照关系插入元组。

修改关系中主码的问题：

（1）不允许修改主码。

（2）允许修改主码，但必须保证主码的唯一性和非空。

当修改的关系是被参照关系时，还必须检查参照关系。有三种策略：级联修改、受限修改、置空置修改。

6.3 完整性约束条件的分类

1. 按约束条件使用的对象分类

从约束条件使用的对象，可以将完整性约束分为以下几类。

（1）列约束：列的类型、取值范围等。

（2）元组约束：元组中各个字段间联系的约束。

（3）关系约束：关系之间联系的约束。

2. 按约束对象的状态分类

按约束对象的状态分为以下几类。

（1）静态约束。是指对数据库每一个确定状态应满足的约束条件，是反映数据库状态合理性的约束。

（2）动态约束。是指数据库从一种状态转变为另一种状态时，新旧值之间应满足的约束条件，动态约束是反映数据库状态变迁的约束。

3. 六类完整性约束条件

六类完整性约束条件分别为静态列级约束、静态元组约束、静态关系约束、动态列级约束、动态元组约束、动态关系约束，下面对这六类完整性约束条件进行详细介绍。

（1）静态列级约束：它是对取值域的说明，是最常见、最简单、最容易实现的一类完整性约束，大致包括以下五种类型。

① 数据类型约束：数据的类型、长度、单位、精度等。

例如，学生姓名的数据类型为字符型，长度为8。

② 对数据格式的约束

例如，学号的前两位表示入学年份，后四位为顺序编号日期：YY.MM.DD。

③ 取值范围或取值集合的约束

例如，规定成绩的取值范围为0～100，年龄的取值范围为14～29，性别的取值集合为[男,女]。

④ 对空值的约束

空值：未定义或未知的值，与零值和空格不同，有的列允许空值，有的则不允许，如成绩可为空值。

⑤ 其他约束

例如，关于列的排序说明，组合列等。

（2）静态元组约束：规定元组的各个列之间的约束关系，静态元组约束只局限在元组上。

例如，订货关系中发货量≤订货量；教师关系中教授的工资≥700元。

（3）静态关系约束：关系的各个元组之间或若干关系之间存在的各种联系或约束。常见静态关系约束：实体完整性约束、参照完整性约束、函数依赖约束、统计约束。

关系字段间存在的函数依赖

例如，在学生－课程－教师关系中，SJT（S, J, T）的函数依赖：

```
( (S,J) →T,  T→J )主码: (S, J)
```

（4）动态列级约束：动态列级约束是修改列定义或列值时应满足的约束条件。

① 修改列定义时的约束

例如，将原来允许空值的列改为不允许空值时，若该列目前已存在空值，则拒绝这种修改。

② 修改列值时的约束，修改列值时新旧值之间要满足的约束条件。

例如，职工工资调整≥原来工资；年龄只能增长。

（5）动态元组约束，修改元组值: 各个字段之间要满足的约束条件。

例如，职工工资调整不得低于其原来工资 + 工龄×1.5

（6）动态关系约束：关系变化前后状态：限制条件。

例如，事务一致性、原子性等约束条件。

6.4 MySQL中的完整性机制

1. MySQL 中的实体完整性

MySQL 在 CREATE TABLE 语句中提供了 PRIMARY KEY 子句，供用户在建表时指定关系的主码列。

在列级使用 PRIMARY KEY 子句。

在表级使用 PRIMARY KEY 子句。

例 6–3 在学生选课数据库中，要定义 Student 表的 Sno 属性为主码：

```
CREATE TABLE Student
     (Sno   NUMBER(8),
      Sname VARCHAR(20),
      Sage  NUMBER(20),
      CONSTRAINT PK_SNO PRIMARY KEY (Sno));
```

或：

```
CREATE TABLE Student
    (Sno   NUMBER(8) PRIMARY KEY ,
     Sname VARCHAR(20),
     Sage  NUMBER(20));
```

例 6–4 要在 SC 表中定义(Sno, Cno)为主码：

```
CREATE TABLE SC
     (Sno   NUMBER(8),
     Cno   NUMBER(2),
     Grade NUMBER(2),
     CONSTRAINT PK_SC PRIMARY KEY (Sno, Cno));
```

用户程序对主码列进行更新操作时，系统自动进行完整性检查。违约操作是使主属性值为空值的操作，使主码值在表中不唯一的操作；违约反应是系统拒绝此操作，从而保证了实体完整性。

2. MySQL 中的参照完整性

FOREIGN KEY 子句：定义外码列。

REFERENCES 子句：外码相应于哪个表的主码。

ON DELETE CASCADE 子语：在删除被参照关系的元组时，同时删除参照关系中外码值等于被参照关系的元组中主码值的元组。

例 6–5　建立表 EMP 表

```
CREATE TABLE EMP
      (Empno NUMBER(4),
       Ename VARCHAR(10),
       Job VERCHAR2(9),
       Mgr NUMBER(4),
       Sal NUMBER(7,2),
       Deptno NUMBER(2),
       CONSTRAINT FK_DEPTNO
                FOREIGN KEY (Deptno)
                REFERENCES DEPT(Deptno));
```

或：

```
CREATE TABLE EMP
     (Empno NUMBER(4),
      Ename VARCHAR(10),
      Job VERCHAR2(9),
      Mgr NUMBER(4),
      Sal NUMBER(7,2),
      Deptno NUMBER(2)  CONSTRAINT FK_DEPTNO
          FOREIGN KEY REFERENCES DEPT(Deptno));
```

此时 EMP 表中外码为 Deptno，它对应于 DEPT 表中的主码 Deptno。当要修改 DEPT 表中的 DEPTNO 值时，先要检查 EMP 表中有无元组的 Deptno 值与之对应。若没有，系统接受这个修改操作，否则系统拒绝此操作。

当要删除 DEPT 表中某个元组时，系统要先检查 EMP 表，若找到相应元组即将其删除。当要插入 EMP 表中某个元组时，系统要先检查 DEPT 表中是否有元组的 Deptno 值与之对应。若没有，系统拒绝此插入操作，否则系统接受此操作。

3. MySQL 中用户定义的完整性

MySQL 中定义用户完整性的两种方法，分别为用 CREATE TABLE 语句在建表时定义用户完整性约束和通过触发器来定义用户的完整性规则。

（1）用 CREATE TABLE 语句在建表时定义用户完整性约束，可定义三类完整性约束。列值非空（NOT NULL 短语）、列值唯一（UNIQUE 短语）可用于检查列值是否满足一个布尔表达式（CHECK 短语）。

例 6–6　建立部门表 DEPT，要求部门名称 Dname 列取值唯一，部门编号 Deptno 列为主码。

```
CREATE TABLE DEPT
    (Deptno NUMBER,
    Dname VARCHAR(9) CONSTRAINT U1 UNIQUE,
    Loc     VARCHAR(10),
    CONSTRAINT PK_DEPT PRIMARY KEY (Deptno));
```

其中，CONSTRAINT U1 UNIQUE 表示约束名为 U1，该约束要求 Dname 列值唯一。

例 6–7　建立学生登记表 Student，要求学号在 900000 ~ 999999 之间，年龄<29，性别只能是“男”或“女”，姓名非空。

```
CREATE TABLE Student
```

```
    (Sno    NUMBER(5)
                CONSTRAINT C1 CHECK
                (Sno BETWEEN 10000 AND 99999),
     Sname  VARCHAR(20) CONSTRAINT C2 NOT NULL,
     Sage   NUMBER(3) CONSTRAINT C3  CHECK (Sage < 29),
     Ssex   VARCHAR(2)
                CONSTRAINT C4 CHECK (Ssex IN ('男', '女'));
```

例 6-8 建立职工表 EMP，要求每个职工的应发工资不得超过 3000 元。应发工资实际上就是实发工资列 Sal 与扣除项 Deduct 之和。

```
CREATE TABLE EMP
     (Eno    NUMBER(4)
      Ename  VARCHAR(10),
      Job    VARCHAR(8),
      Sal    NUMBER(7,2),
      Deduct NUMBER(7,2)
      Deptno NUMBER(2),
      CONSTRAINTS C1 CHECK (Sal + Deduct <=3000));
```

（2）通过触发器来定义用户的完整性规则，进而定义其他的完整性约束时，需要用数据库触发器（Trigger）来实现。数据库触发器是一类靠事务驱动的特殊过程，一旦由某个用户定义，任何用户对该数据的增、删、改操作均由服务器自动激活相应的触发子，在核心层进行集中的完整性控制。定义数据库触发器的语句为 CREATE [OR REPLACE] TRIGGER。

例 6-9 为教师表 Teacher 定义完整性规则：

"教授的工资不得低于 800 元，如果低于 800 元，则自动改为 800 元"。

```
CREATE TRIGGER UPDATE_SAL
   BEFORE INSERT OR UPDATE OF Sal, Pos ON Teacher
   FOR EACH ROW
   WHEN (:new.Pos='教授')
   BEGIN
       IF :new.sal<800
          THEN
           :new.Sal:=800;
       END IF;
   END;
```

MySQL 提供定义完整性约束条件，CREATE TABLE 语句和 CREATE TRIGGER 语句可以定义复杂的完整性约束条件。

MySQL 自动执行相应的完整性检查，对于违反完整性约束条件的操作，拒绝执行或者执行事先定义的操作。

小结

本章主要介绍了数据库完整性的定义、DBMS 完整性控制机制、完整性约束条件定义、完整性检查能机制、完整性违约反应的处理方法、完整性约束条件的分类，以及 MySQL 中的完整性机制。通过对本章内容的学习，读者能够了解数据库完整性的定义和重要意义、数据库管理系统实现数据库完整性的控制机制，以及数据库的实体完整性、参照完整性和用户自定义完整性的实现方法。

习　题

1. 什么是数据库的完整性？

2. 什么是数据库的完整性约束条件？

3. RDBMS的完整性控制机制应具有哪些功能？

4. 在关系系统中，当操作违反实体完整性、参照完整性和用户定义完整性约束条件时，一般是如何进行处理的？

07 第7章 数据处理新技术

7.1 数据仓库与数据挖掘

面对数据大爆炸似的增长，人们对数据重要性的认识也与日俱增。面对逐步增长的海量数据，如何进行处理成为了棘手的问题。如果为了节省存储空间而将数据删除便有可能丧失数据中蕴藏的价值，因而建立数据仓库，将有分析价值的历史数据存放其中，综合利用各种数据挖掘方法，建立分析模型，挖掘出符合规律的规则，用于事务的预测或决策中。

7.1.1 数据仓库

数据仓库（Data Warehouse）是一种数据库环境。目前，业界公认的数据仓库定义是由数据仓库之父 W.H.Inmon 给出的："数据仓库是面向主题的、集成的、随时间变化的、稳定的数据集合，用以支持管理中的决策制定过程。"简单理解，数据仓库是一种有规则的数据集合，一种多维的数据立方体。

数据仓库具有如下特点。

1. 数据仓库的数据面向主题

与传统数据库面向应用组织数据的特点相对应，数据仓库的数据是面向主题进行组织的。主题是一个抽象的概念，是指在较高层次上将信息系统中的数据综合、归类并进行分析利用的对象。

2. 数据仓库的数据是集成的

建立数据仓库的主要目的是减少查询信息的响应时间，因此需将数据从数据源中提取出来，通过加工和集成，将原始数据结构从面向应用到面向主题转变。所以，必须消除源数据中的不一致性，存进数据仓库中的数据必须基于全局，使用统一的编码规则、格式、编码结构和相关特性来定义。

3. 数据仓库的数据相对稳定

操作型数据库中的数据通常实时更新，数据根据需要及时发生变化，数据仓库的数据是供决策分析用，所涉及的操作主要是数据查询，一般情况下不进行修改操作，因此我们可以对数据仓库进行最大限度的性能优化。

4. 数据仓库的数据反应历史变化

操作型数据库主要关心当前某一时间段内的数据，而数据仓库中一般存储较为久远的数据。因而可以研究数据的变化趋势。

ETL（Extract-Transform-Load）是构建数据仓库的重要一环，用户从数据源抽取出所需的数据，经过数据清洗，最终按照预先定义好的数据仓库模型，将数据加载到数据仓库中去。ETL 过程是用来描述将数据从来源端经过抽取（extract）、转换（transform）、加载（load）至目的端的过程（图 7.1），用来描述操作型数据转换成调和数据的过程，分为抽取、清洗、转换、加载与索引，这些过程可以进行不同的组合。

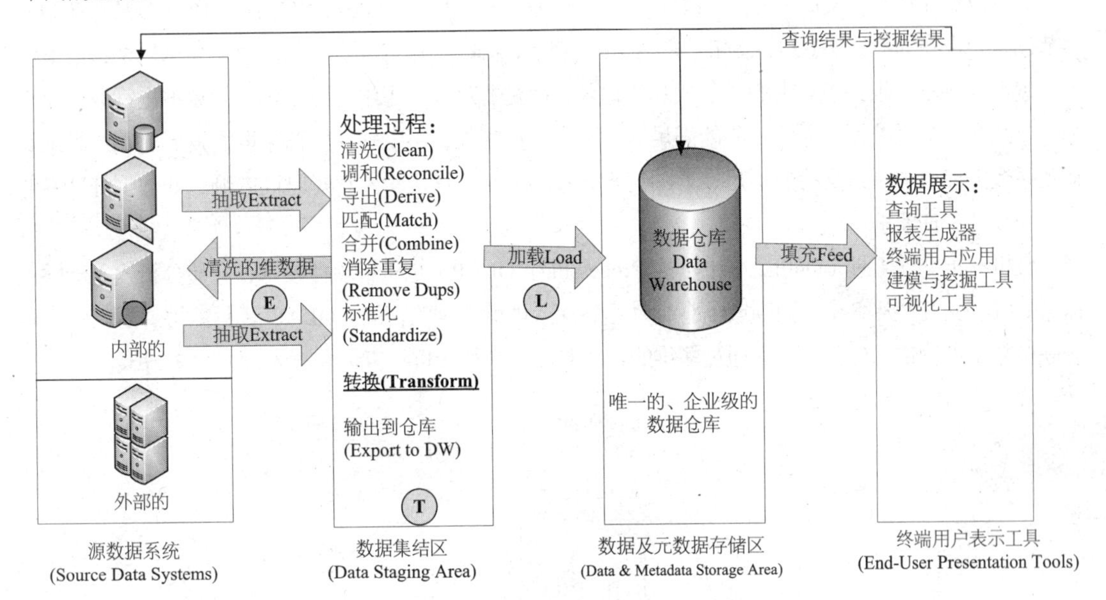

图7.1 ETL过程

7.1.2 数据挖掘

数据挖掘（Data Mining）又译为资料探勘、数据采矿。它是数据库知识发现（Knowledge Discovery in Databases，简称 KDD）的延伸。数据挖掘一般是指从大量的数据中通过算法搜索隐藏于其中前所未知的有价值的模式信息的过程。数据挖掘通常与计算机科学有关，并通过统计、在线分析处理、情报检索、机器学习、专家系统（依靠过去的经验法则）和模式识别等诸多方法来实现上述目标。

数据挖掘的数据源可以来源于数据仓库，也可来源于数据库。从数据仓库中进行数据挖掘有许多好处，因为数据仓库中的数据经过了数据处理，所以大大减轻了数据清理的难度。

数据挖掘可以进行的挖掘模式包括关联分析、分类和预测、聚类分析、孤立点预测等。

关联分析又称关联挖掘、频繁模式挖掘，是指在数据中查找存在于项目集合或对象集合之间的频繁模式、关联、相关性或因果结构。例如，频繁模式挖掘中最著名的利用关联和相关性挖掘出的超市中啤酒和尿布之间的关联规则，通过分析得出男士在买婴儿尿布时通常会购买啤酒，从而将啤酒和尿布放在一起，大大增加了这两件商品的销售量。

分类和预测即找到一定的函数或者模型来描述和区分数据类之间的区别，从而能够使用模型预测类标号未知的对象的类标号。分类的结果表示为决策树、分类规则和神经网络。

聚类是将物理或抽象对象的集合分成由类似的对象组成的多个类的过程。由聚类生成的簇是一组数据对象的集合，这些对象与同一簇中的对象彼此相似，与其他簇中的对象相异。聚类分析开始并不存在标记类的数据，而是使用聚类产生数据组群的类标号。

独立点预测中的孤立点是指数据中的整体表现行为不一致的数据集合。这些数据虽然是一些特例，但往往在错误检查和特例分析中十分有用。

7.1.3 联机分析处理

随着数据库技术的发展和应用，数据库存储的数据量从 20 世纪 80 年代的兆（M）字节及千兆（G）字节过渡到现在的兆兆（T）字节和千兆兆（P）字节，同时，用户的查询需求也越来越复杂，已不仅仅是查询或操纵一张关系表中的一条或几条记录，而是要对多张表中千万条记录的数据进行数据分析和信息综合，关系数据库系统已不能满足这一要求。在国外，不少软件厂商采取了发展前端产品来弥补关系数据库管理系统支持的不足，力图统一分散的公共应用逻辑，在短时间内响应非数据处理专业人员的复杂查询要求。

联机分析处理工具（Online Analytical Processing，OLAP）是一种软件技术，它使分析人员能够迅速、一致、交互地从各个方面观察信息，以达到深入理解数据的目的。OLAP 工具能够针对特定问题的联机数据进行访问与分析，它通过多维的方式对数据进行分析、查询和报表，如图 7.2 所示。

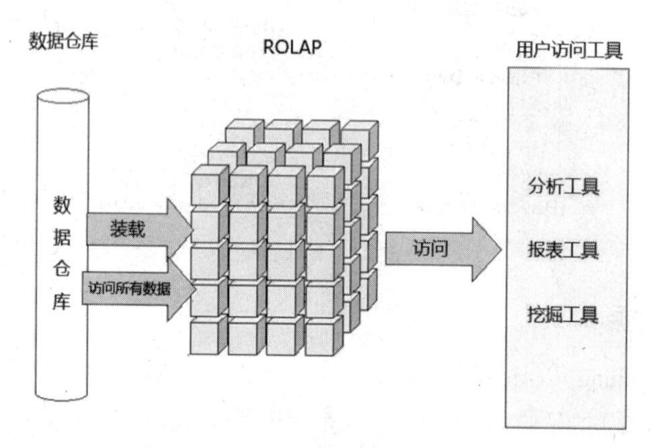

图7.2 以多维方式处理数据

联机分析处理（OLAP）是数据仓库系统最主要的应用，专门设计用于支持复杂的分析操作，侧重对决策人员和高层管理人员的决策支持，可以根据分析人员的要求快速、灵活地进行大数据量的复杂查询处理，并且以直观易懂的形式将查询结果提供给决策人员，以便他们准确掌握企业（公司）的经营状况，了解对象的需求，制定正确的方案。

OLAP 的显著特征是能提供数据的多维概念视图。数据的多维视图使用户能多角度、多侧面、多层次地考察数据库中的数据，从而深入理解包含在数据中的信息及其内涵。OLAP 的第二个特征是能快速响应用户的分析请求。OLAP 的第三个特征是其分析功能。这是指 OLAP 系统可以提供给用户强大的统计、分析（包括时间序列分析、成本分配、货币兑换、非过程化建模、多维结构的随机变化等）、报表处理功能。此外，OLAP 系统还具有回答“假设-分析”（what-if）问题的功能及进行趋势预测的能力。OLAP 的基本分析操作有切片（Slice）、切块（Dice）、下钻（Drill-Down）、上翻（Roll-Up）和旋转（Rotate）。OLAP 的第四个特征是共享特性。这是指 OLAP 系统应有很高的安全性。例如，当多个用户同时向 OLAP 服务器写数据时，系统应能在适当的粒度级别上加更新锁。OLAP 的第五个特征是它的信息性。这是指 OLAP 能分析所需的数据及导出的有用信息。

7.2 大数据技术

随着信息技术的迅速发展，尤其是物联网、云计算、社交媒体以及各种传感器的广泛应用，以数量庞大，种类众多，时效性强为特征的非结构化数据不断涌现并呈几何级数爆发，数据的重要性愈发凸显，不能再以传统的信息处理技术加以解决，人们亟需一种存储、处理海量非结构化数据的方法，大数据技术便应运而生。

7.2.1 大数据的概念与特征

1. 大数据的概念

大数据（Big Data）或称巨量资料，是一个抽象概念，是指涉及的资料量规模巨大以至于无法使用当前主流软件工具，在合理时间内处理得到具有价值意义的信息。大数据技术的实质在于发现和理解信息内容及信息与信息之间的关系。特征是利用所有可获取的数据，而不仅仅依靠随机采样这样的方法来处理小部分数据。

对于大数据，研究机构 Gartner 给出了这样的定义：大数据是需要新处理模式才能具有更强的决策力、洞察发现力和流程优化能力来适应海量、高增长率和多样化的信息资产。

麦肯锡全球研究所给出的定义是：大数据是一种规模大到在获取、存储、管理、分析方面大大超出了传统数据库软件工具能力范围的数据集合，具有海量的数据规模、快速的数据流转、多样的数据类型和价值密度低四大特征。

2. 大数据的基本特征

当前，较为统一的认识是大数据有四个基本特征。

（1）数据规模大（Volume）

大数据的基本属性便是要求数据量十分庞大，定义是至少要有超过 100TB 的可供分析的数据。现今不仅数据量随互联网系统硬件和软件数量的增加而增加，而且现有网络可以非常方便地获取数据，降低了处理数据的门槛，为大数据的实现提供了可能。早期人们受到数据处理工具、算法等的困扰，首先收集数据时多采用单位化数据，对原始事物进行一定的抽象，数据维度低，类型简单。其次利用采样的方法，不管事务多么复杂，通过采样得到部分样本，数据规模变小，就可以利用当时的技术手段来管理和分析数据。但随着技术的发展，样本数目逐渐逼近原始的总体数据，且在某些特定的应用领域，采样数据可能远不能描述整个事物，可能丢掉大量重要细节，甚至可能得到完全相反的结论。因此，直接处理所有数据而不是只考虑采样数据逐渐成为数据处理的主流趋势。使用所有的数据虽然使得要处理的数据显著增多但是可以带来更高的精确性。

（2）数据种类多（Variety）

以往我们产生或者处理的数据类型较为单一，大部分是结构化数据。而如今社交网络、物联网、移动计算、在线广告等新渠道和技术不断涌现，产生大量半结构化或者非结构化数据，如文本、微博、传感器数据、音频、视频、点击流、日志文件等，导致新的数据类型剧增。

（3）数据处理速度快（Velocity）

快速处理数据是大数据区别于传统海量数据处理的重要特性之一。快速增长的数据量要求数据处理的速度也要相应提升，这样才能使大量的数据得到有效利用，否则不断激增的数据不但不能为解决问题带来帮助，反而成了快速解决问题的负担。此外，在许多应用中要求能够实时处理新增的大量数据，比如有大量在线交互的电子商务应用，就具有很强的时效性，大数据以数据流的形式产生，快速流动，迅速消失，且数据流量通常不是平稳的，会在某些特定的时段突然激增，数据的涌现特征明显，而用户对于数据的响应时间通常非常敏感，对于大数据应用而言，很多情况下都必须在 1 秒或者瞬间内形成结果，否则处理结果就是过时和无效的。在这种情况下，大数据要求快速、持续地实时处理。对不断激增的海量数据的实时处理要求，是大数据与传统海量数据处理技术的关键差别之一。

（4）数据价值密度低（Value）

数据价值密度低是大数据关注的非结构化数据的重要属性。传统的结构化数据依据特定的应用，对事务进行了相应的抽象，每一条数据都包含该应用需要考量的信息，而大数据为了获取事务的全部细节，不对事务进行抽象、归纳等处理，直接采用原始的数据，保留了数据的原貌，且通常不对数据进行采样，直接采用全体数据，由于减少了采样和抽象，所以呈现所有数据和全部细节信息，可以分析更多的信息，但也引入了大量没有意义的信息，甚至是错误的信息，因此相对于特定的应用，大数据关注的非结构化数据的价值密度偏低。

大数据技术的战略意义不在于掌握庞大的数据信息，而在于对这些含有意义的数据进行专业化处理。换而言之，如果把大数据比作一种产业，那么这种产业实现盈利的关键就在于提高对数据的“加工能力”，通过“加工”实现数据的“增值”。

从技术上看，大数据与云计算的关系就像一枚硬币的正反面一样密不可分。大数据必然无法用单台的计算机进行处理，必须采用分布式架构。它的特色在于对海量数据进行分布式数据挖掘。但它必须依托云计算的分布式处理、分布式数据库和云存储、虚拟化技术。随着云时代的来临，大数据也吸引了越来越多的关注。分析师团队认为，大数据通常用来形容一个公司创造的大量非结构化数据和半结构化数据，这些数据在下载到关系型数据库用于分析时会花费过多时间和金钱。大数据分析常和云计算联系到一起，因为实时的大型数据集分析需要像 MapReduce 一样的框架来向数十、数百或甚至数千的计算机分配工作。

7.2.2 大数据管理系统

大数据不仅有着众多积极的作用，但也会带来许多威胁，大数据的管理、分析、处理和应用等均面临着巨大的挑战。数据管理技术和系统是大数据应用系统的基础。就目前现状看来，多种数据管理系统和相关技术呈现新格局。

1. 面向操作型应用的关系数据库技术

基于行存储的关系型数据库系统、并行数据库系统、面向实时计算的内存数据库系统等，具有高度的数据一致性、高精确度、系统的可恢复性等关键特性，同时扩展性和性能也在不断提高，它们仍然是众多事务处理系统的核心引擎。

2. 面向分析型应用的关系型数据库

在数据仓库领域，面向 OLAP 分析的关系数据库系统采用了 Shared Nothing 的并行体系架构，支持较高的扩展性。面向分析型应用的列存储数据库具有高效的压缩、更高的 I/O 效率等特点，在分析型应用领域获得了比列存储数据库更高的性能。内存数据库则利用大内存、多核 CPU 等新硬件技术和基于内存的新系统架构成为大数据分析应用的有效解决方案。

3. 面向操作型应用的 NoSQL 技术

操作型应用不仅包括传统的事务处理应用，还有比事务处理更广泛的概念。NoSQL 数据库在以下情况下比较适用：数据模型比较简单；需要灵活性更强的 IT 系统；对数据库性能要求较高；不需要高度的数据一致性；对于给定 key，比较容易映射复杂值的环境。

4. 面向分析型应用的 MapReduce 技术

MapReduce 是一种编程模型，用于大规模数据集（大于 1TB）的并行运算。概念 Map（映射）和 Reduce（归约）是它们的主要思想，都是从函数式编程语言里借来的，还有从矢量编程语言里借来的特性。它极大地方便了编程人员在不会分布式并行编程的情况下，将自己的程序运行在分布式系统上。当前的软件实现是指定一个 Map（映射）函数，用来把一组键值对映射成一组新的键值对，指定并发的 Reduce（归约）函数，用来保证所有映射的键值对中的每一个共享相同的键组。

7.2.3 大数据应用

Gartner 的分析师 Doug Laney 在讲解大数据案例时提到过 8 个更有新意、更典型的案例，可更清晰地理解大数据时代的到来。

1. 梅西百货的实时定价机制

根据需求和库存的情况，该公司基于 SAS 的系统对多达 7 300 万种货品进行实时调价。

2. Tipp24 AG 针对欧洲博彩业构建的下注和预测平台

该公司用 KXEN 软件来分析数十亿计的交易以及客户的特性，然后通过预测模型对特定用户进行动态的营销活动。这项举措减少了 90%的预测模型构建时间。SAP 公司正在试图收购 KXEN。

3. 沃尔玛的搜索

这家零售业寡头为其网站 Walmart.com 自行设计了最新的搜索引擎 Polaris，利用语义数据进行文本分析、机器学习和同义词挖掘等。根据沃尔玛的说法，语义搜索技术的运用使得在线购物的完成率提升了 10%～15%。“对沃尔玛来说，这就意味着数十亿美元的金额。”Laney 说。

4. 快餐业的视频分析

某快餐公司通过视频分析等候队列的长度，然后自动变化电子菜单显示的内容。如果队列较长，则显示可以快速供给的食物；如果队列较短，则显示那些利润较高，但准备时间相对长的食品。

5. Morton 牛排店的品牌认知

当一位顾客开玩笑地通过推特向这家位于芝加哥的牛排连锁店订餐送到纽约 Newark 机场（他将在一天工作之后抵达该处）时，Morton 就开始了自己的社交秀。首先，分析推特数据，发现该顾客是本店的常客，也是推特的常用者。根据客户以往的订单，推测出其所乘的航班，然后派出一位身着燕尾服的侍者为客户提供晚餐。

6. PredPol的犯罪预测分析

Inc.PredPol 公司通过与洛杉矶和圣克鲁斯的警方以及一群研究人员合作，基于地震预测算法的变体和犯罪数据来预测犯罪发生的概率，可以精确到46.45平方米的范围内。在洛杉矶运用该算法的地区，盗窃罪和暴力犯罪分布下降了33%和21%。

7. Tesco PLC（特易购）和运营效率

这家超市连锁在其数据仓库中收集了700万部冰箱的数据。通过对这些数据的分析，进行更全面的监控并主动维修，以降低整体能耗。

8. American Express（美国运通，AmEx）和商业智能

AmEx 探索构建预测忠诚度模型，基于历史交易数据，用115个变量来进行分析预测。该公司表示，对于澳大利亚将于之后四个月中流失的客户，已经能够识别出其中的24%。

现在的社会是一个高速发展的社会，科技发达，信息通畅，人们之间的交流越来越密切，生活也越来越方便，大数据就是这个高科技时代的产物。阿里巴巴创办人马云在一次演讲中就提到，未来的时代将不是IT时代，而是DT的时代，DT（Data Technology）就是数据科技，显示大数据对于阿里巴巴集团来说举足轻重。

有人把数据比喻为蕴藏能量的煤矿。煤炭按照性质有焦煤、无烟煤、肥煤、贫煤等分类，而露天煤矿、深山煤矿的挖掘成本又不一样。与此类似，大数据并不在于"大"，而在于"有用"。价值含量、挖掘成本比数量更为重要。对于很多行业而言，如何利用这些大规模数据是赢得竞争的关键。

大数据的价值体现在以下几个方面。

（1）对大量消费者提供产品或服务的企业可以利用大数据进行精准营销。

（2）做小而美模式的中小微企业可以利用大数据做服务转型。

（3）面临互联网压力之下必须转型的传统企业需要与时俱进充分利用大数据的价值。

不过，大数据在经济发展中的巨大意义并不代表其能取代一切对于社会问题的理性思考，科学发展的逻辑不能被湮没在海量数据中。著名经济学家路德维希·冯·米塞斯曾提醒过："就今日而言，有很多人忙碌于资料之无益累积，以致对问题之说明与解决，丧失了其对特殊的经济意义的了解。"这确实是需要警惕的。

小结

随着社会的不断发展，技术的不断革新，信息的爆炸式增长，数据库技术显得格外重要。大数据就是隐藏在生活中的战略资源，就像石油、煤炭等资源一样，而数据库技术就是开发这些大数据的工具，就像开采石油、煤炭的工程机械一样。发展数据库的新技术，对国家和社会的发展至关重要。

习 题

1. 思考数据库处理的新技术在我们生活中的应用。
2. 思考数据库处理的新技术，会给我们的生产生活方式带来哪些改变。

第二篇　数据库系统开发篇

08 第8章　数据库系统开发概述

本章简单概述整个数据库系统的开发，让读者了解数据库开发整个流程的各个时间节点。如果读者想深入学习其中的某一个节点，可以查看相关书籍资料。这里只做简单介绍，确保读者在学习后面的实例章节时能更好地吸收理解其中的内容。

8.1　数据库系统开发的基本流程

现在对数据库系统开发各阶段的划分尚无统一的标准，各阶段间相互连接，而且常常需要回溯修正，不同公司的流程会有很大的差别。

在数据库应用系统的开发过程中，每个阶段的工作成果都是写成相应的文档。每个阶段都是在上一阶段工作成果的基础上继续进行，整个开发工程是有依据、有组织、有计划、有条不紊地展开的。因此本书也没有给出明确的流程，只介绍了核心部分，具体的流程还需读者自己把握。

8.1.1　系统分析

系统分析是指把要解决的问题作为一个系统，对系统要素进行综合分析，找出解决问题的可行方案的咨询方法。系统分析是一种研究方法，它能在不确定的情况下，确定问题的本质和起因，明确咨询目标，找出各种可行方案，并通过一定的标准对这些方案进行比较，帮助决策者在复杂的问题和环境中做出科学抉择。

系统分析是咨询研究最基本的方法，可以把一个复杂的咨询项目看成系统工程，通过系统目标分析、系统要素分析、系统环境分析、系统资源分析和系统管理分析，可以准确地诊断问题，深刻揭示问题起因，有效提出解决方案和满足客户的需求。

系统分析或系统方法，就其本质而言，是一种根据客观事物具有的系统特征，从事物的整体出发，着眼于整体与部分、整体与结构及层次、结构与功能、系统与环境等的相互联系和相互作用，求得优化的整体目标的现代科学方法以及政策分析方法。拉兹洛认为，系统论为我们提供一种透视人与自然的眼光，“这是一种根据系统概念，根据系统的性质和关系，把现有的发现有机地组织起来的模型。”贝塔朗菲则将系统方法描述为：提出一定的目标，为寻找实现目标的方法和手段就要求系统专家或专家组在极复杂的相互关系网中按最大效益和最小费用的标准去考虑不同的解决方案，并选出可能的最优方案。我国学者汪应洛在《系统工程导论》一书中则认为，系统分析是一种程序，它对系统的目的、功能、费用、效益等问题，运用科学的分析工具和方法，进行充分调查研究，在收集、分析处理所获得的信息基础上，提出各种备选方案，通过模型进行仿真实验和优化分析，并对各种方案进行综合研究，从而为系统设计、系统决策、系统实施提出可靠的依据。

系统分析的主要任务是将在系统详细调查中得到的文档资料集中到一起，分析组织内部整体管理状况和信息处理过程。它侧重于从业务全过程的角度进行分析。分析的主要内容是：业务和数据的流程是否通畅、是否合理；数据、业务过程和实现管理功能之间的关系；老系统管理模式改革和新系统管理方法的实现是否具有可行性，等等。系统分析的目的是将用户的需求及其解决方法确定下来，这些需要确定的结果包括：开发者关于现有组织管理状况的了解、用户对信息系统功能的需求、数据和业务流程、管理功能和管理数据指标体系、新系统拟改动和新增的管理模型等。系统分析确定的内容是今后系统设计、系统实现的基础。

8.1.2　业务设计

业务设计是指根据市场需求与企业要求调整企业流程，包括设计、分析和优化流程。设计阶段主要包括两项任务：其一，透视现有流程质量；其二，根据当前市场需求调整现有业务流程。这两项任务必须基于一套统一的方法和统一的描述语言。设计阶段要解决“何人完成何种具体工作，以何种顺序完成工作，可以获得何种服务支持，以及在流程中采用何种软件系统”等问题。在分析过程中，可以掌握流程在组织、结构及技术方面存在的不足，明确潜在的改进领域。设计阶段的目的是根据分析结果并结合企业目标制定目标流程，并在系统中实施有助于今后为企业创造价值的目标流程。

业务设计的任务是设计一组方案来实现业务分析中提出的业务过程。这组方案应包括：需要找到哪些类型的业务对象资源，包括业务人员、业务中应用的设备、生产资料、信息系统等。这些业务对象资源应具备怎样的表象特征和行为特征，这些业务对象间建立了怎样的关联，通过这些关联可以互相发送消息，驱动业务对象做出动作行为，最终满足业务过程的外部需求。业务设计对应的结果模型就是业务对象模型。

这么说大家可能不是特别好理解，在实际项目中，业务设计的目的就是针对系统分析找到的问题抽象及建立对象模型，还有业务间有怎样的关联、交互等。举个简单的例子：现在我们的业务是要接一盆水，那么业务设计得到的对象就是水龙头、盆、水，关联及交互就是打开水龙头、接水。所以业务设计的本质就是把系统分析提出的具体问题拆分转化为对应的对象及对象间的关联交互。

8.1.3　数据库设计

大多数程序员都很急切，在了解了大致系统之后希望很快进入编码阶段（可能只有产出代码才能反映工作量），对于数据库设计思考得比较少。

这给系统留下了许多隐患。许多软件系统的问题，如输出错误的数据、性能差或后期维护繁杂等，都与前期数据库设计有着密切的关系。到了这个时候再想修改数据库设计或进行优化等同于推翻重来。把软件开发比作汽车制造。汽车制造会经过图纸设计、模型制作、样车制造、小批量试生产，最后是批量生产等步骤。整个过程环环相扣，后一过程建立在前一过程正确的前提基础之上。如果在图纸设计阶段发现了一个纰漏，可以重新设计图纸，如果到了样车制造阶段发现这个错误，就要重新开始从图纸设计到样车制造的阶段，越晚发现设计上的问题，所付出的代价就越大，修改的难度也越大。数据库是整个应用的根基，没有坚实的根基，整个应用也就岌岌可危。

数据库设计（Database Design）是指对于一个给定的应用环境，构造最优的数据库模式，建立数据库及其应用系统，使之能够有效地存储数据，满足各种用户的应用需求（信息要求和处理要求）。在数据库领域内，常常把使用数据库的各类系统统称为数据库应用系统。

数据库设计是数据库系统的核心部分，之前已经对数据库做了非常详细的介绍。数据库设计的内容非常多，完全可以自成一册。数据库设计虽然非常重要，但对初学者来说也是最容易被忽视的，因为初学者接触的都是业务非常简单的系统，几乎不存在需求的扩展、变动等。所以这样的系统相应的数据库结构也会非常简单，关系也不复杂，但如果因此而忽视了数据库的设计，在以后的实际工作中就会付出非常大的代价。

1. 数据库设计的特点

数据库设计的特点如下。

（1）数据库建设是硬件、软件和干件的结合

三分技术，七分管理，十二分基础数据。技术与管理的界面称为“干件”。

（2）数据库设计应该与应用系统设计相结合

结构（数据）设计：设计数据库框架或数据库结构。

行为（处理）设计：设计应用程序、事务处理等。

（3）结构和行为分离的设计

传统的软件工程忽视对应用中数据语义的分析和抽象，只要有可能，就尽量推迟数据结构设计的决策，早期的数据库设计致力于研究数据模型和建模方法，忽视了对行为的设计。

那么如何设计一个好的数据库呢？毫无疑问，设计数据库的目的就是存数据。问题来了，既然数据库是用来存数据的，那么评价数据库好坏的标准是什么呢？一个好的数据库设计一定是表结构清晰、关系紧密明确，这样在操作数据时，不但可以简化 SQL，而且效率会很高。相反，如果一个数据库的表结构不清晰、关系混乱，就会给使用和操作带来很大的不便。当数据库规模小时，两者的差距不明显，但当数据库的规模达到一定量级时，一个设计很差的数据库，带来的会是毁灭性的问题。

2. 数据库设计的过程

数据库设计的过程分为 6 个阶段。

（1）需求分析阶段

需求分析是整个设计过程的基础，是最困难、最耗费时的一步，要求准确了解与分析用户需求（包括数据与处理）。

（2）概念模型设计阶段（E-R 图设计阶段）

概念模型设计是整个数据库设计的关键，要求通过对用户需求进行综合、归纳、抽象，形成一个独立于具体 DBMS 的概念模型。

（3）逻辑模型设计阶段

逻辑模型设计是将概念模型转换为某个 DBMS 支持的数据模型。

（4）物理模型设计阶段

物理模型设计是为逻辑模型选取适合应用环境的存储结构和存取方法。

（5）数据库实施阶段

数据库实施是运用 DBMS 提供的数据语言、工具及宿主语言，根据逻辑模型设计和物理模型设计的结果建立数据库，并编制调试应用程序，组织数据入库，进行试运行。

（6）数据库运行和维护阶段

数据库应用系统经过试运行后，即可投入正式运行，并且在数据库系统运行过程中，必须不断地对其进行评价、调整与修改。

在设计过程中把数据库的设计和对数据库中数据处理的设计紧密结合起来，把这两个方面的需求分析、抽象、设计、实现在各个阶段同时进行，相互参照，相互补充，以完善两方面的设计。

要设计出好的数据库，就要对系统分析和业务设计的文档非常了解，只有这样才能清晰、准确地构建出数据库表及表间关系。在后面的章节中会带着大家通过案例来学习数据库设计。

8.1.4　编码与测试

在完成以上的设计任务后，我们要做的就是把对应的功能通过编程语言来实现及测试。

在初学者眼中，只要编码实现了某个功能就可以了，测试就是只要写出来的代码能跑，不报错就行。的确只要满足了这两个条件，所写的代码就可以用了。我们都知道有的汽车价值千万，而有的汽车只值几万，同样的，在编码和测试中也有这样的反差存在。

高质量的编码不但可以提高系统的整体运行速度，而且会大大降低后期修改和维护成本，所以在初学阶段就应该养成良好的编码习惯。在实际工作中，很多公司都有自己的一套编码要求，初学者可以多看一些优质的代码，学习其中的代码书写风格及语法的使用，这对以后的工作会有很大的帮助。

测试在整个编码实现阶段都非常重要，但这个重要并非绝对。在实际工作中，很多大公司会把测试看得特别重要，会设置单独的部门对系统进行各种测试，以确保系统上线后不会有大的问题，保证用户的正常体验，而很多小公司因为用户量及公司规模的关系，往往不会对测试投入过多的资源，他们的测试通常都是由开发人员自行完成，或者进行公司内部测试。无论是大公司还是小公司，无论是开发人员自己测试，还是由专人测试，其目的都是让用户使用的是一个高效稳定的系统，所以学会在开发的同时，对已经完成的功能进行单元测试是很有必要的。

8.1.5　部署与运维

部署和运维是整个流程的最后一关，把一个健壮的系统部署到服务器上，让用户可以访问，不同的项目会有不同的部署方式，而部署服务器的种类也有很多，不同的服务器支持不同的开发语言。在部署时通常要考虑服务器的操作系统、使用的部署服务器种类。

也许有人会问，系统已经开发完成，也已经部署运行，用户每天也在正常访问，那运维又是干什么的呢？运维就像我们平时对汽车的保养，比如在系统运行时会有很多日志文件生成，要定期对这些文件进行管理；比如数据库中大量的垃圾数据；再比如因为恶意攻击或者其他原因导致的服务器瘫痪，等等。总的来说，部署是为了让用户可以访问到系统，而运维是保障用户可以持续正常访问，确保部署后的系统正常稳定地运行，以及在系统出现问题时，可以在最短的时间内恢复系统的正常状态。

8.2　数据库系统开发常用的建模工具

软件设计师使用 Rational Rose，以数字、使用拖放式符号的程序表中的有用的案例元素（椭圆）、目标（矩形）和消息/关系（箭头）设计各种类来创造（模型）一个应用的框架。当程序表被创建时，Rational Rose 记录下这个程序表，然后以设计师选择的 C++、Visual Basic、Java、Oracle、CORBA 或者数据定义语言（Data Definition Language）来产生代码。

Rose 现在已经退出市场，不过仍有一些公司在使用。IBM 推出了 Rational Software Architect（RSA）来替代 Rational Rose，在做仓库管理系统（WMS）需求分析时所绘的用例图、时序图等都是 RSA 来完成的。下面就带大家来了解 RSA 的简单使用。

8.3 Rational Software Architect建模工具的使用

RSA 是一个基于 Eclipse 的工具，它支持开发者和架构师获得 Eclipse 平台的可用性功能。然而，RSA 超越了一个典型集成开发环境的功能——它提供了丰富的建模、架构设计和挖掘的能力。

如果你是个开发者，我建议你更深入地探索 RSA 的架构挖掘特性。这些功能非常有价值，并且有助于全面提升代码的健壮性和可维护性。为了真实地了解和探究 Rational Software Architect 提供的所有功能，请考虑将这些基本的建模能力应用到你的项目里。

扫一扫右方的二维码，可以观看 RSA 的安装视频。

8.3.1 用RSA创建项目

RSA 引入了建模视图和几个其他视图。能查看 RSA 所有特性的是建模视图，这是架构师和设计师创建 UML 图、应用设计模式，以及为开发人员进行详细说明的地方，还可以在这里生成代码。为了做到这些，请执行下列步骤。

（1）启动 RSA，执行“文件”→“新建”→“项目”命令，如图 8.1 所示。

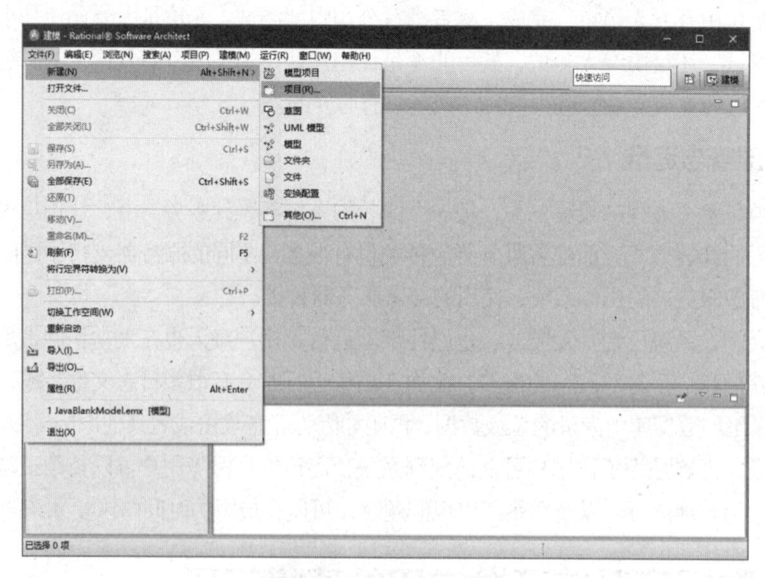

图8.1　新建项目1

（2）打开“新建项目”对话框，在“向导”列表框中，选择“UML 项目”，如图 8.2 所示。

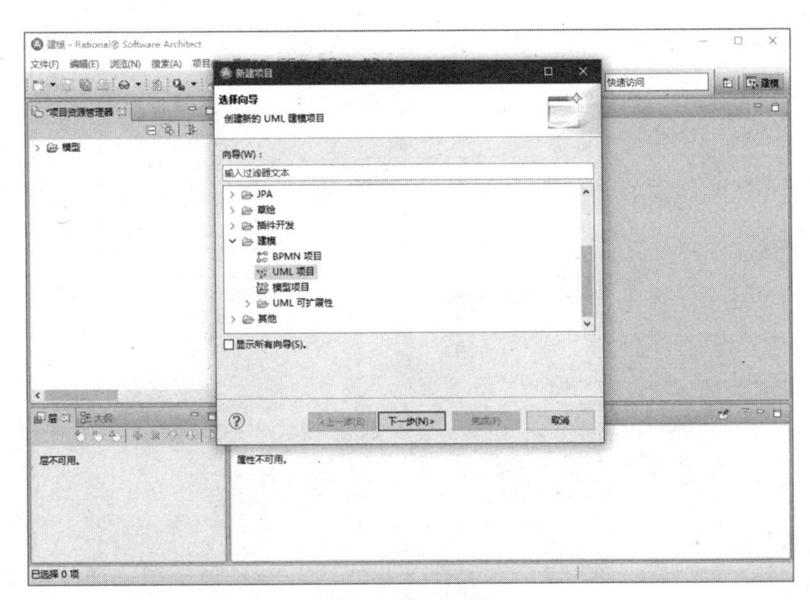

图8.2 新建项目2

（3）为这个项目键入一个名称，然后单击“下一步”按钮，如图 8.3 所示。

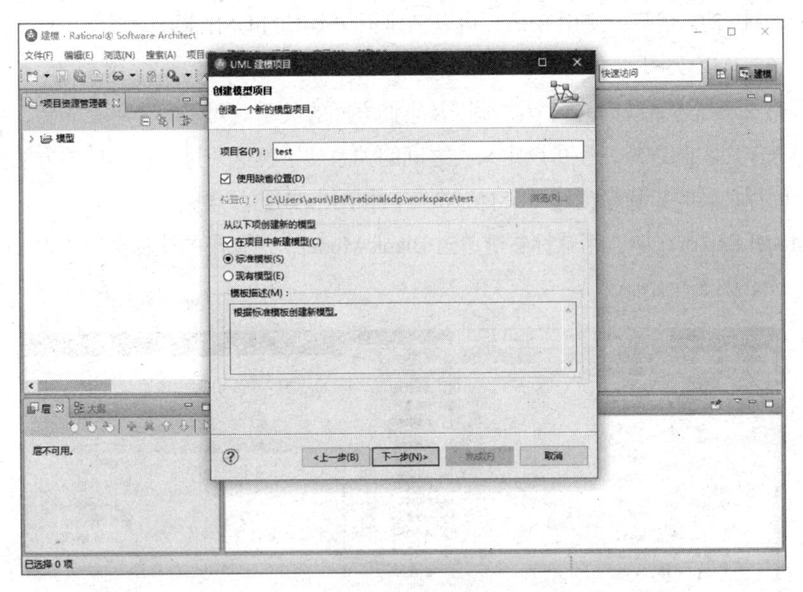

图8.3 新建项目3

（4）从下拉列表中选择“空白模型”来创建一个空白模型，然后单击“完成”按钮，如图 8.4 所示。

在 RSA 中有以下几个建模视图是很有用的。

（1）Diagram Navigator：允许在一些基本模式中浏览，也可以创建不同的图。

（2）Model Explorer：功能与微软 Windows 系统的资源管理器很相似，允许操纵各个项目和建好的资源。

（3）Pattern Explorer：允许采用四组模式，并在设计中使用它们，也可以创建自定义的设计模式。

（4）UML Editor：是工作区域，可以在这个视图中创建图并完成与之相关的工作。

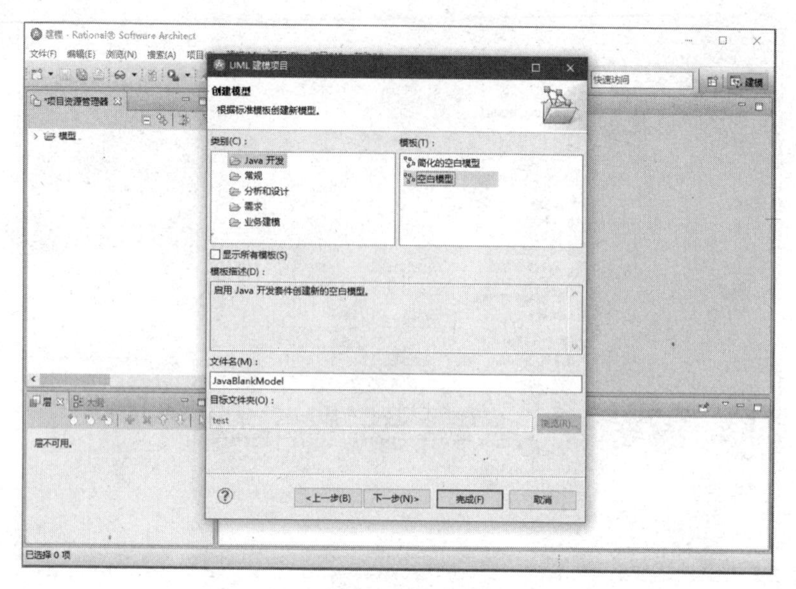

图8.4 新建项目4

8.3.2 用RSA进行UML建模

RSA 符合 UML 2.0 规范；使用 RSA，可以创建不同类型的 UML 图。

1. 创建一个 UML 类图

可以使用类图来描述系统中的对象类型以及它们之间的关系。对于一个单独的类，可以定义类的名字、属性和操作。除此之外，还可以定义类之间的关系。了解这个过程最简单的方法就是创建一个简单的类图。执行下面的步骤来创建一个有一个接口和两个实现的类图。

（1）在 Model Explorer 中，用鼠标右键单击 Blank Model，在弹出的快捷菜单中选择“添加图”→“美图”命令，如图 8.5 所示。

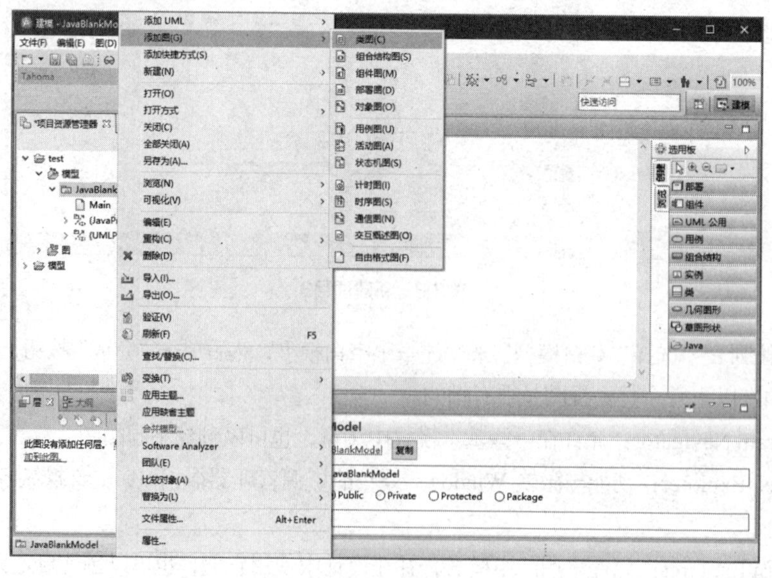

图8.5 添加类1

（2）使用默认的名字 ClassDiagram1，如图 8.6 所示。

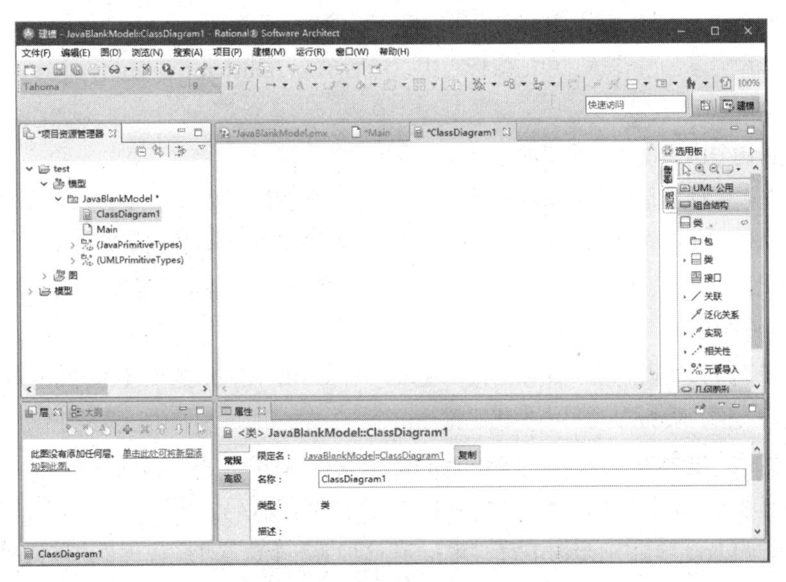

图8.6　添加类2

（3）在窗口中的任何地方单击鼠标右键，然后增加一个新的接口。

（4）在这个窗口中的任何地方再次单击鼠标右键，然后创建一个类。

（5）重复第（4）步的操作，创建第二个类。

定义一个关系，指明那两个新建的类是这个接口的实现，如图 8.7 所示。

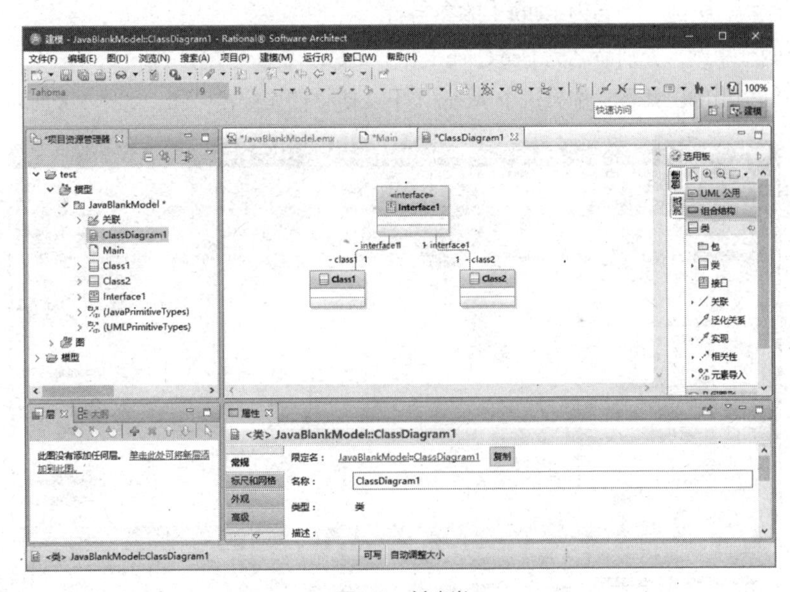

图8.7　创建类

单击这个类的名称，在对话框的右边会出现上下箭头。单击一个箭头，然后单击 Create Implementation。现在就在 RSA 中创建了第一个类。若要看到创建类的所有有效选项，用鼠标右键单击任何类，然后选择 Properties 即可。

2. UML 到编码

现在从刚刚创建的 UML 类图中生成代码。操作步骤如下。

（1）在页面中显示的所有类。单击鼠标右键，然后单击 Transform。

（2）选择 UML to Java 选项。

（3）在转换向导中，创建一个新的目标容器。

因为原来创建的项目是一个 UML 项目，所以现在需要创建一个 Java 项目来生成代码。让其他页保持默认值，然后在转换向导中单击 Run，将会在浏览器窗口的左边看到所有正在生成的代码显示出来。单击这些代码看看怎么样。列表 1 显示了从 UML 中定义好的类生成的代码。

（4）代码到 UML。

现在，让我们反过来做一下：用你的代码生成一个 UML 模型。这个过程实际上相当容易，只是创建一个空白的类图，从 Java 项目中把代码拖到这个空白的图即可。UML 类图会自动生成。执行这个任务时，请注意这个过程和以前版本的 Rational Rose 或者 XDE 有些细微的差别。

如果类图是在 UML 模型中，就可以引用 Java 项目中的源代码。

也可以从你的 Java 项目中创建和查看类图。在这种情况下，这些图仅仅是这些代码的可视化。

3. 创建一个 UML 用例图

用例是指参与者（Actor）在系统上执行的一系列操作和产生的响应。用例图是反映系统中的所有用例以及与它们交互的参与者的上层视图。

创建用例图的操作步骤如下。

（1）创建一个名为 UsecaseDiagram1 的图。

（2）使用面板，创建一个名为 Actor 1 的参与者。

（3）创建两个用例，分别命名为 Use Case 1 和 Use Case 2。

（4）单击每个用例，并将它拖到这个 Actor 1 上，使它们连接在一起，如图 8.8 所示。

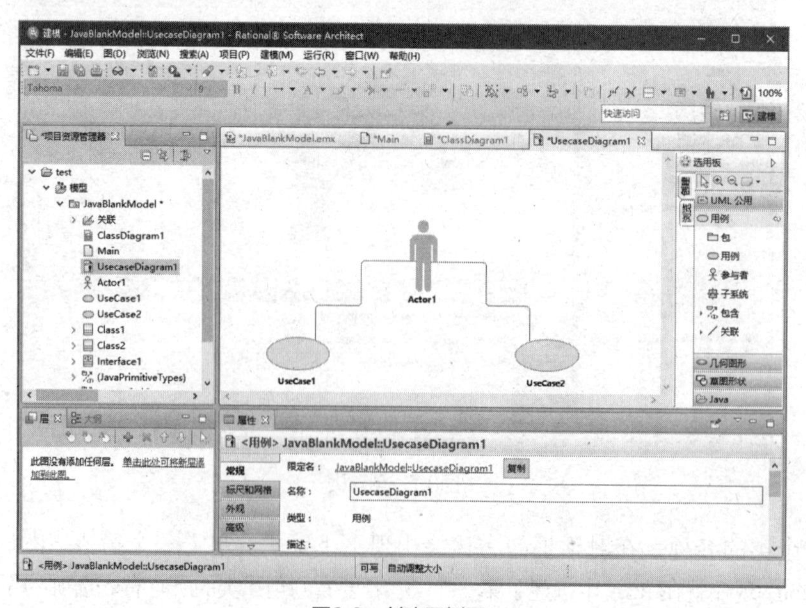

图8.8 创建用例图

8.4 PowerDesigner数据库设计建模工具的使用

PowerDesigner 是 Sybase 公司的 CASE 工具集，使用它可以方便地分析设计管理信息系统。它几乎包括了数据库模型设计的全过程。利用 Power Designer 可以制作数据流程图、概念数据模型、物理数据模型，为数据仓库制作结构模型，还可以控制团队设计模型。它可以与许多流行的软件开发工具，如 PowerBuilder、Delphi、VB 等配合，缩短开发时间和使系统设计更优化。

概念模型描述的是独立于数据库管理系统（DBMS）的实体定义和实体联系定义；物理模型是在概念模型的基础上针对目标数据库管理系统的具体化。PowerDesigner 是用于设计数据库的强大软件，是开发人员常用的数据库建模工具。使用它可以分别从概念模型（Conceptual DataModel）和物理模型（Physical Data Model）两个层次来设计数据库。

在数据库建模的过程中，需要运用 PowerDesigner 来设计数据库，这不但可以让人直观地理解模型，而且可以充分利用数据库技术，优化数据库的设计。使用 PowerDesigner 建立数据库的方法与使用 SQL Server 建立数据库的方法差不多。

其次就是 E-R 图，这在数据库系统概论中有涉及。在实体-联系图中，一个实体对应一个表，实体、属性与联系是设计系统时要考虑的 3 个要素，也是数据库设计的核心。

需要提一下，PowerDesigner 是一款收费软件。

8.4.1 PowerDesigner基础

PowerDesigner 提供了功能强大的工具与模型，下面分别介绍。

1. 功能介绍

（1）Data Architect

Data Architect 是一个强大的数据库设计工具，使用 Data Architect 可利用实体-联系图为信息系统创建概念模型（Conceptual Data Model，CDM），并且可根据 CDM 产生基于某一特定数据库管理系统的物理模型（Physical Data Model，PDM）。还可优化 PDM，产生为特定 DBMS 创建数据库的 SQL 语句并可以文件形式存储，以便在其他时刻运行这些 SQL 语句创建数据库。另外，Data Architect 还可根据已存在的数据库反向生成 PDM、CDM 及创建数据库的 SQL 脚本。

（2）Process Analyst

这部分用于创建功能模型和数据流图，创建“处理层次关系”。

（3）App Modeler

App Modeler 用于为客户/服务器应用程序创建应用模型。

（4）ODBC Administrator

此部分用来管理系统的各种数据源。

2. 模型介绍

（1）概念模型

概念模型（CDM）表现数据库的全部逻辑结构，与任何的软件或数据存储结构无关。一个概念模型经常包括在物理数据库中仍然不能实现的数据对象。它给执行计划或业务活动的数据一个正式表现方式。

概念数据模型是最终用户对数据存储的看法，反映了用户的综合性信息需求。不考虑物理实现细节，只考虑实体之间的关系。CDM 是适合于系统分析阶段的工具。

（2）物理模型

物理模型（PDM）指数据库的物理实现，是考虑真实数据库物理实现的细节。PDM 的主要目的是把 CDM 中建立的现实世界模型生成特定的 DBMS 脚本，产生数据库中保存信息的储存结构，保证数据在数据库中的完整性和一致性。PDM 是适合于系统设计阶段的工具。

（3）面向对象模型

面向对象模型（OOM）包含一系列包、类、接口以及它们的关系。这些对象一起形成所有的（或部分）一个软件系统的逻辑的设计视图的类结构。OOM 本质上是软件系统的一个静态概念模型。

使用 Power Designer 的类图可以生成不同语言的源文件（Java、C#等），当然也可以利用逆向工程将不同的源文件转换成对应的类图。

（4）业务程序模型

业务程序模型（BPM）描述业务的各种不同内在任务和内在流程，而且客户如何以这些任务和流程互相影响。BPM 是从业务合伙人的观点来看业务逻辑和规则的概念模型，使用一个图表描述程序、流程、信息和合作协议之间的交互作用。

8.4.2 用PowerDesigner进行数据建模

首先需要创建一个测试数据库，为了简单起见，在这个数据库中只创建一个 Student 表和一个 Major 表，其表结构和关系如图 8.9 所示。

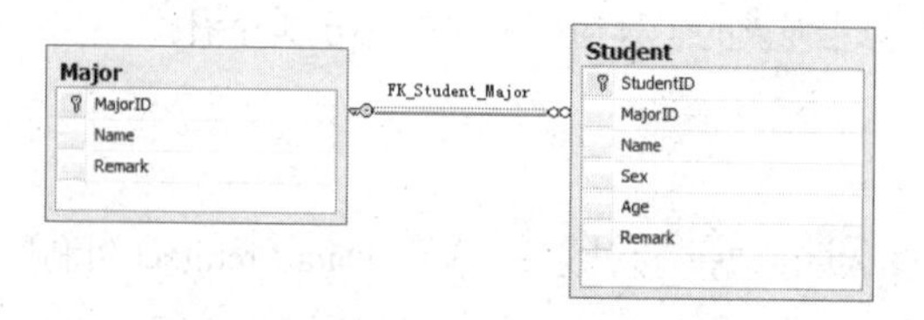

图8.9 student表和major表结构关系

（1）先创建一个数据库，进入主界面，如图 8.10 所示。

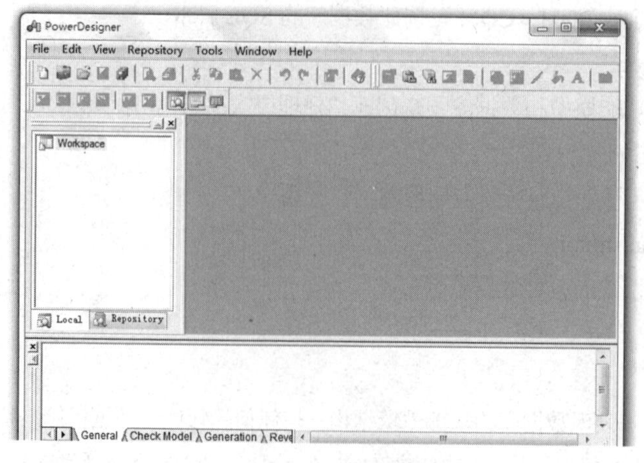

图8.10 主界面

（2）操作如下：选择 File—New Model—Physical Data Model—Physical Diagram—Model，name 设置为 test，DBMS 属性设置为 MySQL 5.0，如图 8.11 所示。

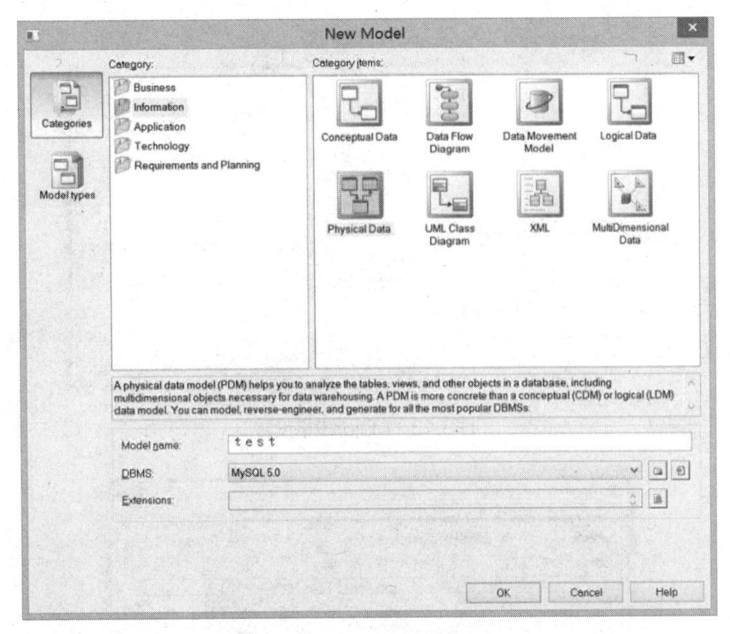

图8.11　创建数据库

（3）用表格工具创建一个表格模板，如图 8.12 所示。

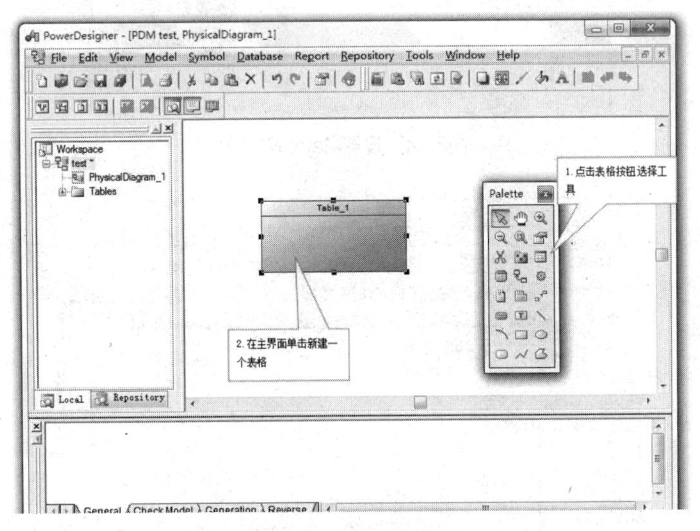

图8.12　创建表格模板

（4）双击表格模板，设置属性，首先设置 Major 表，如图 8.13 所示。

（5）设置好表名，单击 Columns 标签，设置字段属性，如图 8.14 所示。

（6）因为 MajorID 字段要设置为自动增长，所以要设置它的高级属性，选择 MajorID 字段，单击属性按钮，在 General 面板中勾选 Identity 复选框，如图 8.15 所示。

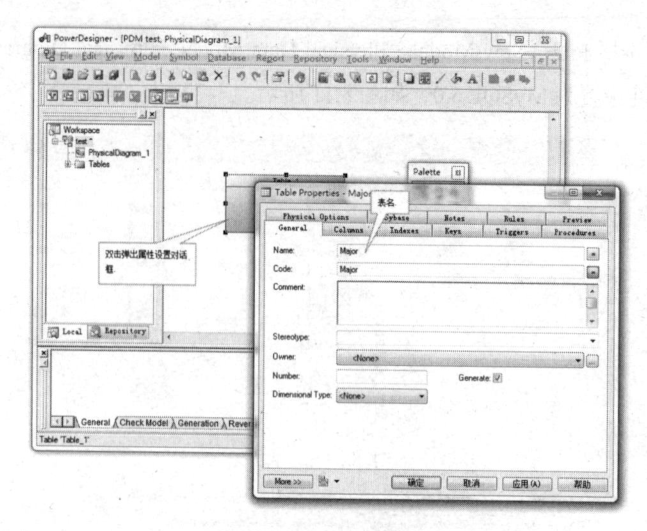

图8.13　Major表格设置

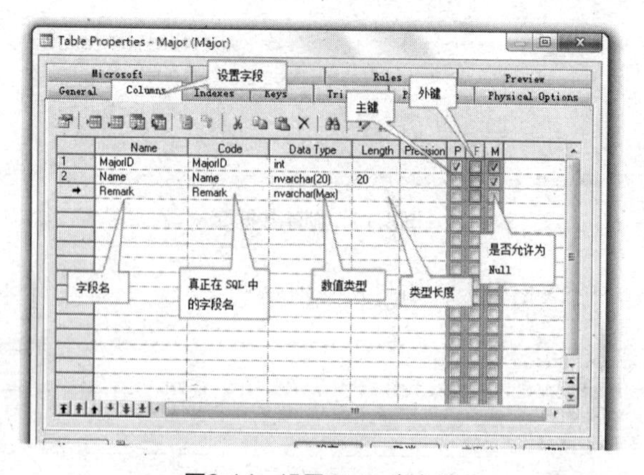

图8.14　设置Major表字段

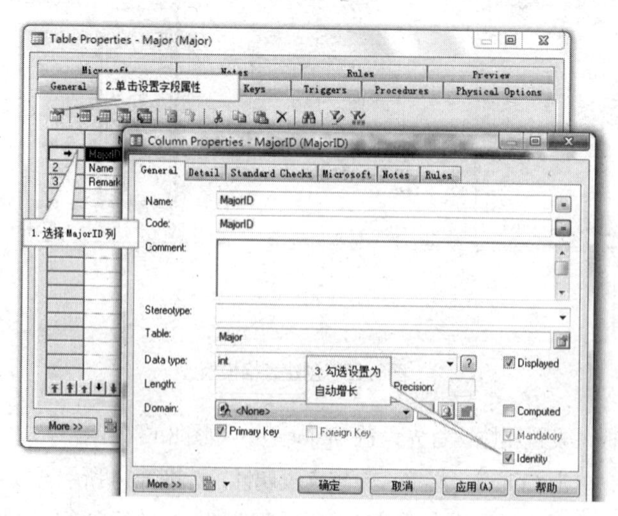

图8.15　字段自增长设置

（7）确定后再创建一个 Student 表，字段设置如图 8.16 所示。

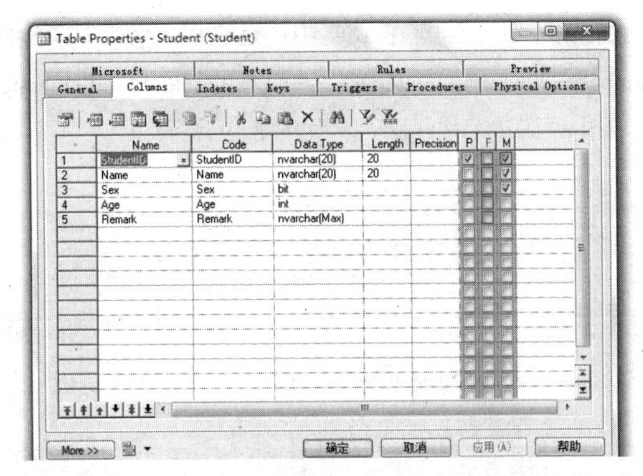

图8.16　设置Student表字段

（8）为 Student 创建一个 MajorID 外键，使用 PowerDesigner 可以很轻松地完成这个工作。选择关系设置工具，在 Student 表上按住鼠标左键不放，拖曳至 Major 表，便可为 Student 表添加一个 MajorID 的外键，如图 8.17 所示。

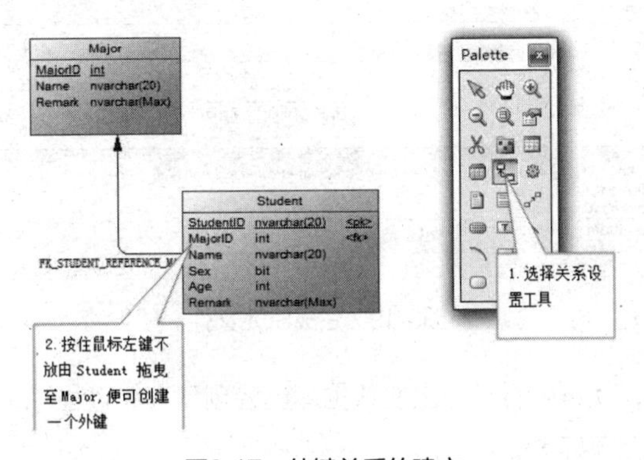

图8.17　外键关系的建立

（9）现在测试表已经设置好了，接着设置要生成的数据库，这些表都将被创建到该数据库中。在设计面板空白处单击鼠标右键，选择 Properties，在弹出的属性设置对话框中设置参数，如图 8.18 所示。

图8.18　属性设置

至此对新数据库的设置已经完成，但是在 SQL 中还是空空如也，要怎么把这边设计好的结构移植到 MySQL 中呢?执行 Database→Generate Database，在打开的 Database Generate 对话框中，设置好存储过程导出目录和文件名，单击“确定”按钮即可，如图 8.19 所示。

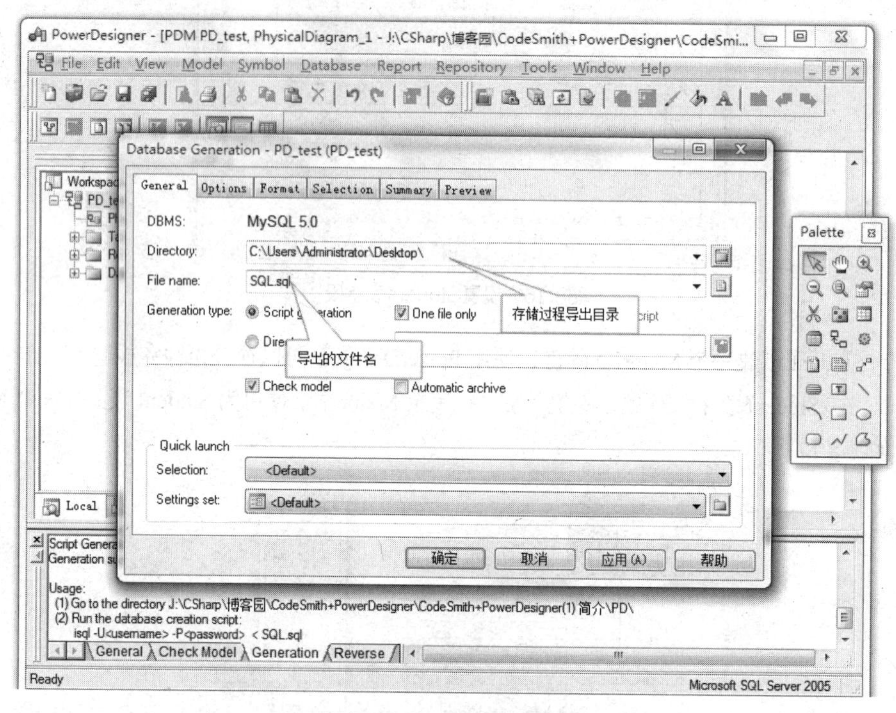

图8.19　生成SQL文件

进入刚才的导出目录，就可以看见导出的数据库已经创建存储过程了。打开 MySQL，执行一下，就会看到数据库被神奇地创建好了。

PowerDesigner 不仅可以做数据库建模，还可以创建很多其他模型，这里主要用于数据库建模，其他模型就不过多介绍了，感兴趣的读者可以自已研究。

8.5　仓库管理系统（WMS）开发案例概述

相信读者已经对数据库系统开发的整体流程有所了解，接下来通过一个仓库管理系统案例来带领读者把上面学到的知识应用到实际当中。在学习下一章前，先回忆前面的内容，如果让你用前面的知识来设计一个仓库管理系统，你会怎么设计?

（1）系统分析。

（2）业务设计。

（3）数据库设计。

读者可以试着独自去完成上述 3 个任务，然后带着自己的想法阅读后续章节的内容，你将更加熟练地掌握这些知识。

小结

本章主要介绍了数据库系统开发的基本流程、数据库系统开发常用的业务建模工具 RSA 的使用方法，以及数据库设计建模工具——PowerDesigner 的使用方法。通过对本章内容的学习，读者能够了解数据库系统开发流程的主要环节、常用数据库软件开发模型，以及掌握数据库系统开发的工程方法。

习　题

1. 通过扫码根据视频教程，学习使用RSA进行业务建模的方法。
2. 通过扫码、观看视频教程，学习使用PowerDesigner进行数据库存储建模的方法。

09 第9章　仓库管理系统的需求分析

需求分析这个词大家都不会陌生，因为这个词与“软件需求规格说明书”密切相关。一提到这个文档，很多人第一反应都是“我该怎么写？”“我该写什么？”“这东西有什么用？”如果有这些问题，就说明没有对需求分析有感性直观的认识。需求分析可以说是整个软件设计的第一项工作，只有弄清接下来到底要做一个什么软件、这个软件要完成哪些工作、这些工作有没有什么特殊要求，然后带着这些问题去找系统用户或者相关行业的专家了解实际情况，才能帮助设计人员更好地设计系统功能。本章将详细介绍如何进行仓库管理系统（WMS）的需求分析。

每个公司的需求规格说明书都不相同，没有固定的格式，但万变不离其宗，核心问题永远不会变。为了让大家有更直观的感受，后面的附录提供了 WMS 系统的需求规格说明书。本章会逐层分析仓库管理这个问题，只要理解了需求分析到底要做什么，需求规格说明书也自然就出来了，最多就是格式不同罢了。

9.1　问题描述

随着计算机的发展，越来越多的管理工作转移到计算机当中，因为仓库管理工作复杂性和数据准确性的要求，故仓库管理系统也变得更加重要，WMS 不但对大量数据进行了有效的管理，同时对整个仓管流程做了更加规范的模块化处理，这使得仓管工作人员可以更加高效和准确地完成相应工作，也让货品信息和出入库记录变得更加可靠和准确。在商品出库后系统会生成一张出货单，交给客户确认并签字。因为是系统生成并打印的出货单，所以用户在核对时会更加快速、准确。

9.2　问题分析

要设计开发一个系统，应该先把现实问题分块抽象出来。WMS 的目标是解决仓库管理的问题。在现实开发中，会和甲方讨论系统需要解决哪些问题，但现在没有甲方。可以想象一下，仓库管理主要分为入库、出库、管理三大部分，下面详细分析这 3 个问题。

1. 入库

入库是将货物放入仓库的过程。那么问题来了，在货物入库时要向系统中录入哪些信息呢？这就需要在生活中细心观察，我们经常会去超市买东西，知道商品一定会有名称、价格、数量、生产日期、保质期等。在进行入库操作时，在考虑商品的这些基本属性的同时，还应考虑一些数据类型的准确性问题，比如不能把数量写成汉字。

2. 出库

出库是货物离开仓库的过程。和入库一样，出库一样要考虑很多问题。核心的问题就是出库单应该填写哪些信息。WMS 系统在设计时针对的是五金建材行业，所以就询问了几家五金建材商店，然后抽取核心内容，确定了如图 9.1 所示的出库单样表。

玉林市建筑五金批发部出货单

收货人：郭晓朋　　　　**付款方式**：☐现金 ☑转账 ☐挂账

收货地址：北京　　　　**订单编号**：140927000933925

名称	规格	单价	数量	金额(元)
铁钉(短)	袋(48/斤)	50.00	50	4800.00
铁钉(中)	箱(32/斤)	64.00	30	1920.00
合计：	**合计数量：80**		**合计金额(元)：6720.00**	
大写金额：	**陆仟柒佰贰拾元零角零分**			
联系电话：	手机：15210527472　座机：8512321　座机：8512412			
汇款账号：	工商:郭晓朋 6222 0202 0005 8339 520　农行:郭晓朋 6222 0202 0005 8339 520			
备注：				

***请收货人仔细核对商品信息，待确认无误后在右下方签字。**

订单日期：2014-09-27

收货人签字：

图9.1　出货单样表

在设计出货单时，虽然我们有了从五金建材店询问得到的订单，但还有好多问题需要考虑。第一个面临的问题就是，因为询问的几家店并没有信息化的管理系统，都是手写出货单，所以没有订单编号。在信息系统中就必须用一个编号来唯一标识一个出货单。第二个问题是，按照中国人的习惯，在书写金额的时候，需要使用大写金额。

3. 管理

在 WMS 系统中，管理是连接入库和出库的关键环节，从货物入库一直到出库前，我们应该如何对商品进行管理呢？在很多大的仓库管理系统中，对货物管理的设计都非常复杂，但因为 WMS 系统的使用对象为中小型店铺或者仓库，所以 WMS 系统的管理部分并没有设计得特别复杂。WMS 系统的核心管理概念就是阈值，阈值可以简单地理解为预警值，当库存值小于阈值时，系统会对该货物做出提示，让管理员更容易发现仓库中哪些商品的数量已经不足，需要补货。在比较大型的仓库管理系统中，根据商品性质的不同还会有很多核心概念，如保质期、存放位置、存放环境现状等。

上面简单分析了如何把一个问题一点一点地拆分开来，只有把问题一点一点地拆开，才能设计出更好的软件系统。当问题被拆分得非常详细、非常专业时，系统就会变得非常健壮。

9.3　功能描述

在对问题进行细化分析后，就要针对这些细化出来的问题制定相应的解决方案，下面来看看 WMS 是如何针对上述问题制定解决方案的。

WMS 的主要功能如下。

1. 商品清单

对系统内已经存在的数量按条件检索，以便快速找出目标商品信息，查看对应的库存数量及单价等信息。

2. 商品出货

对出货单的创建操作，包含客户名称、付款方式、合计数量、合计金额、大写金额、订单日期、收货地址及具体的商品信息条目。系统在完成创建订单的操作时会自动附加一个全局唯一的订单编号。

3. 出货记录

对系统内的历史出货单按条件查询，可以通过订单编号、客户名称、收货地址及订单日期进行查询。在找到目标记录后可以进行详情查看及删除操作。

4. 进货记录

支持对补货操作的历史记录按条件查询，可以通过商品名称、补货数量、商品规格及补货日期进行查询。找到目标记录后可进行删除操作。

5. 基础数据

（1）规格信息

创建商品规格信息，其中主要包括名称、数量、单位。这里的名称区别于商品名称，此处为规格名称。例如，箱（32/斤），这里对应的名称是箱，数量是 32，单位是斤（500 克）。该功能支持对已经存在的规格信息按条件查询，可以通过名称、数量、单位进行查询。找到目标记录后可进行修改和删除操作。

（2）商品信息

创建商品信息，其中主要属性包括名称、数量、规格、单价、阈值。规格通过名称快速选择。这里要特别说一下阈值属性，该属性是库存数量的一个预警值，在进行库存盘点时会根据该属性值对记录做警示显示。该功能支持对已经存在的商品信息按条件查询，可以通过名称、规格、单价、阈值进行查询。找到目标记录后可进行修改和删除操作。

（3）联系方式

在订单上显示的联系电话（非客户的联系方式），在创建时包括号码、类型和状态信息，类型分为手机和座机，状态分为默认号码和非默认号码，只有状态为默认号码的才会在订单上显示，非默认的不会显示。注：号码是在生成订单时自动加载的，无需手动选择。该功能支持对现有的联系方式进行查询，可以通过号码、类型、状态进行查询。找到目标记录后可进行修改和删除操作。

（4）收款账号

系统在生成订单时提供 3 种付款方式：现金、转账和挂账。收款账号只用于转账，包括银行类型、户名、账号。该功能支持对已经存在的收款账号按条件查询，可以通过银行、户名、账号进行查询。找到目标记录后可进行修改和删除操作。

（5）客户信息

可以针对老客户创建客户信息，在创建订单时可以直接选择客户信息，以简化操作，客户信息包含名称、收货地址、联系电话。该功能支持对已经存在的客户信息按条件查询，条件包括名称、收货地址、联系电话。找到目标记录后可进行修改和删除操作。

6. **库存盘点**

一个查询功能，主要用于检测现有商品库存状态。查询项目包括：名称、数量（当前库存数量）、规格、单价、阈值、超限数量。数量低于阈值时，数量会被标红显示，提示该商品数量已经低于在创建时设置的阈值数量，超限则是告诉用户当前数量低于阈值的数量。查询条件包括：名称、数量、规格、单价、阈值、状态（低于阈值或高于阈值）。

大家可能会发现，在功能描述中，WMS 并没有给出针对入库的解决方案，或者说没有明确体现出入库这一操作，其实 WMS 对基础数据的操作就是一个入库的操作，在系统投入使用初期，会将用户以前手写记录的信息全部录入系统中。相信一家开了几年的五金店，所售卖的货物基本已经确定了，所以 WMS 并没有设计批量的入库功能。有兴趣的读者，可以自己设计一个批量入库的功能加到 WMS 中，相信这会对你有很大的帮助。

9.4　系统涉众

因为 WMS 涉及的均是库存信息，而这些信息的操作只有仓库管理员可以完成，所以 WMS 的使用者只有仓库管理员。在商品成功出库生成订单后，管理员会打印一张出库单交给客户确认并签字。

9.5　概要结构

上面已经对系统要完成的功能做了简要分析，现在进一步讨论这些功能应该包含什么子功能和应该做哪些相应操作，以及系统应该采用什么样的结构开发，使用什么服务器和数据库产品。

先看看 WMS 使用了怎样的结构、服务器和数据库产品。

WMS 系统是使用 Java 开发的 B/S 结构的 Web 应用系统，这使得该系统有很强的跨平台性，只需要安装一个浏览器就可以使用该系统。系统开发使用 Spring MVC+Hibernate 结构，通过 Tomcat 7.0 发布，数据库使用的是开源数据库 MySQL。

9.6　用例解析

系统的结构、发布服务器和数据库产品已经定下来了，现在先通过用例图分析用户和功能用例之间的关系

用例图是指由参与者（Actor）、用例（Use Case）以及它们之间的关系构成的用于描述系统功能的动态图。用例图可以更好地体现出功能和功能使用者之间的关联关系，在较大规模的系统中，用例图可以很好地体现出系统功能和参与者之间的关系。

WMS 的总体用例图如图 9.2 所示。

1. **商品信息**

对商品进行添加、删除、修改、查询及补货。因为是仓管系统，所以在日常使用中对商品数量的修改操作会相对频繁，补货是仅对商品数量进行快速修改的操作。商品信息用例图如图 9.3 所示。

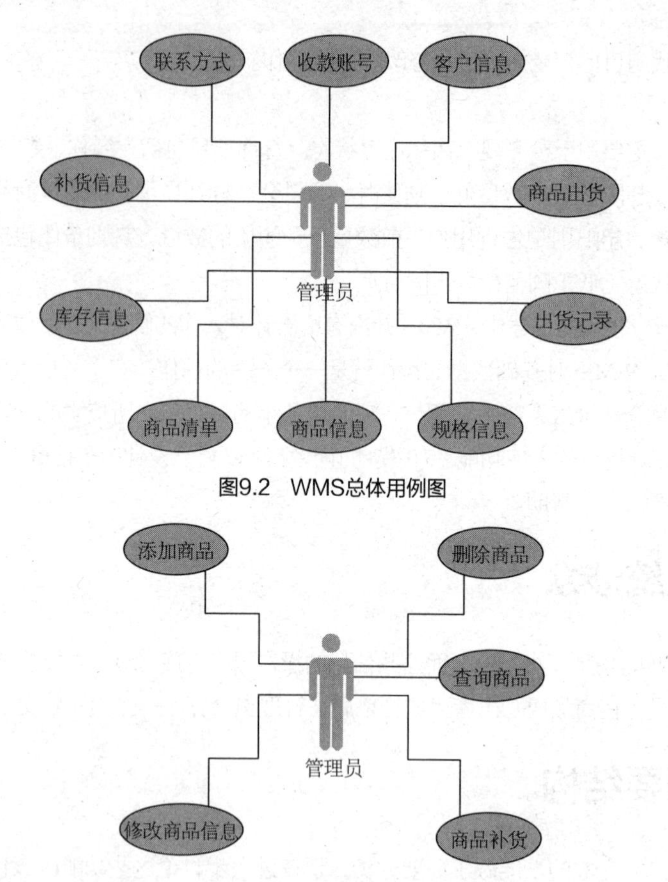

图9.2　WMS总体用例图

图9.3　商品信息用例图

2. 规格信息

管理员对商品规格的管理包括：添加规格、删除规格、修改规格、查询操作。规格信息用例图如图 9.4 所示。

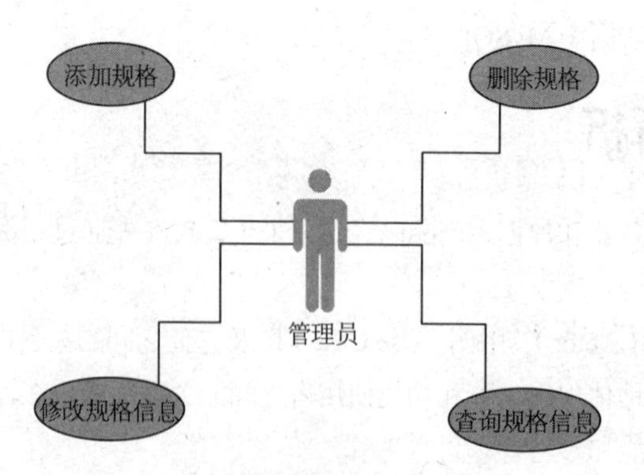

图9.4　规格信息用例图

3. 联系方式

管理员对联系方式的管理包括：添加联系方式、删除联系方式、修改联系方式、查询联系方式。联系方式用例图如图 9.5 所示。

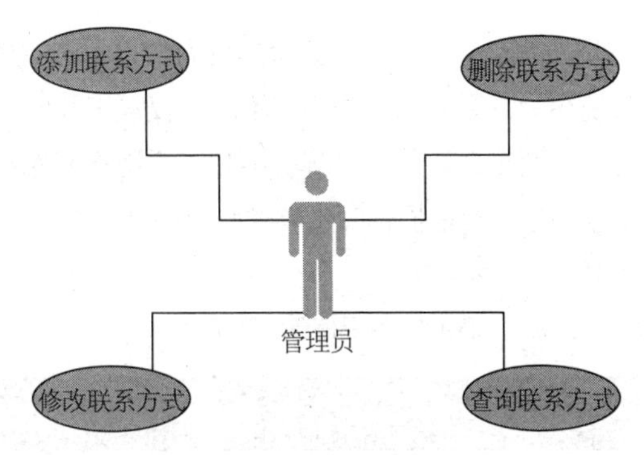

图9.5　联系方式用例图

4. 收款账号

管理员对收款账号的管理包括：添加收款账号、删除收款账号、修改收款账号、查询收款账号。收款账号用例图如图 9.6 所示。

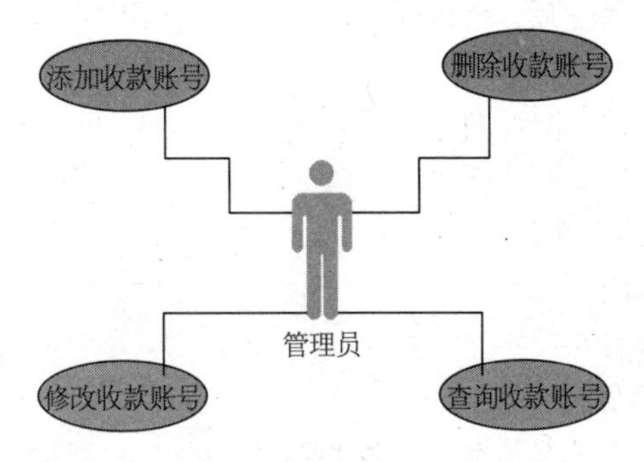

图9.6　收款账号用例图

5. 客户信息

管理员对客户信息的管理包括：添加客户信息、删除客户信息、修改客户信息、查询客户信息。客户信息用例图如图 9.7 所示。

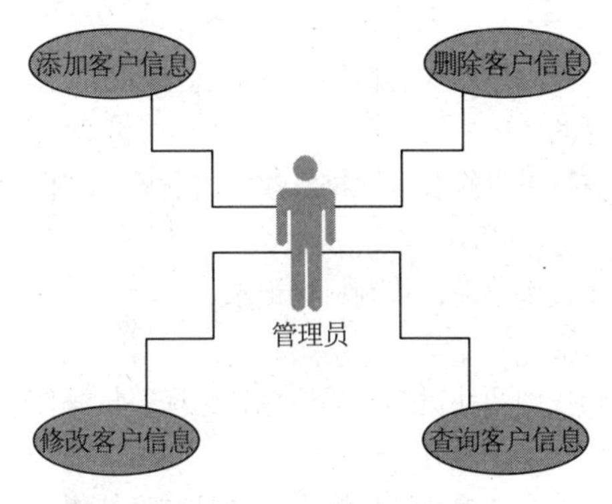

图9.7　客户信息用例图

9.7　用例规约

从上面的用例图中可以非常清晰地看到管理员在使用系统时都要做哪些操作，这对功能设计非常重要。因为 WMS 系统的使用场所都是一些中小型五金建材商户，系统的用户比较单一。在较大规模的系统中会有很多个不同的系统用户，系统会根据用户不同的权限来开放或限制用户的可操作功能，在这种情况下，用例图会非常庞大而复杂。从用例解析中知道了用户要操作哪些功能，现在再来看看用例规约，分析用户如何操作这些功能，在操作时又有哪些限制。

商品信息用例规约如表 9.1 所示。

表9.1　商品信息用例规约

用例名称	商品信息
参与者	管理员
用例描述	本用例使管理员可以对商品信息进行添加、删除、修改、查询及快速补货操作
基本事件流	管理员选择“商品信息”功能 管理员选择具体操作 管理员做出选择之后，会执行以下其中一个子事件 “添加商品信息”事件 “删除商品信息”事件 “修改商品信息”事件 “查询商品信息”事件 “商品补货”事件 添加商品信息 显示添加商品界面 管理员输入新的商品信息，单击“保存”按钮完成添加 删除商品信息 管理员通过查询找到要删除的目标记录，选择删除操作 给出用户删除确认提示 用户确认后执行删除操作 修改商品信息 管理员通过查询找到要修改的目标记录，选择修改操作 显示信息删除界面 管理员对商品信息进行修改，数据修改完成后单击“保存”按钮完成修改 查询商品信息 管理员通过录入查询条件，找到目标记录 商品补货 管理员通过查询找到要补货的商品信息，选择补货操作 显示补货界面 输入补货数量，单击“提交”按钮完成商品信息补货
备选事件流	如果管理员在以上子事件流中选择“取消”操作，则重新执行该子事件流
补充说明	数量必须为有效数字

补货信息用例规约如表 9.2 所示。

表9.2 补货信息用例规约

用例名称	补货信息
参与者	管理员
用例描述	本用例使得管理员可以通过条件查询，找到自己想要查看的目标补货记录
基本事件流	管理员选择“补货信息”功能 录入查询条件单击“查询”按钮 系统根据管理员录入的条件返回目标记录 找到目标记录后，管理员可以选择删除操作 给出用户删除确认提示 用户单击“确定”按钮完成删除操作
备选事件流	在删除子事件中，如果管理员选择取消，则关闭删除确认提示窗
补充说明	无

商品出货用例规约如表9.3所示。

表9.3 商品出货用例规约

用例名称	商品出货
参与者	管理员
用例描述	本用例使得管理员可以创建一个商品出货单，出货单上详细描述了客户需要的商品信息和一些其他订单信息（如总计金额和数量等），在订单创建完成后系统会生成一个可供打印的订单页面
基本事件流	管理员选择商品出货功能 填写出货所需的基本数据（客户名称、付款方式等） 通过添加商品操作来添加一个空的商品信息 根据实际要求填写要出货的商品信息 单击“保存”按钮，完成订单创建 给出“是否现在打印”的提示 确定，完成订单创建并立刻跳转至打印界面 取消，完成订单创建不跳转至打印界面
备选事件流	在上述事件流操作中，如果在保存前，管理员选择返回操作，则取消订单创建过程，页面跳转到商品清单页面
补充说明	合计数量、合计金额、大写金额、订单日期，这4个项目是系统自动生成的，管理员无权修改，其中合计数量和合计金额由出货商品的数量和单价计算得来，大写金额是合计金额的文字形式，订单日期是操作时的当前日期

出货记录用例规约如表9.4所示。

表9.4 出货记录用例规约

用例名称	出货记录
参与人	管理员
用例描述	本例使得管理员可以查看和删除以往的出货单位，也可以重新打印以往的订单
基本事件流	管理员选择“出货记录”功能 录入查询条件，单击“查询”按钮 系统根据查询条件返回相应的目标记录 管理员选择“详情”或“删除”操作 详情，打开目标出货记录的详情页面 打印，跳转到信息打印页面 返回，返回上层页面 删除，给出删除提示窗 确认，完成删除操作 取消，中断删除操作并关闭确认窗
备选事件流	无
补充说明	无

库存信息用例规约如表 9.5 所示。

表9.5 库存信息用例规约

用例名称	用例规约
参与人	管理员
用例描述	本用例使得管理员可以定期查看系统现存商品的状态，商品状态包括高于阈值或低于阈值，方便管理员及时上报和补货当前库存不足的商品，以免库存不足的情况出现
基本事件流	管理员选择“库存信息”功能 根据实际情况录入相应的查询信息并单击“查询”按钮 返回目标记录信息
备选事件流	无
补充说明	无

商品清单用例规约如表 9.6 所示。

表9.6 商品清单用例规约

用例名称	商品清单
参与人	管理员
用例描述	本用例使得管理员可以快速查看系统内的商品，在客户提出某种商品时，可以快速查看系统内是否有对应商品，或者客户所需的规格以及库存是否充足
基本事件流	管理员选择“商品清单”功能 根据实际需求录入相应查询条件并单击“查询”按钮 根据查询条件返回目标记录

续表

用例名称	商品清单
备选事件流	无
补充说明	本用例主要用于快速查找商品记录，并不提供任何的操作功能

通过用例规约大体上了解了用户在使用一个功能时都要做哪些操作。在设计用例规约时，需要设计人员对系统实现有大概的思路，现代社会中大家用到的信息系统非常多，这对系统设计提供了很好的帮助。在设计系统时，可以把自己想成客户，虽然我们可能不具备相应的业务知识，但如果了解了一个功能要做什么时，再让我们回答："如果是你，你觉得哪些操作一定要有，怎么操作会让你觉得方便、舒服？"这个问题时就会容易很多。当然这是时间、经验积累的过程。

9.8　活动解析

通过用例规约我们知道了用户要做哪些操作，这些操作又有哪些限制，那么这些操作在系统中又遵循了怎样的顺序关系规则呢？下面通过活动图了解这些功能和操作在系统中有的顺序关系。

活动图描述的是对象活动的顺序规则，重点强调系统的行为。它可以很直观地表现出用户应该先做什么操作，再做什么操作。

WMS 主要针对商品的入库、出库及在仓库中的货物状态做出了一套清晰而又规范化的管理，因为仓管系统的实质是"存"和"管"，故除了在基础数据中存在较多的 CRUD 操作外，其他管理功能主要采用增、删、查中的某一种来完成管理工作。WMS 的总体活动图如图 9.8 所示。

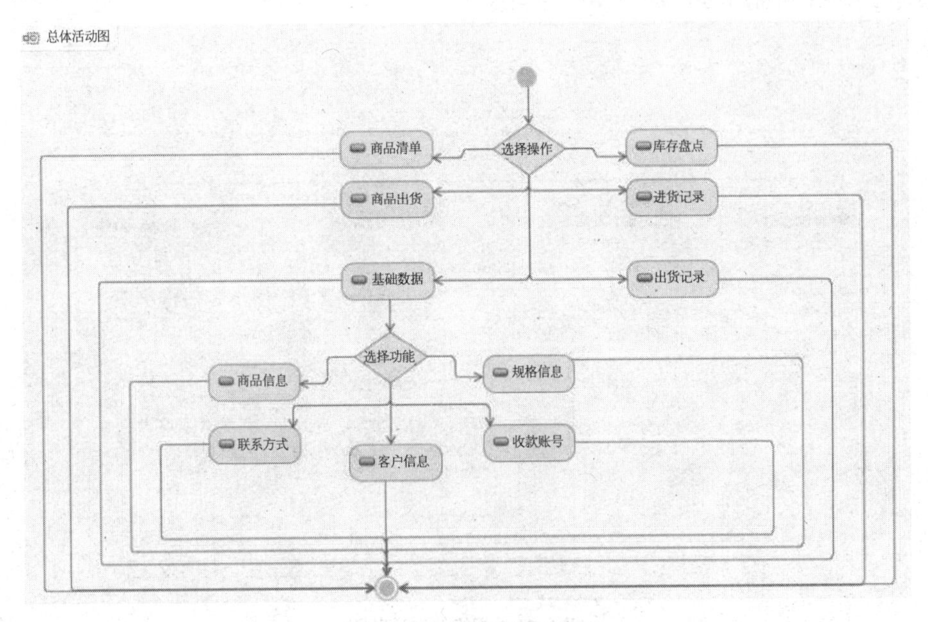

图9.8　WMS的总体活动图

1. 商品信息

在商品信息功能中，主要的工作是将现有的商品或者货物录入系统中，在现实工作中对应的就是存到仓库里，所以这部分的操作多为对各种信息的具体录入工作。商品信息活动图如图 9.9 所示。

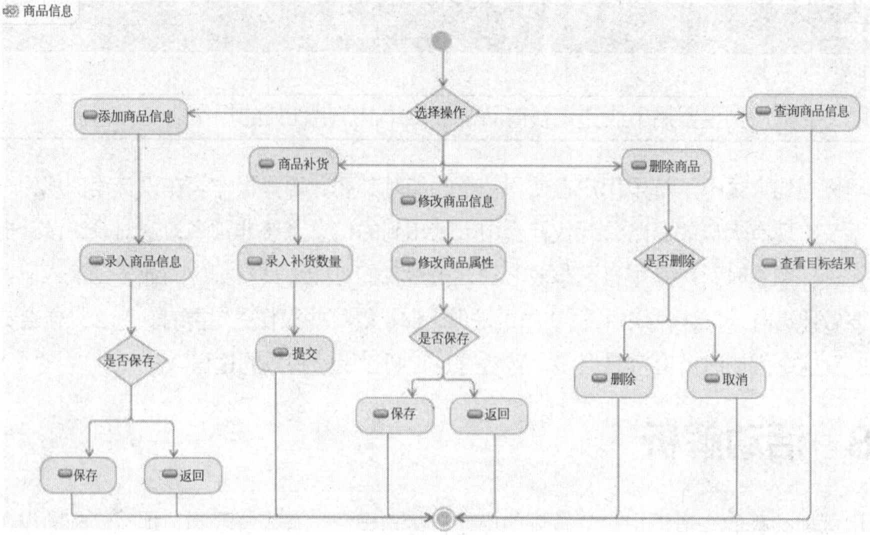

图9.9　商品信息活动图

2. 规格信息

规格信息作为商品信息的一个属性存在，其意义在于对要存的商品货物定义包装规格，而不能仅使用简单的数量和数量单位做记录。其实规格在日常生活中非常普遍，比如我们熟知的大米，就分为 50 斤/袋、20 斤/袋等规格，又比如纯净水：有 500mL/瓶，1.5L/瓶等规格，所以对仓库商品定义规格是十分必要的。规格信息活动图如图 9.10 所示。

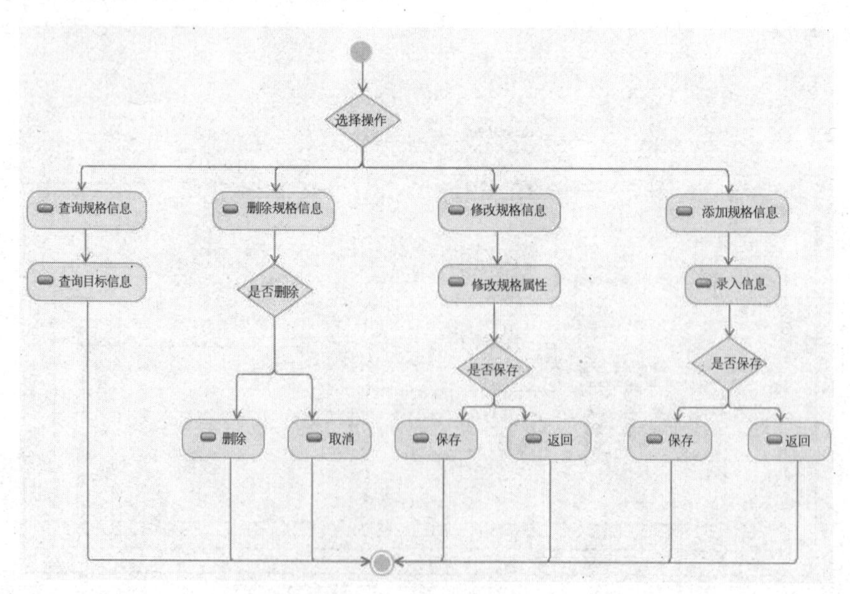

图9.10　规格信息活动图

3. 联系方式

WMS 系统中的联系方式可以简单地理解为“客服电话”，是在商品出库后发现商品有问题，或者对订单上的信息存在疑问时拨打的电话，联系方式会在订单创建时自动显示在订单上，因为 WMS 系统的使用者一般为客户老板自己或者仓管，所以多为他们的联系电话。联系方式的活动图如图 9.11 所示。

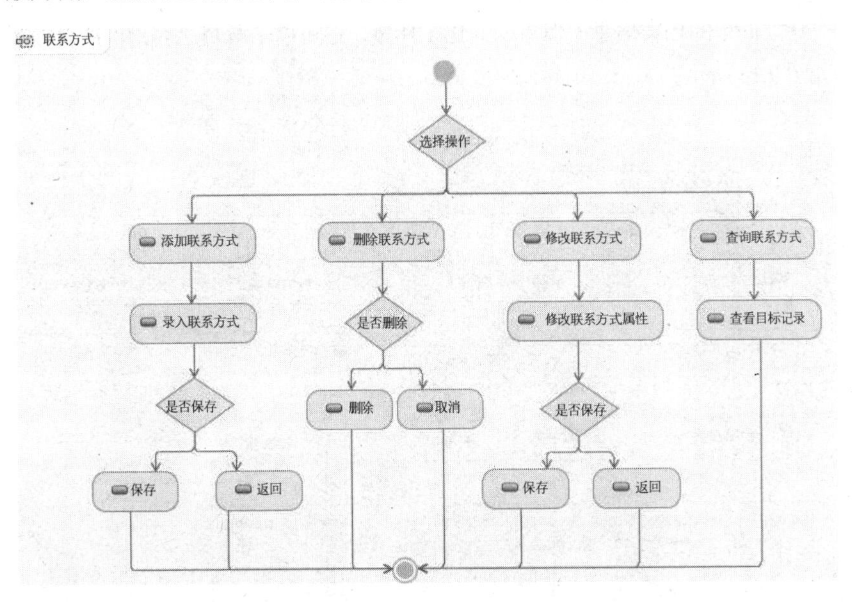

图9.11 联系方式活动图

4. 收款账号

随着社会的发展，交易方式不再只是现金结算，比较常见的有：支票、转账、现金、挂账（根据不同的情况有按月结算、按季度结算、按金额结算、按项目结算等）等。WMS 系统提供 3 种结算方式：现金、转账、挂账，收款账号要录入的信息就是在客户采用转账方式结算时要使用的商户账号信息。收款账号的活动图如图 9.12 所示。

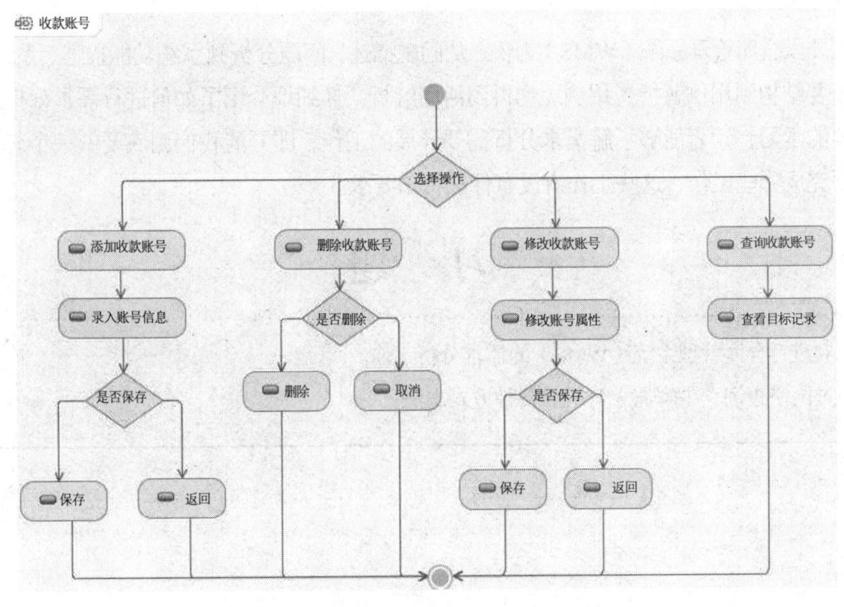

图9.12 收款账号活动图

5. 客户信息

“客户”一词在现代社会中变得非常重要，而 WMS 系统的用户又多为个体老板或仓管人员，所以为“老客户”建立简单的档案信息不但可以简化工作量，还可以了解自己客户群的总体概况。客户信息的活动图如图 9.13 所示。

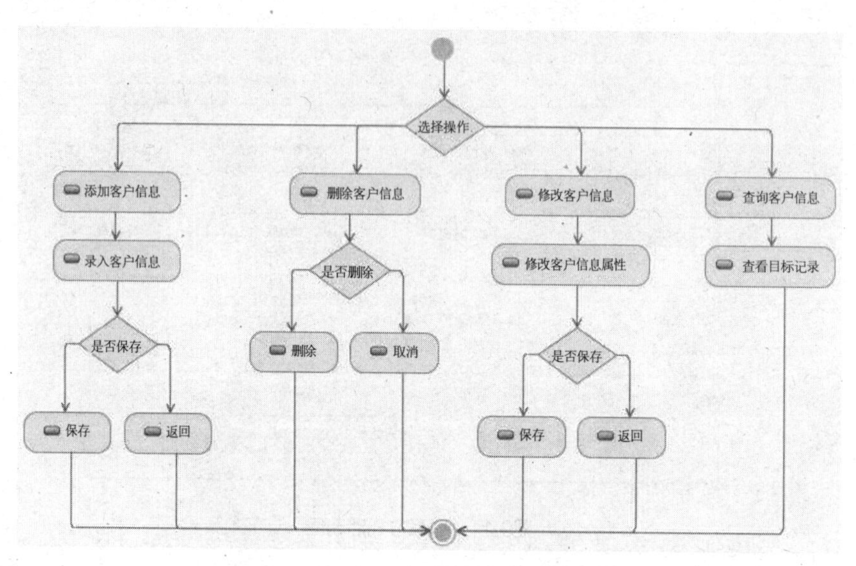

图9.13 客户信息活动图

活动图清晰地描述了用户在完成某一个功能时应该先做什么，再做什么。有了活动图，在做后续设计时可以明确该如何处理。

小结

本章主要以仓库管理系统（WMS）为例，从问题描述、问题分析到系统功能描述、系统涉众分析，再从系统概要结构到用例解析、用例规约再到活动解析，详细地介绍了如何进行需求分析工作。通过对本章内容的学习，读者能够了解需求分析需要开展的工作，即弄清我们到底要做一个怎样的软件、这个软件要完成哪些工作、这些工作有没有什么特殊要求。

习 题

1. 独立进行仓库管理系统（WMS）的需求分析工作。
2. 通过网络查询、了解需求分析的各种方式方法。

10 第10章 仓库管理系统的业务设计

10.1 功能设计

在仓库管理系统（WMS）的系统简述中，通过功能描述已经简单说明了 WMS 系统的功能，现在从设计实现的角度分析 WMS 的功能。

10.1.1 商品清单

商品清单主要是用于库存商品的查询操作。具体功能设计如表 10.1 所示。

表10.1 商品清单功能设计

功能名称	商品清单
使用对象	管理员
主要操作	查询
涉及范围	前台页面、后台处理、数据库操作
功能目标	根据过滤条件获取目标记录结果集
实现逻辑	在页面中设定了 3 个条件录入框：名称、规格、单价和一个列表，用户输入 3 个查询条件中的任意一个均可。然后在单击“查询”按钮时，由页面 JS 方法获取用户录入的查询条件，通过 URL 传递到后台，后台将这些参数拼装成一个 SQL 查询语句并执行，以模糊查询的方式获取相应结果集，然后逐层返回到显示层，最后刷新页面，显示结果记录
时序图	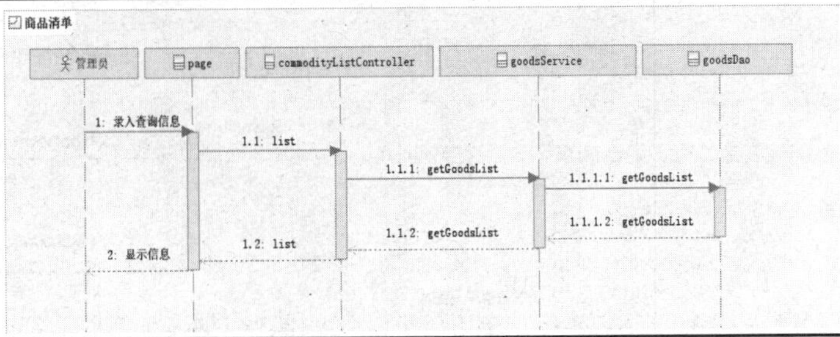

10.1.2 商品出货

商品出货主要是创建出货单，而出货单中又包含了很多具体的数据项目，这就导致功能设计相对复杂。具体的功能设计如表 10.2 所示。

表10.2 商品出货功能设计

功能名称	商品出货
使用对象	管理员
主要操作	查询、保存
涉及范围	前台页面、后台处理、数据库操作
功能目标	部分数据项需要根据用户输入的模糊条件进行检索； 将完整的出货订单保存到数据库中
实现逻辑	在页面上设定了 7 个文本框体和一个下拉选择框，分别用来填写客户名称（文本输入）、付款方式（下拉选择）、合计数量（文本显示）、合计金额（文本显示）、大写金额（文本显示）、订单日期（文本显示）、收货地址（文本输入）、备注（文本输入），其中付款方式下拉列表框里的内容是固化在下拉列表框中的；合计数量、合计金额、大写金额要求根据用户对具体商品信息的操作计算后自动填入；订单日期在页面加载时自动写入。在这些框体的下面是一个只有表头的空白表格及一个“添加商品”按钮，表头包含“名称”“库存”“规格”“单价”“数量”“金额”“操作”，单击按钮后，在下方空白处自动添加一个空的数据行，其中名称输入框要求根据用户输入动态模糊查询相关商品信息，在成功读取后自动填写库存、规格、单价信息，用户输入的数量不可大于库存数量，单价可自由修改，在用户完成对数量和单价的操作后，自动对合计数量、合计金额、大写金额做出相应修正操作
时序图	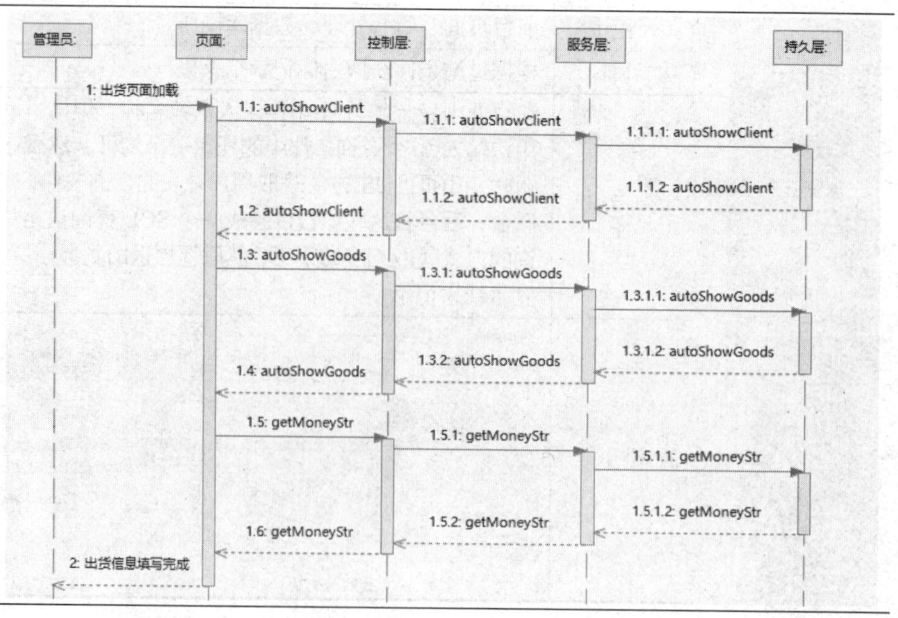

续表

功能名称	商品出货
时序图	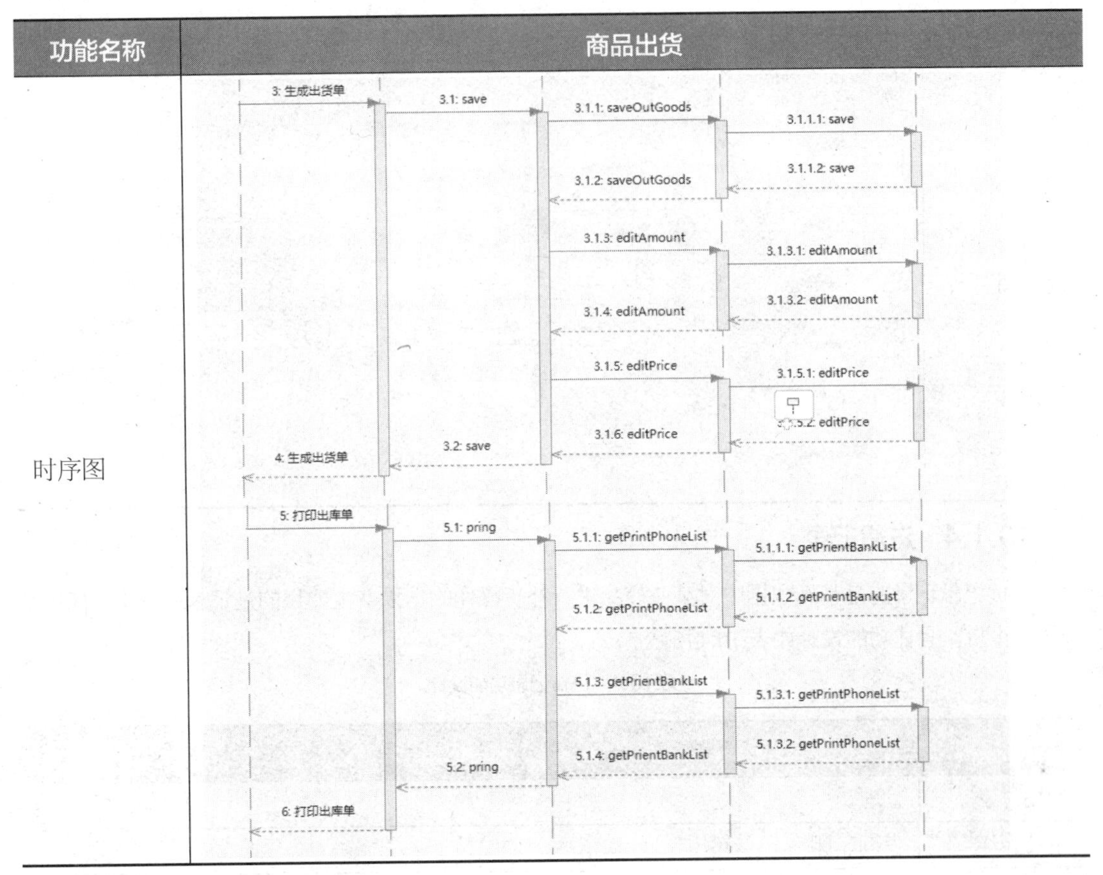

10.1.3 出货记录

出货记录用于存放历史出货单，以便日后查询或者补打出货单信息时使用。

出货记录的具体功能设计如表 10.3 所示。

表10.3 出货记录功能设计

功能名称	出货记录
使用对象	管理员
主要操作	查询、删除
涉及范围	前台页面、后台处理、数据库操作
功能目标	通过用户输入的查询条件找到目标记录； 支持执行详情操作，查看具体的出货单内容，具体内容与创建出货时完全相同； 支持用户删除相应记录
实现逻辑	在主页面上有 4 个条件查询框和一个列表，用户录入查询条件，系统将其传入后台，后台根据查询条件在数据库中查找对应记录，然后在页面的列表中显示。在找到目标记录后，系统支持用户做查看详情和删除操作。如果是查看详情操作，则将对应记录的数据库唯一 ID 传到后台，后台使用该 ID 找到相应记录的详细信息并返回，前台则打开一个页面来显示相应信息，信息内容与该出货单创建时的信息内容相同

续表

功能名称	出货记录
时序图	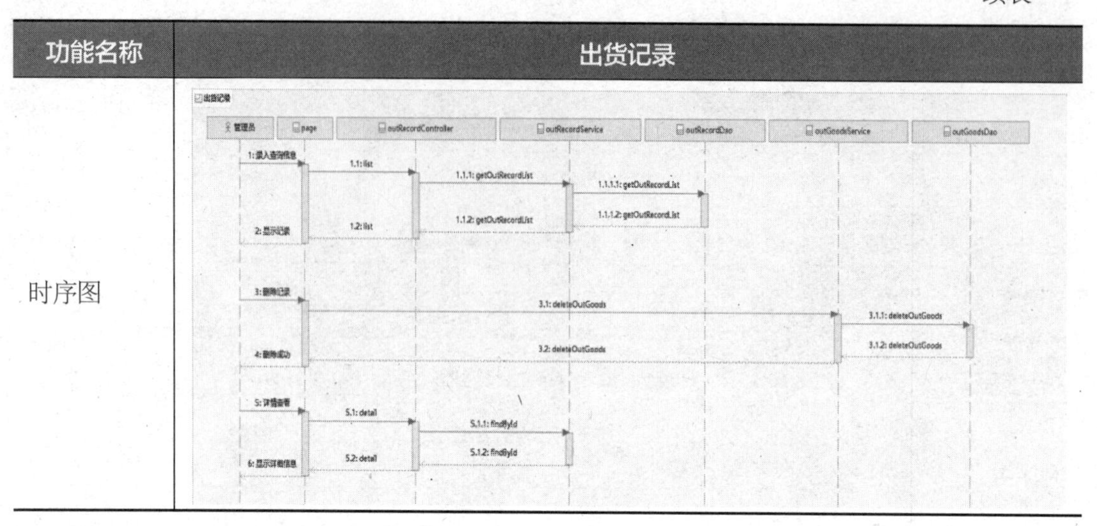

10.1.4 进货记录

进货记录记录的是基础数据中对某一商品进行补货操作的结果，主要目的是记录每一次补货操作补了多少货。具体功能设计如表 10.4 所示。

表10.4 进货记录功能设计

功能名称	进货记录
使用对象	管理员
主要操作	查询、删除
涉及范围	前台页面、后台处理、数据库操作
功能目标	根据用户输入的条件找到目标记录； 支持用户删除对应的目标记录
实现逻辑	页面上有 4 个查询框体和一个列表，用户输入查询条件并单击“查询”按钮，系统从后台数据库中找到相应记录并显示在页面列表中。用户可以选择删除目标记录，如果要删除的话，在用户选择删除操作后，将对应记录传到系统后台，根据唯一 ID 从数据库中删除对应记录
时序图	进货记录 管理员 page stockController stockService stockDao 1: 录入查询信息 1.1: list 1.1.1: getStockPage 1.1.1.1: getStockPage 1.1.1.2: getStockPage 1.1.2: getStockPage 1.2: list 2: 显示记录 3: 删除记录 3.1: delete 3.1.1: deleteById 3.1.2: deleteById 3.2: delete 4: 删除成功

10.1.5　基础数据

基础数据中包含 5 个子功能，分别是：商品信息、规格信息、联系方式、收款账号、客户信息，其中每个子功能又都包括添加、删除、修改和查询功能。具体功能设计如表 10.5～表 10.9 所示。

表10.5　商品信息功能设计

功能名称	商品信息
使用对象	管理员
主要操作	保存、删除、修改、查询
涉及范围	前台页面、后台处理、数据库操作
功能目标	用户可以选择 4 种操作：添加、修改、查询、删除； 用户录入相应查询条件后，执行查询操作可以找到满足条件的目标记录； 在找到目标记录后用户可选择删除功能，将目标从数据库中删除； 也可以新添加一条记录； 还可以在找到目标记录后对其进行修改
实现逻辑	实现可分为两大部分：添加新记录和对已有记录的操作。 在主页面上有 4 个条件查询框：名称、规格、单价、阈值和一个列表，用户录入相应条件后，系统根据条件通过后台从数据库中找到相应记录并显示在主页面下方的列表中。 如果用户选择的是添加操作，则跳转至一个前台页面，该页面上有 6 个文本框，包括："名称""数量""规格""单价""阈值""备注"。其中名称、数量、规格为必填项，规格是从规格信息中通过模糊查询来获得。 用户也可以在找到目标记录后对其进行修改，单击"修改"按钮后，将目标记录的唯一 ID 传到后台，通过数据库找到相应记录，并将该记录的详细信息返回到前台，前台打开一个新的页面，该页面上的元素和添加页面上的元素完全相同，用户可以修改已经加载的信息。 用户通过查询功能找到目标记录后，如果选择删除操作，则系统将对应记录的 ID 传至后台，并从数据库中删除对应记录
时序图	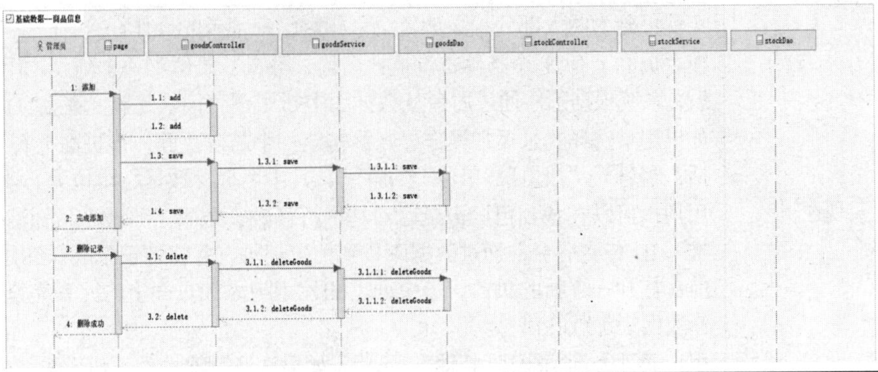

续表

功能名称	商品信息
时序图	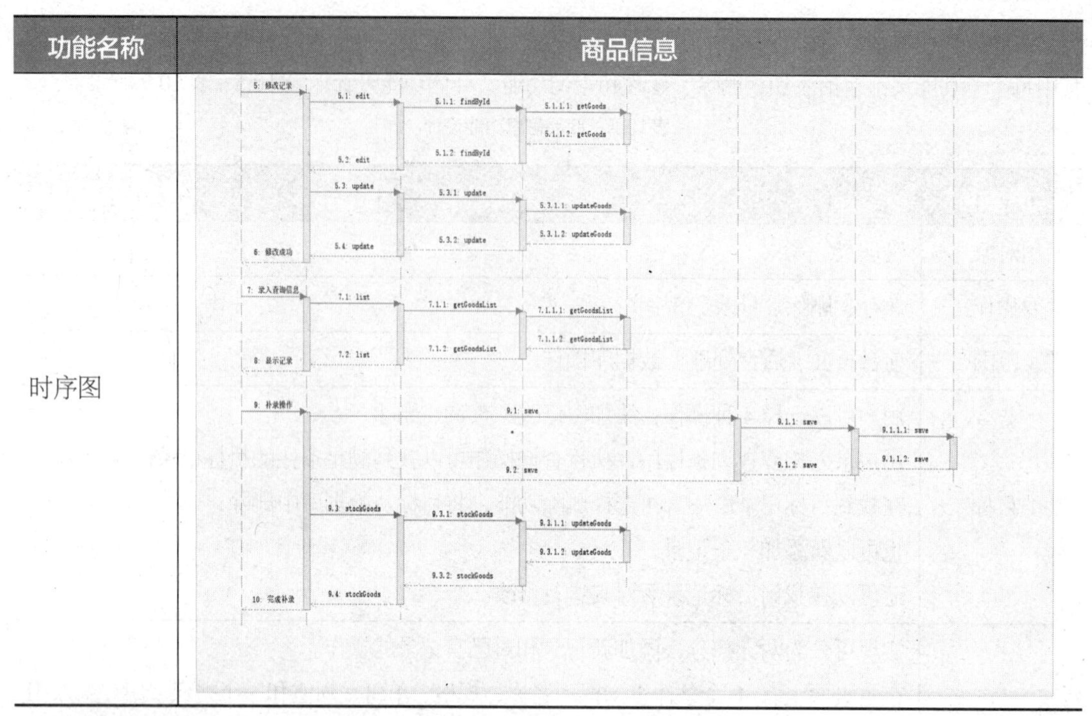

表10.6 规格信息功能设计

功能名称	规格信息
使用对象	管理员
主要操作	保存、删除、修改、查询
涉及范围	前台页面、后台处理、数据库操作
功能目标	用户可以选择 4 种操作：添加、修改、查询、删除。 用户录入相应查询条件后，执行查询操作可以找到满足条件的目标记录； 在找到目标记录后，可选择删除功能，将目标从数据库中删除； 也可以新添加一条记录； 还可以在找到目标记录后对其进行修改
实现逻辑	实现可分为两大部分：添加新记录和对已有记录的操作。 在主页面上有 3 个条件查询框：名称、数量、单位和一个列表，用户录入相应条件后，系统根据条件通过后台从数据库中找到相应记录并显示在主页面下方的列表中。 如果用户选择的是添加操作，则跳转至一个前台页面，该页面上有 4 个文本框，包括："名称""数量""单位""备注"，其中名称、数量、单位为必填项。 用户也可以在找到目标记录后对其进行修改，单击"修改"按钮后，将目标记录的唯一 ID 传到后台，通过数据库找到相应记录，并将该记录的详细信息返回到前台，前台打开一个新的页面，该页面上的元素与添加页面上的元素完全相同，用户可以修改已经加载的信息。 用户通过查询功能找到目标记录后，如果选择删除操作，则系统将对应记录的 ID 传至后台，并从数据库中删除对应记录

续表

功能名称	规格信息
时序图	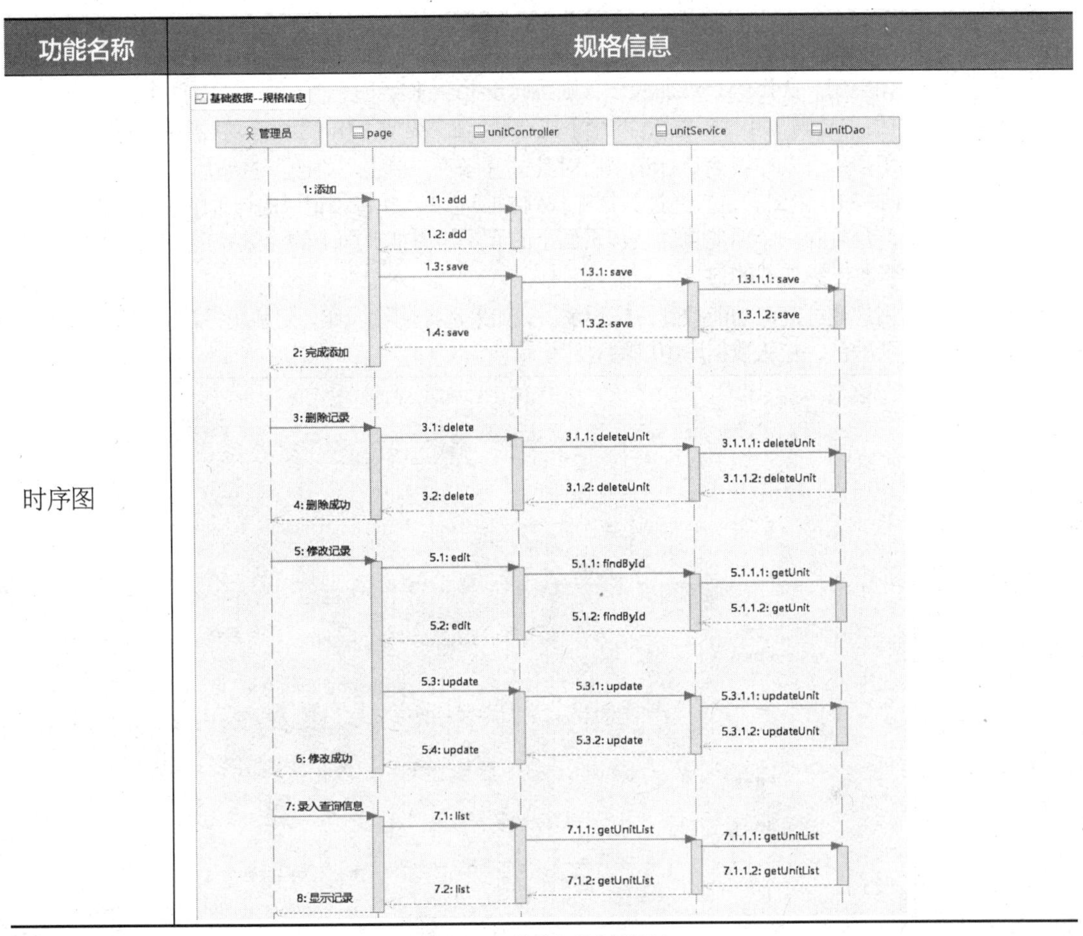

表10.7　联系方式功能设计

功能名称	联系方式
使用对象	管理员
主要操作	保存、删除、修改、查询
涉及范围	前台页面、后台处理、数据库操作
功能目标	用户可以选择 4 种操作：添加、修改、查询、删除。 用户录入相应查询条件后，通过执行查询操作可以找到满足条件的目标记录； 在找到目标记录后，可以选择删除功能，将目标从数据库中删除； 也可以新添加一条记录； 还可以在找到目标记录后对其进行修改
实现逻辑	实现可分为两大部分：添加新记录和对已有记录的操作。 在主页面上有 3 个条件查询框：号码、类型、状态和一个列表，用户录入相应条件后，系统根据条件通过后台从数据库中找到相应记录并显示在主页面下方的列表中。

续表

功能名称	联系方式
实现逻辑	如果用户选择的是添加操作，则跳转至一个前台页面，该页面上有两个文本框，包括："号码"和"备注"，两个下拉选择框："类型"和"状态"，其中号码为必填项。 用户也可以在找到目标记录后对其进行修改，单击"修改"按钮后，将目标记录的唯一 ID 传到后台，通过数据库找到相应记录，并将该记录的详细信息返回到前台，前台打开一个新的页面，该页面上的元素与添加页面上的元素完全相同，用户可以修改已经加载的信息。 用户通过查询功能找到目标记录后，如果选择删除操作，则系统将对应记录的 ID 传至后台，并从数据库中删除对应记录
时序图	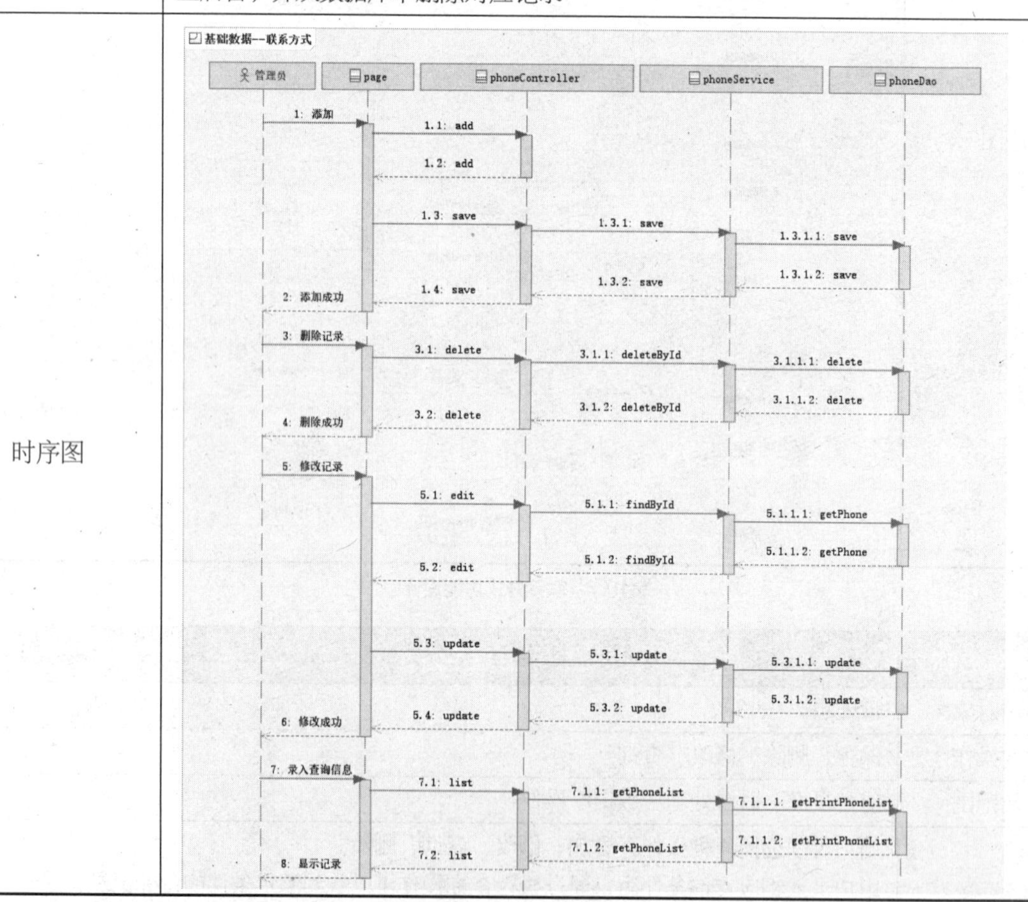

表10.8 收款账号功能设计

功能名称	收款账号
使用对象	管理员
主要操作	保存、删除、修改、查询
涉及范围	前台页面、后台处理、数据库操作

续表

功能名称	收款账号
功能目标	用户可以选择 4 种操作：添加、修改、查询、删除。 用户录入相应查询条件后，执行查询操作可以找到满足条件的目标记录； 在找到目标记录后，可以选择删除功能，将目标从数据库中删除； 也可以新添加一条记录； 还可以在找到目标记录后对其进行修改
实现逻辑	实现可分为两大部分：添加新记录和对已有记录的操作。 在主页面上有 3 个条件查询框：银行、户名、账号和一个列表，用户录入相应条件后，系统根据条件通过后台从数据库中找到相应记录并显示在主页面下方的列表中。 如果选择的是添加操作，则跳转至一个前台页面，该页面上有 4 个文本框，包括："银行""户名""账号""备注"，其中银行、户名、账号为必填项。 用户也可以在找到目标记录后对其进行修改，单击"修改"按钮后，将目标记录的唯一 ID 传到后台，通过数据库找到相应记录，并将该记录的详细信息返回到前台，前台打开一个新的页面，该页面上的元素与添加页面上的元素完全相同，用户可以修改已经加载的信息。 用户通过查询功能找到目标记录后，如果选择删除操作，则系统将对应记录的 ID 传至后台，并从数据库中删除对应记录
时序图	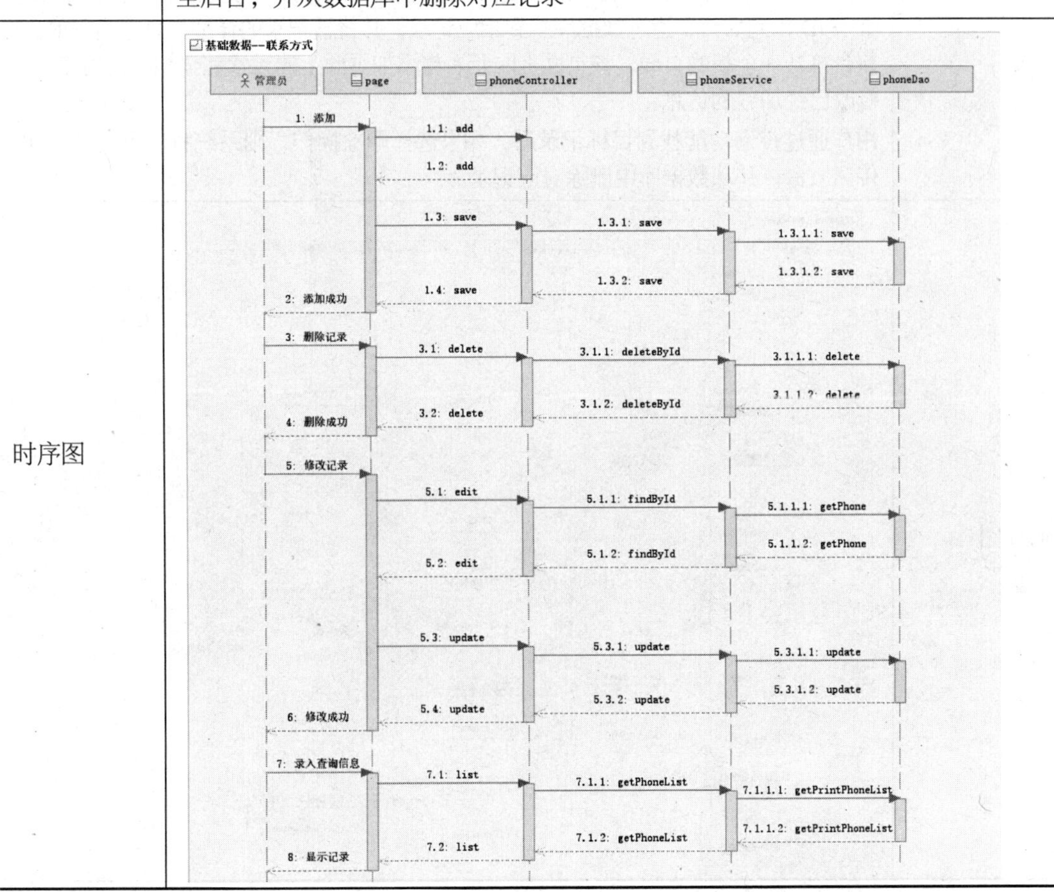

表10.9　客户信息功能设计

功能名称	客户信息
使用对象	管理员
主要操作	保存、删除、修改、查询
涉及范围	前台页面、后台处理、数据库操作
功能目标	用户可以选择 4 种操作：添加、修改、查询、删除。 用户录入相应查询条件后，执行查询操作可以找到满足条件的目标记录； 在找到目标记录后，可以选择删除功能，将目标从数据库中删除； 也可以新添加一条记录； 还可以在找到目标记录后对其进行修改
实现逻辑	实现可分为两大部分：添加新记录和对已有记录的操作。 在主页面上有 3 个条件查询框：客户名称、收货地址、联系电话和一个列表，用户录入相应条件后，系统根据条件通过后台从数据库中找到相应记录并显示在主页面下方的列表中。 如果选择的是添加操作，则跳转至一个前台页面，该页面上有 4 个文本框，包括："客户名称""收货地址""联系电话""备注"，其中客户名称、收货地址为必填项。 用户也可以在找到目标记录后对其进行修改，单击"修改"按钮后，将目标记录的唯一 ID 传到后台，通过数据库找到相应记录，并将该记录的详细信息返回到前台，前台打开一个新的页面，该页面上的元素与添加页面上的元素完全相同，用户可以修改已经加载的信息。 用户通过查询功能找到目标记录后，如果选择删除操作，则系统将对应记录的 ID 传至后台，并从数据库中删除对应记录
时序图	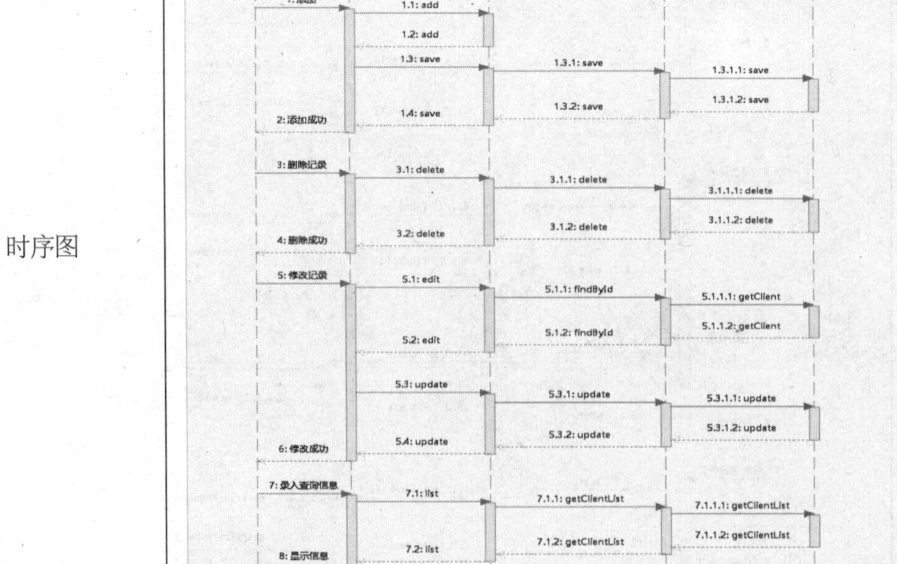

从上述几个表可以看出，基础数据 5 个子功能的实现逻辑基本相同，不同的只有数据内容。因此在系统设计中，很多时候功能的实现逻辑都是相通的。

10.1.6 库存盘点

库存盘点在 WMS 中算是比较重要的功能，管理员可以定期执行该功能，它可以很清晰地告诉管理员目前仓库中哪些货物需要进行补货操作。该功能的正常使用依赖于在创建商品信息时基础数据中的阈值真实可靠，合理使用库存盘点功能可以更好地完成对仓库的管理工作。其具体功能设计如表 10.10 所示。

表10.10 库存盘点功能设计

功能名称	库存盘点
使用对象	管理员
主要操作	查询
涉及范围	前台页面、后台处理、数据库操作
功能目标	根据查询条件找到目标记录，将库存数量低于阈值的记录的“数量”属性标红显示
实现逻辑	库存盘点和其他几个查询功能的本质是一样的，在主页面设有 6 个查询条件框体，分别是：“名称”“数量”“规格”“单价”“阈值”“状态”。通过用户录入的查询条件从后台数据库中找到对应目标记录并返回前台页面，前台页面不仅要展示返回后的记录，还要将数量小于阈值的记录的“数量”属性标记成红色。 值得注意的是，查询条件中的“状态”只有两种：“低于阈值”和“高于阈值”
时序图	库存盘点 管理员 page storageStateController storageStateService storageStateDao 1: 录入查询信息 1.1: list 1.1.1: getStorageState 1.1.1.1: getStorageState 1.1.1.2: getStorageState 1.1.2: getStorageState 1.2: list 2: 显示记录

10.2 页面设计

如何给一个不懂软件开发的人讲解软件业务流量呢？“有图有真相”这句话相信大家都不陌生吧，通过页面来讲解无疑是很好的方式。目前有很多工具可以帮助我们完成静态页面制作，如 FrontPage、Dreamweaver、Golive 等都是很出色的静态页面设计工具。

在正式的项目开发中，为了更好地与客户交流确认系统开发的细节，往往都会按照用户的大体意愿设计出一套静态页面。这样不但方便与客户交流，也可以避免开发进度浪费在前台 UI 表现层的确认上。我们的 WMS 在设计之初同样绘制了一套静态页面。在需求分析的辅助下，通过功能设计确定对应的页面并不是一件难事，但如何把页面设计得更加友好就需要大家平时多留心多积累了。

10.2.1　商品清单页面

商品清单为系统用户提供了最基础的查询支持。因为来到仓库后，无论是入库还是出库，首先要做的就是看一下仓库里是否有这个商品，所以把商品清单页面作为 WMS 的“欢迎页”也不无道理。商品清单的静态页面如图 10.1 所示。

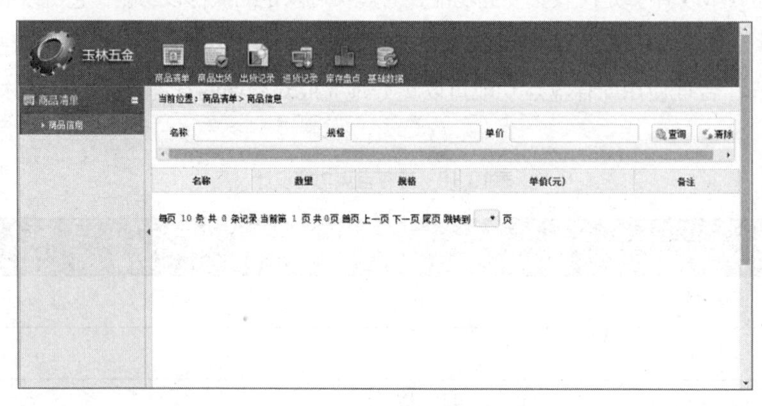

图10.1　商品清单页面

10.2.2　商品出货页面

商品出货是 WMS 的核心功能之一，作为一个仓库管理系统，出库操作是不可缺少的，同时商品出库时要填写的信息也是最多，最复杂的，因为这些信息直接与最后的出库单相关。在现实工作中，往往通过手写记录，较为繁琐，如果把这个工作交给计算机来做，就要求页面设计要合理安排数据项及数据的准确性验证。商品出货的静态页面如图 10.2 所示。

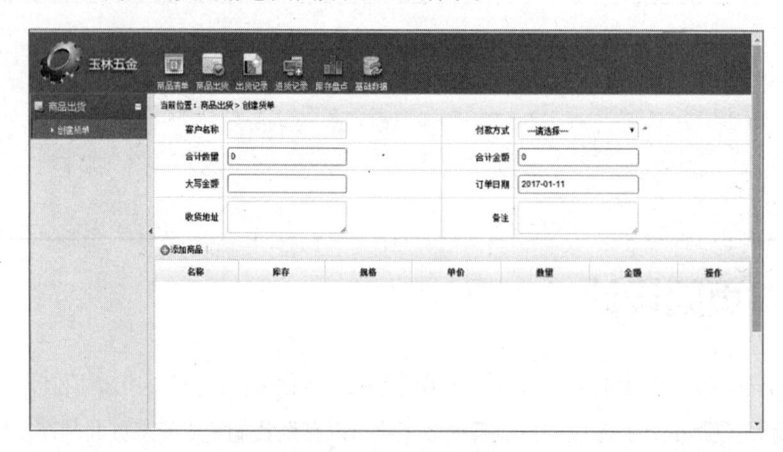

图10.2　商品出货页面

10.2.3　出货记录页面

计算机有很多优势，可以保存大量信息数据就是其中之一。已经完成的出库单并不是完全没有用处，很多情况下都需要核对历史出货单，比如，月底清点、客户订单丢失、损坏等。因此为出货记录设计了两个页面，一个是出货记录列表页面，另一个是出货记录详细页面，具体的静态页面分别如图 10.3、图 10.4 所示。

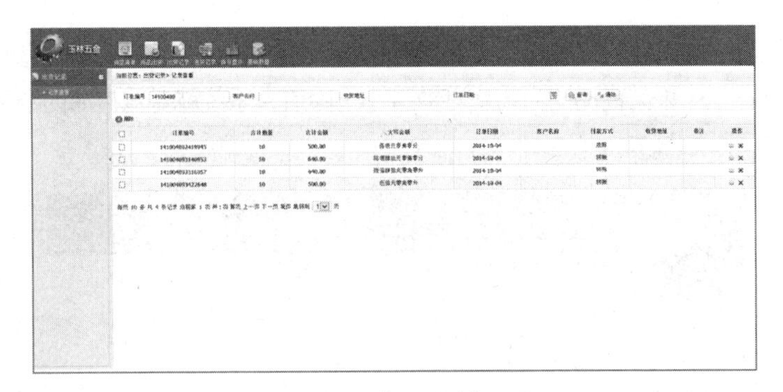

图10.3　出货记录列表页面

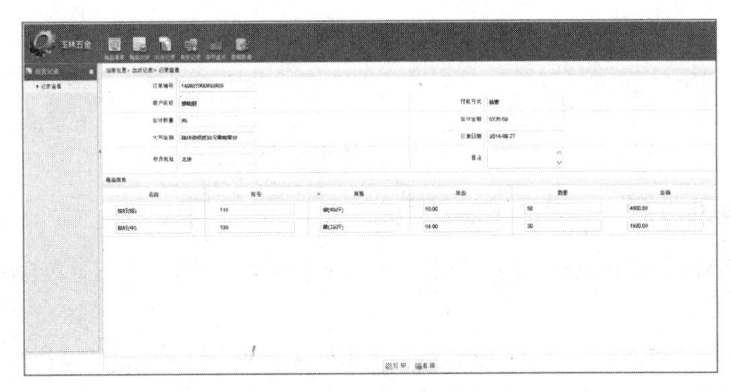

图10.4　出货记录详情页面

10.2.4　进货记录页面

商品入库操作是仓库管理系统必不可少的功能之一。在设计 WMS 时并没有设置单独的商品入库模块，而是在基础数据中设置了商品信息子模块，用于商品信息入库操作。如果商品有进货（商品补仓）操作，库存数量变动时，用户可以修改商品信息记录的数量字段来实现，但很明显这样的操作过于麻烦，所以在基础数据的商品信息子模块的列表页面中提供了商品补货的接口，以方便用户进行商品进货操作（具体的补货页面会在后面提到）。进货记录则记录了商品补货的历史操作，以方便管理员核对。进货记录列表静态页面如图 10.5 所示。

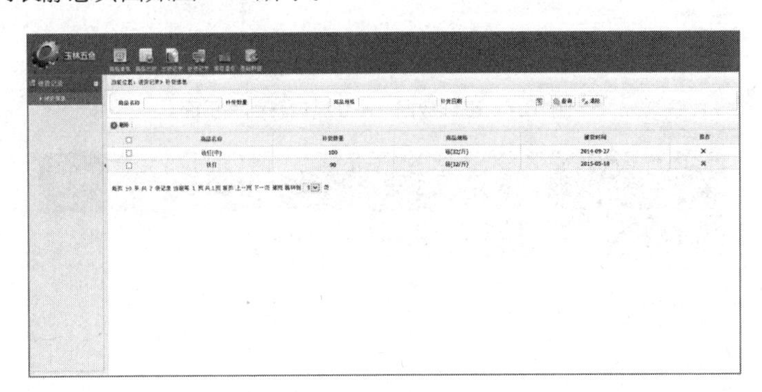

图10.5　进货记录列表页面

10.2.5　库存盘点页面

在日常管理中，管理员要随时了解商品的库存状态，WMS 在小型商品中或者在出库很频繁的情况时，数量状态就显得更加重要。库存盘点正是为此需求而设计的，在录入商品信息时会填写一个阈值（预警值），在盘点时，如果某商品的当前库存数量小于阈值，系统就对该商品的数量进行加红警示提示。库存盘点静态页面如图 10.6 所示。

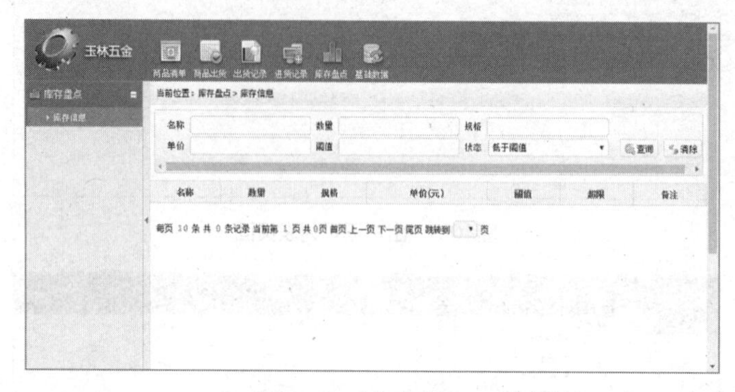

图10.6　库存盘点页面

10.2.6　基础数据——商品信息页面

商品信息是 WMS 的基础支持功能，为系统提供核心数据。因此商品信息包含添加、删除、修改、查询、补货功能。

这里要提一下补货操作，因为这个操作是为了用户快速修改商品数量而设计的，所以并没有使用完整的页面，而是用了一个弹窗来实现。在页面设计上遵循 CRUD（Creating/Reading/Updating/Deleting）原则，具体静态页面如图 10.7～图 10.12 所示。

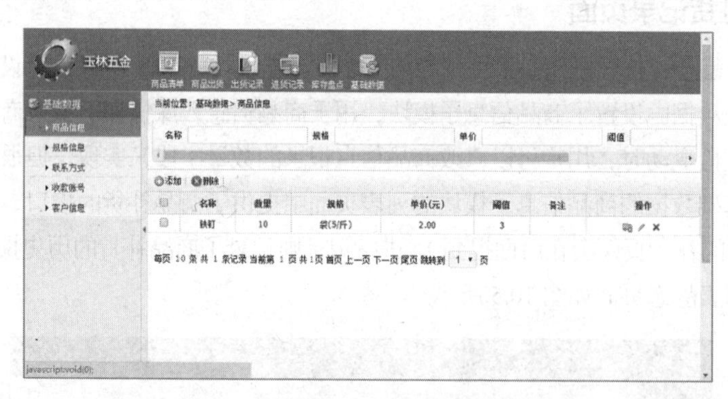

图10.7　基础数据——商品信息列表页面

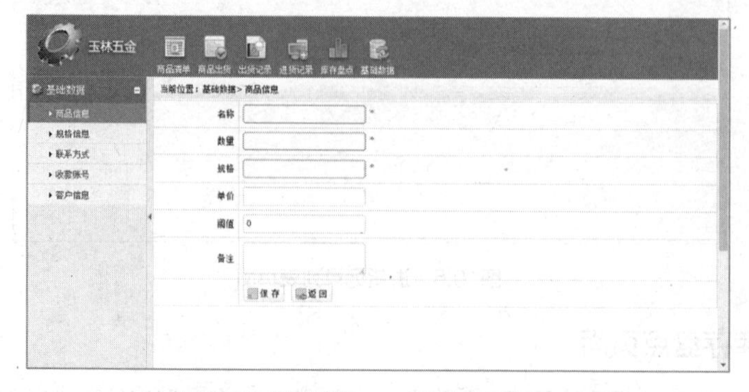

图10.8　基础数据——商品信息添加页面

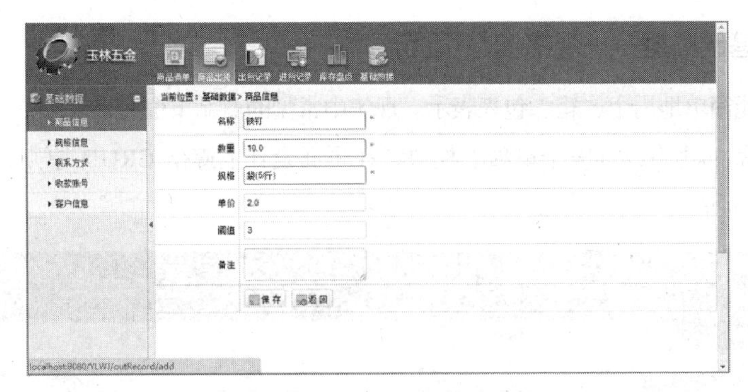

图10.9　基础数据——商品信息修改页面

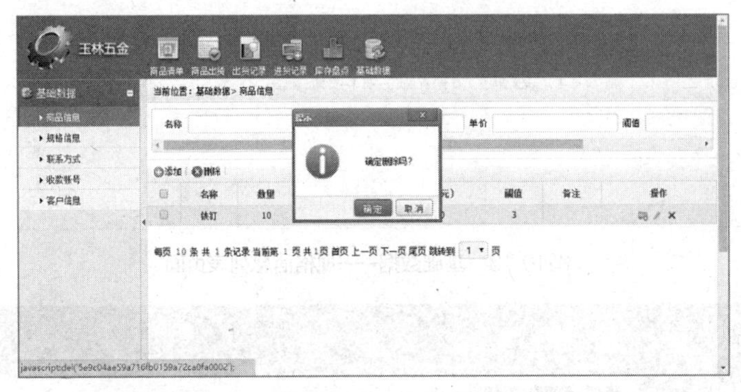

图10.10　基础数据——商品信息删除页面

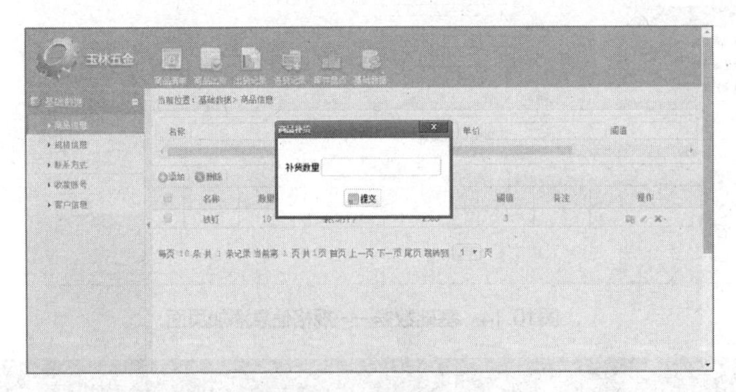

图10.11　基础数据——商品信息录入补货数量页面

图10.12　基础数据——商品信息补货确认提示页面

10.2.7 基础数据——规格信息页面

商品单位不能简单地用个、箱、包来表示。现实中常见的商品单位有：大米，50 斤/袋；油，5L/桶等。所以为商品的规格设计一个单独子模块，在页面设计上遵循 CRUD 原则，具体静态页面如图 10.13～图 10.16 所示。

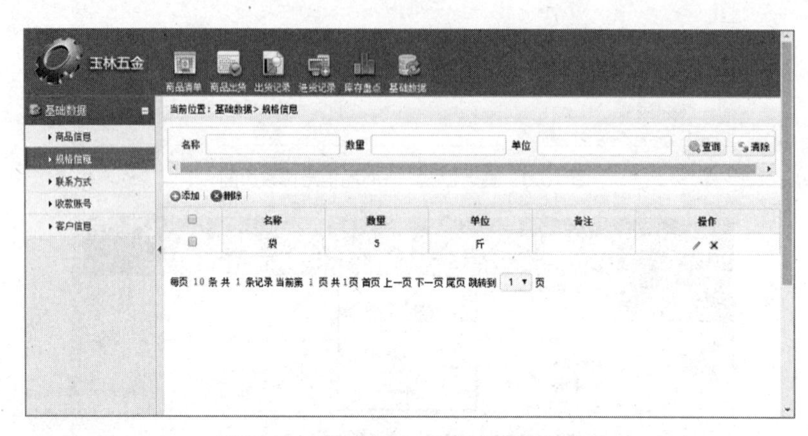

图10.13 基础数据——规格信息列表页面

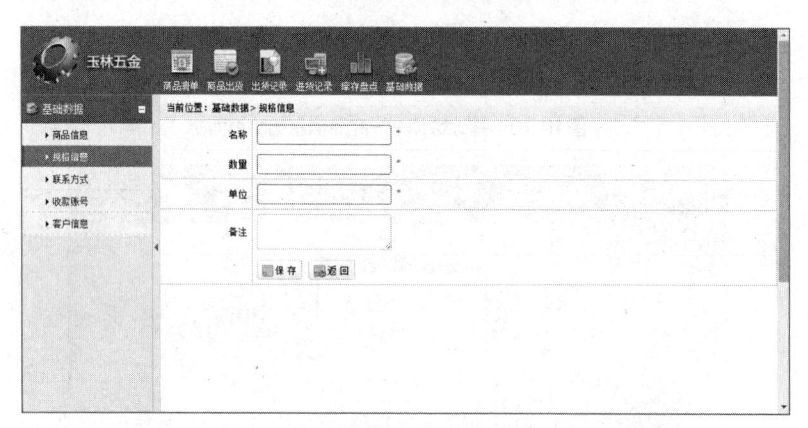

图10.14 基础数据——规格信息添加页面

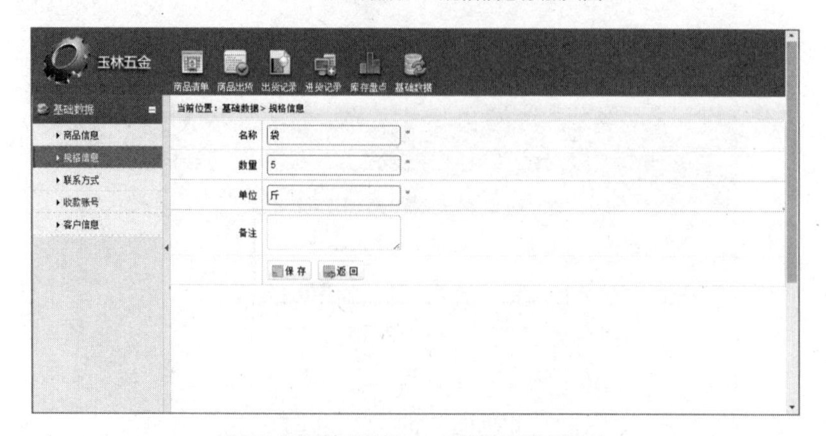

图10.15 基础数据——规格信息修改页面

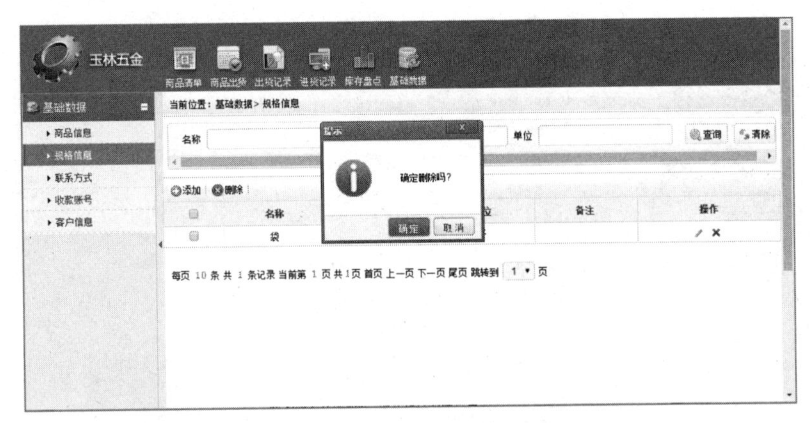

图10.16　基础数据——规格信息删除页面

10.2.8　基础数据——联系方式页面

在创建订单时 WMS 为了方便客户联系管理员会留下联系方式，因为使用过于频繁，所以为此设计了一个子模块。这样系统在生成订单时就不用用户手动填写联系方式，而是由系统自动读取填写。在页面设计上遵循 CRUD 原则，具体静态页面如图 10.17～图 10.20 所示。

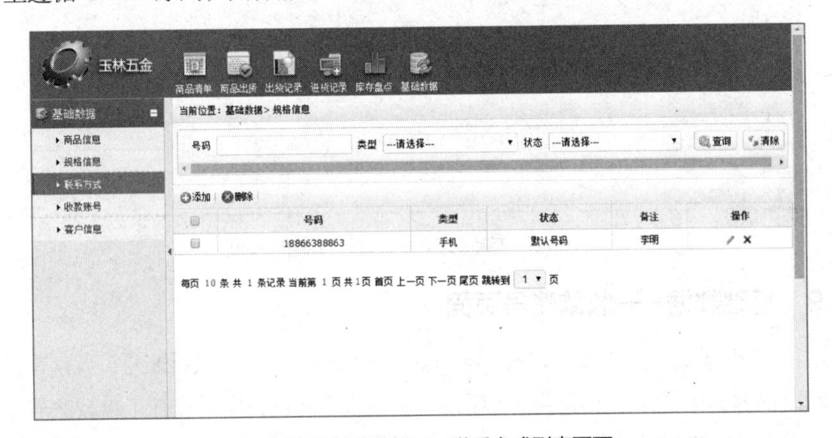

图10.17　基础数据——联系方式列表页面

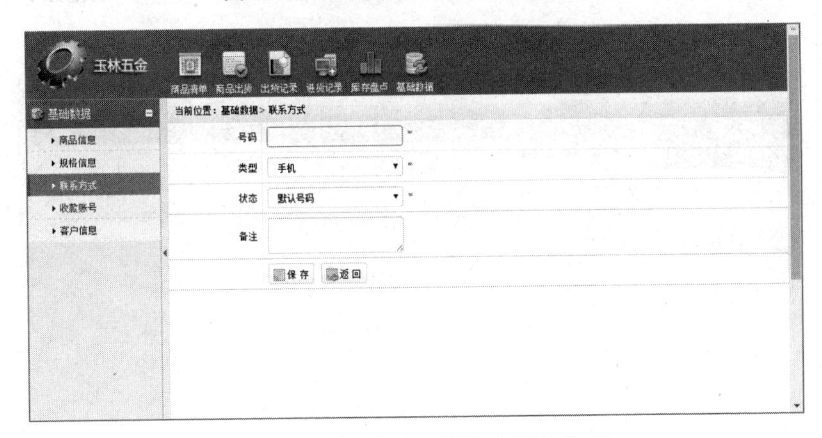

图10.18　基础数据——联系方式添加页面

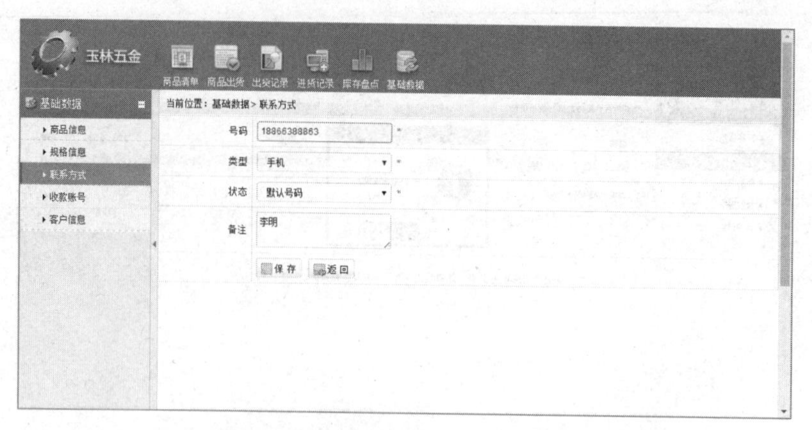

图10.19　基础数据——联系方式修改页面

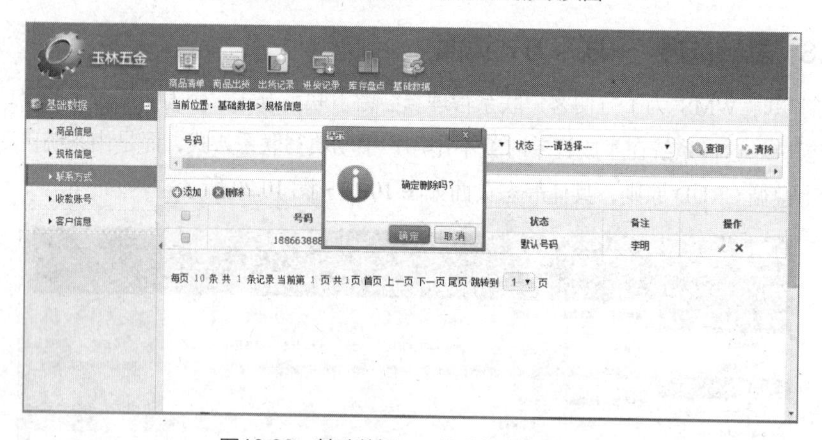

图10.20　基础数据——联系方式删除页面

10.2.9　基础数据——收款账号页面

WMS 支持 3 种付款方式：现金、转账、挂账。在转账时需要用到银行账号，大家都知道银行账号很长，在书写时很容易出错，因为是手写，所以可读性也会降低，所以设计了收款账号子模块来维护该信息。在订单生成时不再手动输入而是由系统自动提取，在页面设计上遵循 CRUD 原则，具体静态页面如图 10.21 ~ 图 10.24 所示。

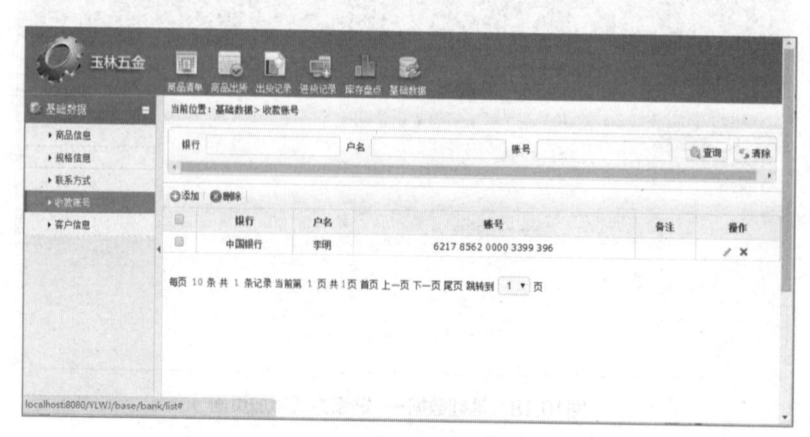

图10.21　基础数据——收款账号列表页面

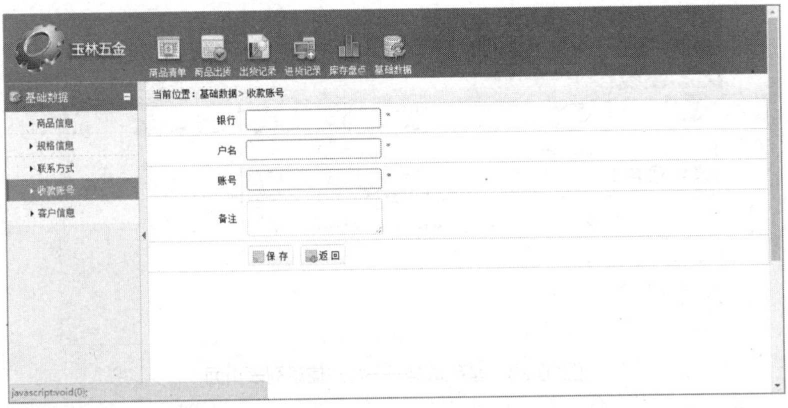

图10.22　基础数据——收款账号添加页面

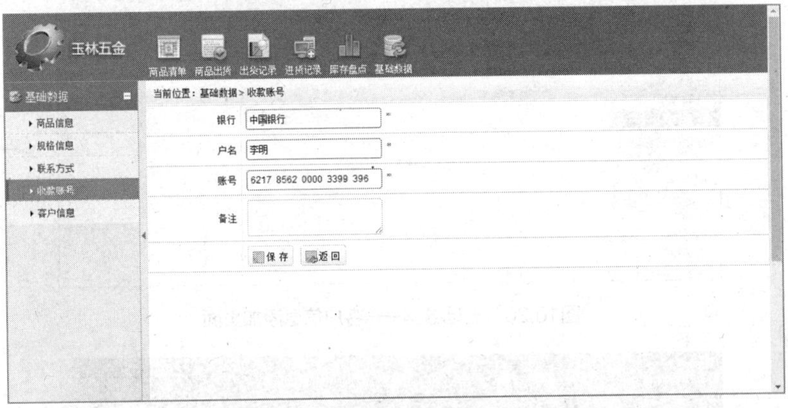

图10.23　基础数据——收款账号修改页面

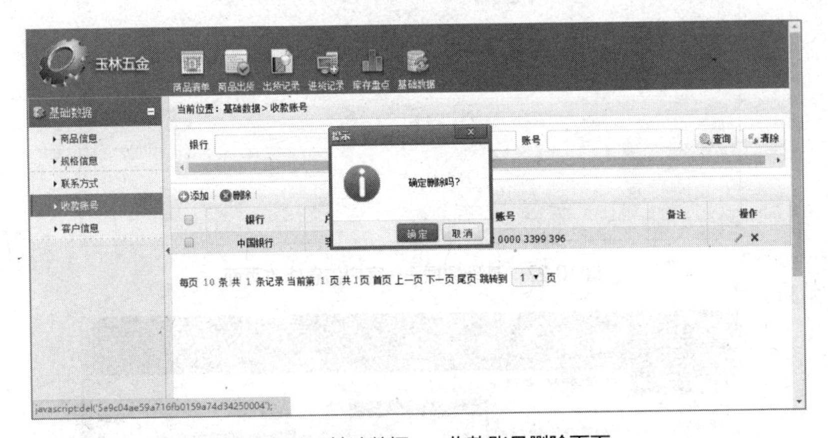

图10.24　基础数据——收款账号删除页面

10.2.10　基础数据——客户信息页面

WMS 作为仓库管理系统或者小型的销售管理系统，自然会经常向某个客户出库或者销售，所以设计一个单独的子模块来存放客户信息也是很有必要的。在页面设计上遵循 CRUD 原则，具体静态页面如图 10.25～图 10.28 所示。

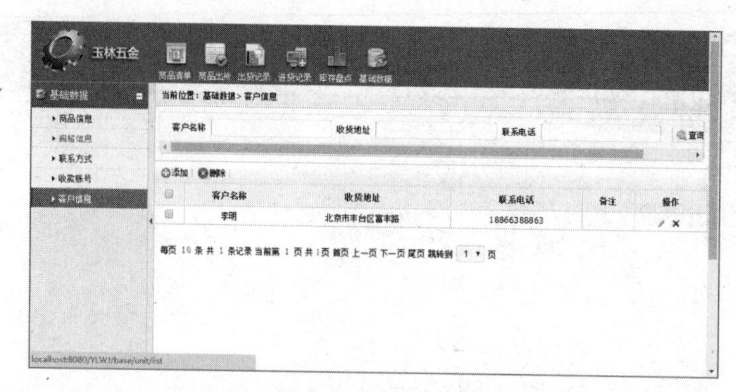

图10.25　基础数据——客户信息列表页面

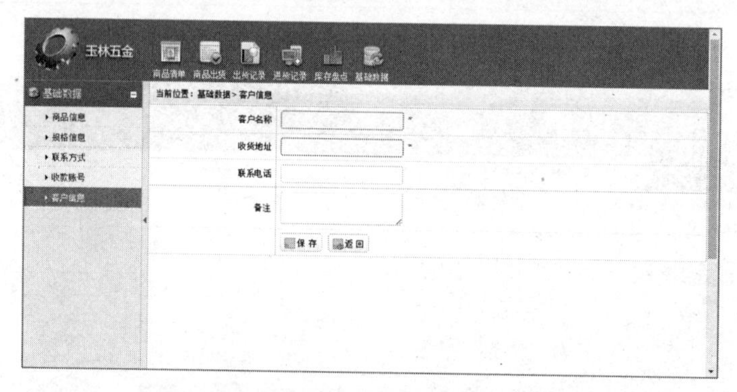

图10.26　基础数据——客户信息添加页面

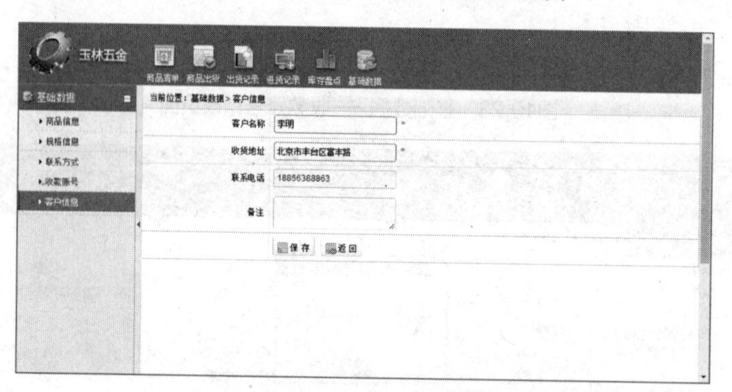

图10.27　基础数据——客户信息修改页面

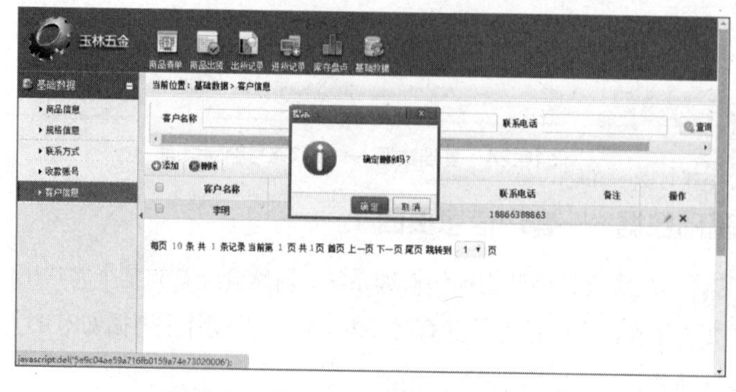

图10.28　基础数据——客户信息删除页面

小结

本章主要从设计实现的角度对仓库管理系统进行功能分析设计，以及仓库管理系统人机交换页面设计，在设计过程中，还运用了 UML 建模工具绘制了反映业务流程的时序图。通过对本章内容的学习，读者能够了解如何从业务角度进行系统分析，并学习面向对象软件业务的分析方法。

习　题

1. 理清独立分析仓库管理系统（WMS）的业务逻辑，并使用RSA画出时序图。
2. 在网上查找当前比较流行的前端静态页面设计的工具，完成人机交互界面设计。

11 第11章　仓库管理系统的数据库设计

前面介绍了 PowerDesigner 的使用方法，现在针对仓库管理系统（WMS），使用 PowerDesigner 来建立一个数据库模型。

在数据库设计阶段，系统基本已经进入开发阶段，系统的功能已经确定，数据库设计的主要目的是根据已经确定的功能合理设计数据表的字段和关系，如果数据表之间的关系和字段没有理清，没有合理安排，在开发时就会非常麻烦，对系统的运行也会产生很大的负面影响。不清晰的表结构会为查询带来了很大困难，相应的系统运行速率也会降低，因此，好的数据库设计是非常有必要的。

11.1　概念模型的设计

概念模型中只考虑关系而不考虑具体细节，根据第9章对WMS系统的需求分析，从业务中抽象出实体以及实体中的属性如表11.1和表11.2所示。

表11.1　实体清单表

名称	代码	父类	产生	数字
出货商品信息	outgoods	Conceptual Data Model 'wms_c'	TRUE	
出货记录	outgoods_record	Conceptual Data Model 'wms_c'	TRUE	
商品信息	goods	Conceptual Data Model 'wms_c'	TRUE	
商品出库	outinggoods	Conceptual Data Model 'wms_c'	TRUE	
客户信息	client	Conceptual Data Model 'wms_c'	FALSE	
电话	phone	Conceptual Data Model 'wms_c'	TRUE	
补货	stock	Conceptual Data Model 'wms_c'	TRUE	
规格信息	unit	Conceptual Data Model 'wms_c'	TRUE	
银行	bank	Conceptual Data Model 'wms_c'	TRUE	

表11.2　实体中的属性清单表

名称	代码	域	数据类型	长度	精度
出货code	outgoods_code	<None>	Variable characters (255)	255	
出货商品价格	outgood_money	<None>	Long float		
出货商品数量	outgood_amount	<None>	Integer		
出货商品编号	outgood_id	<None>	Variable characters (255)	255	
出货备注	outgoods_remark	<None>	Variable characters (255)	255	
出货总价	outgoods_sum_money	<None>	Long float		
出货总价	outgoods_sum_money_str	<None>	Variable characters (255)	255	
出货总数量	outgoods_sum_amount	<None>	Integer		
出货时间	outgoods_date	<None>	Variable characters (255)	255	
出货状态	outgoods_status	<None>	Variable characters (255)	255	
出货编号	outgoods_id	<None>	Variable characters (255)	255	
商品价格	good_price	<None>	Long float		
商品名称	good_name	<None>	Variable characters (255)	255	
商品备注	good_Remark	<None>	Variable characters (255)	255	
商品数量	good_amount	<None>	Long float		
商品状态	good_status	<None>	Integer		
商品编号	good_id	<None>	Variable characters (255)	255	
商品进价	good_InputPrice	<None>	Long float		
商品预警数量	good_warringAmount	<None>	Integer		
客户名称	client_name	<None>	Variable characters (255)	255	
客户地址	client_address	<None>	Variable characters (255)	255	
客户备注	client_remark	<None>	Variable characters (255)	255	
客户电话	client_phone	<None>	Variable characters (255)	255	
客户编号	client_id	<None>	Variable characters (255)	255	
电话号码	phone_num	<None>	Variable characters (255)	255	
电话备注	phone_remark	<None>	Variable characters (255)	255	
电话状态	phine_statue	<None>	Integer		
电话类型	phone_type	<None>	Variable characters (255)	255	
电话编号	phone_id	<None>	Variable characters (255)	255	
补货名称	stock_name	<None>	Variable characters (255)	255	
补货数量	stock_amount	<None>	Variable characters (255)	255	
补货时间	stock_time	<None>	Variable characters (255)	255	

续表

名称	代码	域	数据类型	长度	精度
补货编号	stock_id	<None>	Variable characters (255)	255	
补货规格	stock_unit	<None>	Variable characters (255)	255	
规格	unit_unit	<None>	Variable characters (255)	255	
规格名称	unit_name	<None>	Variable characters (255)	255	
规格备注	unit_remark	<None>	Variable characters (255)	255	
规格数量	unit_amount	<None>	Variable characters (255)	255	
规格状态	unit_status	<None>	Integer		
规格编号	unit_id	<None>	Variable characters (255)	255	
银行号码	bank_num	<None>	Variable characters (255)	255	
银行名称	bank_name	<None>	Variable characters (255)	255	
银行备注	bank_remark	<None>	Variable characters (255)	255	
银行库存	bank_bank	<None>	Variable characters (255)	255	
银行状态	bank_status	<None>	Integer		
银行编号	bank_id	<None>	Variable characters (255)	255	

WMS 系统的概念模型，即实体—联系如图 11.1 所示。

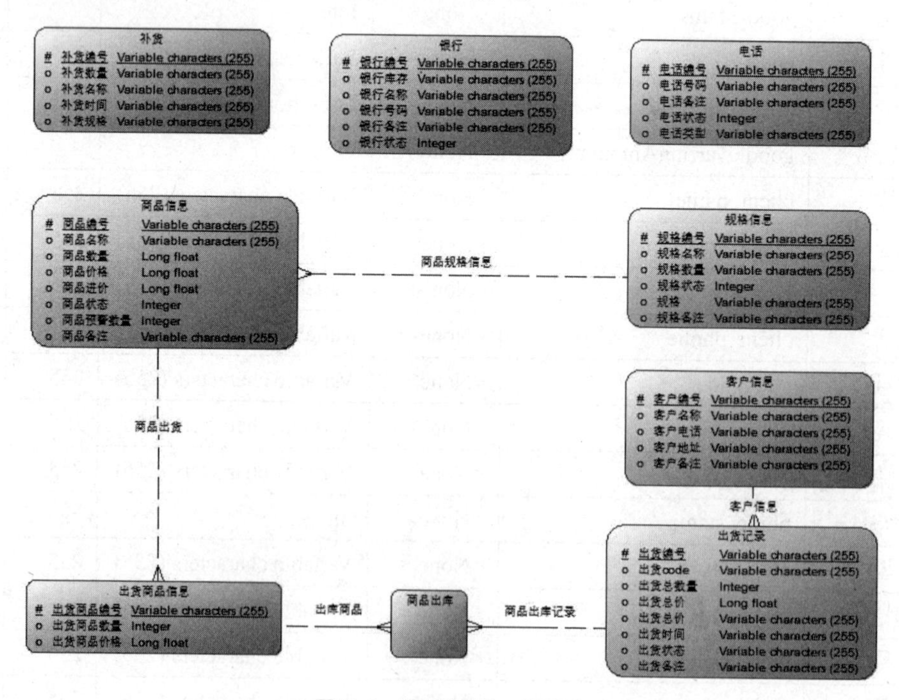

图11.1　数据库实体—联系图

读者一定会问，这些表是怎么来的？这个问题的答案就是“数据库设计”的思维，这种东西很难用语言来描述，这也是我们要去学去练的核心。在学习面向对象的开发语言时，读者对“对象”这个概念也很难理解，而数据库设计的意义就在于如何将这些对象合理地连在一起，对象的抽象、对象和对象之间的关系，这些工作都是建立在对业务深入理解的基础上的，所以图 11.1 需要仔细分析理解才能够更好地消化。

下面对 WMS 的业务进行分析整理。首先，WMS 作为一个仓库管理系统，主体流程为：客户下一个订单，我们把订单上对应的商品给客户，然后客户给我们钱。过程中一定会包含商品、客户、订单，这三大部分确保了整个交易流程的实现。有了主体，我们再来做细化，首先是商品，商品会涉及哪些内容呢？首先商家得进货，既然是销售，那么也一定会有出库，而这一进一出就一定要有库存记录，那么我们得出，商品会参与以下几个流程：入库、库存变更、出库，流程确定了，还要确定商品自身都有哪些属性，这个就很明显了：类型、包装（规格）、价格。这样通过对商品的简要分析整理，可以得出图 11.1 的“补货”“商品信息”“规格信息”“出货商品信息”这 4 个实体，剩下的客户及订单部分读者可以顺着这个思路尝试分析一下。

为了帮读者更好地掌握这种思维，不妨尝试分析一下“吃饭”这个业务，这个业务我们每个人都非常熟悉，可以试着分析从这个业务的最开始到结束，看看哪些东西可以抽象成为一个对象，每个对象之间又有什么关联，多找类似的业务去尝试，相信读者很快就可以掌握这种思维了。

11.2　逻辑模型的设计

上面的概念模型也就是在 PowerDesigner 中的实体-联系图，可以直接通过 PowerDesigner 中的 Tools→Generate logical Data Model 生成逻辑模型，转换后的逻辑模型（LDM）如图 11.2 所示。

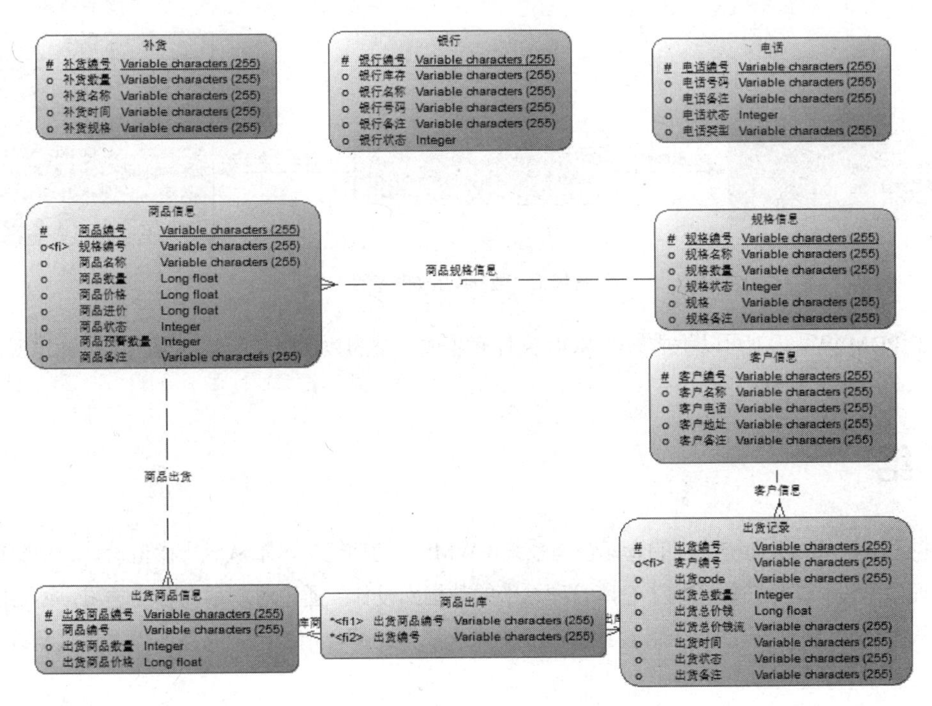

图11.2　数据库的逻辑模型

11.3 物理模型的设计

上面的逻辑模型通过需求中的描述设想出了相应的数据库表间的关系，确定概念模型后，要将其转化成特定的脚本，以保证数据库的完整性和一致性，在设计完概念模型（CDM）后，单击Tools→Generate Physical Data Model 命令，可以将概念模型转换成物理模型（PDM），转换后的物理模型如图 11.3 所示。

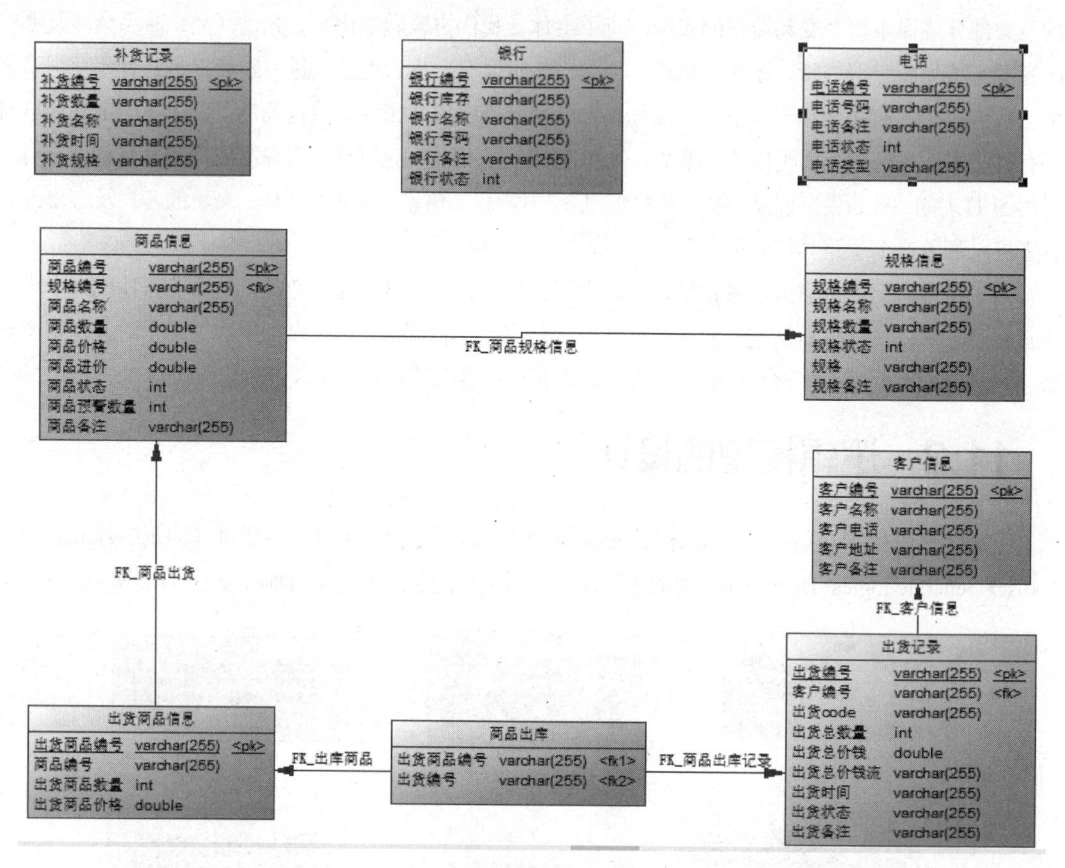

图11.3 数据库的物理模型

有了 PDM 模型，就可以生成一个 SQL 文件来生成完整的数据库，到此数据库的设计也就告一段落了。

小结

根据第 10 章的工作所确定的仓库管理系统（WMS）的功能，本章从概念模型设计、逻辑模型设计和物理模型设计三个阶段介绍了仓库管理系统的数据库设计。通过对本章内容的学习，读者能够了解如何从已经确定的功能去设计用 E-R 图表示的概念模型，符合相关范式的关系模式，以及数据库实例的构建。

习　题

1. 使用PowerDesigner独立进行仓库管理系统（WMS）的数据库建模。

2. 基于本章习题1，选择拟使用的数据库管理系统，生成对应的逻辑模型、物理模型，进而生成数据库模式构建Sql脚本，并创建数据库实例，深入体会数据库设计到构建的全过程。

12 第12章 仓库管理系统编码实现

前面针对仓库管理这一问题做了大量的分析工作，现在只要通过集成开发平台，利用开发语言将前面设计出来的功能一一实现即可。

扫一扫右方的二维码可以在线观看学习 Eclipse、JDK 的安装和环境配置视频。

12.1 实体类的编码实现

实体类是一个系统的基础，它用于记录各部分主要的数据信息，并存入数据库中。WMS 的数据库持久层使用了 Hibernate 框架，这使得 WMS 的实体类对应的就是它的数据库表，前面看到了 WMS 共有 8 张数据库表，对应就会有 8 个实体类，这 8 个实体类的具体实现如表 12.1 ~ 表 12.8 所示。

表12.1　商品信息实体类

类　名	Goods
对应数据库表名	T_Goods
简述	商品信息实体类用于存放系统中输入的商品信息，该实体类与规格信息实体类存在一对多的关系

字段	//名称
	private String name;
	//数量
	privateDouble amount;
	//规格
	@ManyToOne
	private Unit unit;
	//单价
	privateDouble price;
	//订单页手动输入单价

续表

<table>
<tr><th>类　名</th><th>Goods</th></tr>
<tr><td>字段</td><td><pre>privateDouble InputPrice;
//阈值
private Integer warringAmount;
//备注
private String Remark;
//状态，0 删除，1 正常
private Integer status;</pre></td></tr>
<tr><td>方法</td><td><pre>public String getName()
{
	return name;
}

publicvoid setName(String name)
{
	this.name = name;
}

publicDouble getAmount()
{
	return amount;
}

publicvoid setAmount(Double amount)
{
	this.amount = amount;
}

public Unit getUnit()
{
	return unit;
}

publicvoid setUnit(Unit unit)
{
	this.unit = unit;
}

publicDouble getPrice()
{
	return price;
}

publicvoid setPrice(Double price)</pre></td></tr>
</table>

续表

<table>
<tr><th>类　名</th><th>Goods</th></tr>
<tr><td>方法</td><td><pre>{
    this.price = price;
}

publicDouble getInputPrice()
{
    return InputPrice;
}

publicvoid setInputPrice(Double inputPrice)
{
    InputPrice = inputPrice;
}

public Integer getWarringAmount()
{
    return warringAmount;
}

publicvoid setWarringAmount(Integer warringAmount)
{
    this.warringAmount = warringAmount;
}

public String getRemark()
{
    return Remark;
}

publicvoid setRemark(String remark)
{
    Remark = remark;
}

public Integer getStatus()
{
    return status;
}

publicvoid setStatus(Integer status)
{
    this.status = status;
}</pre></td></tr>
</table>

表12.2 银行信息（收款账号）实体类

类 名	Bank
对应数据库表名	T_Bank
简述	银行信息实体类用于存放系统中输入的收款账号信息

字段	//银行名称
	private String bank;
	//开户名
	private String name;
	//账号
	private String num;
	//备注
	private String remark;
	//状态
	private Integer status;

方法	public String getBank()
	{
	    return bank;
	}
	
	publicvoid setBank(String bank)
	{
	    this.bank = bank;
	}
	
	public String getName()
	{
	    return name;
	}
	
	publicvoid setName(String name)
	{
	    this.name = name;
	}
	
	public String getNum()
	{
	    return num;
	}
	
	publicvoid setNum(String num)
	{
	    this.num = num;
	}

续表

<table>
<tr><th>类　名</th><th>Bank</th></tr>
<tr><td>方法</td><td><pre>public String getRemark()
{
    return remark;
}

publicvoid setRemark(String remark)
{
    this.remark = remark;
}

public Integer getStatus()
{
    return status;
}

publicvoid setStatus(Integer status)
{
    this.status = status;
}</pre></td></tr>
</table>

表12.3　客户信息实体类

<table>
<tr><th>类　名</th><th>Client</th></tr>
<tr><td>对应数据库表名</td><td>T_Client</td></tr>
<tr><td>简述</td><td>客户信息实体类用于存放系统中输入的客户信息</td></tr>
<tr><td>字段</td><td><pre>//客户名称
private String name;
//收货地址
private String address;
//联系电话
private String phone;
//备注
private String remark;</pre></td></tr>
<tr><td>方法</td><td><pre>public String getName()
{
    return name;
}

publicvoid setName(String name)
{
    this.name = name;
}</pre></td></tr>
</table>

续表

<table>
<tr><th>类 名</th><th>Client</th></tr>
<tr><td>方法</td><td><pre>public String getAddress()
{
    return address;
}

publicvoid setAddress(String address)
{
    this.address = address;
}

public String getPhone()
{
    return phone;
}

publicvoid setPhone(String phone)
{
    this.phone = phone;
}

public String getRemark()
{
    return remark;
}

publicvoid setRemark(String remark)
{
    this.remark = remark;
}</pre></td></tr>
</table>

表12.4 联系方式实体类

<table>
<tr><th>类 名</th><th>Phone</th></tr>
<tr><td>对应数据库表名</td><td>T_Phone</td></tr>
<tr><td>简述</td><td>联系方式实体类用于存放系统中输入的联系方式</td></tr>
<tr><td>字段</td><td><pre>//号码
private String num;
//类型
private String type;
//状态
private Integer status;
//备注
private String remark;</pre></td></tr>
</table>

续表

<table>
<tr><th>类　名</th><th>Phone</th></tr>
<tr><td>方法</td><td><pre>public String getNum()
{
    return num;
}

publicvoid setNum(String num)
{
    this.num = num;
}

public String getType()
{
    return type;
}

publicvoid setType(String type)
{
    this.type = type;
}

public Integer getStatus()
{
    return status;
}

publicvoid setStatus(Integer status)
{
    this.status = status;
}

public String getRemark()
{
    return remark;
}

publicvoid setRemark(String remark)
{
    this.remark = remark;
}</pre></td></tr>
</table>

表12.5　规格信息实体类

类　名	Unit
对应数据库表名	T_Unit

续表

类　名	Unit
简述	规格信息实体类用于存放系统中输入的规格信息。该实体类与商品信息实体类有一对多的关系

字段	//规格名称
	private String name;
	//规格数量
	private String amount;
	//规格单位
	private String unit;
	//备注
	private String remark;
	//状态
	private Integer status;

方法	public String getName()
	{
	    return name;
	}
	
	publicvoid setName(String name)
	{
	    this.name = name;
	}
	
	public String getAmount()
	{
	    return amount;
	}
	
	publicvoid setAmount(String amount)
	{
	    this.amount = amount;
	}
	
	public String getUnit()
	{
	    return unit;
	}
	
	publicvoid setUnit(String unit)
	{
	    this.unit = unit;
	}
	
	public String getRemark()

续表

<table>
<tr><th>类　名</th><th>Unit</th></tr>
<tr><td>方法</td><td><pre>{
    return remark;
}

publicvoid setRemark(String remark)
{
    this.remark = remark;
}

public Integer getStatus()
{
    return status;
}

publicvoid setStatus(Integer status)
{
    this.status = status;
}</pre></td></tr>
</table>

表12.6　出货商品信息实体类

<table>
<tr><th>类　名</th><th>OutGoods</th></tr>
<tr><td>对应数据库表名</td><td>T_OutGoods</td></tr>
<tr><td>简述</td><td>出货商品信息实体类用于存放系统在创建订单时生成的出货商品。该实体类与商品信息实体类有一对一的关系</td></tr>
<tr><td>字段</td><td><pre>//商品
@OneToOne
private Goods goods;
//数量
private Integer amount;
//金额
privateDouble money;</pre></td></tr>
<tr><td>方法</td><td><pre>public Goods getGoods()
{
    return goods;
}

publicvoid setGoods(Goods goods)
{
    this.goods = goods;
}

public Integer getAmount()</pre></td></tr>
</table>

续表

类　名	OutGoods

方法	{
	    return amount;
	}
	
	publicvoid setAmount(Integer amount)
	{
	    this.amount = amount;
	}
	
	publicDouble getMoney()
	{
	    return money;
	}
	
	publicvoid setMoney(Double money)
	{
	    this.money = money;
	}

表12.7 出货记录实体类

类　名	OutRecord
对应数据库表名	T_OutRecord
简述	出货记录实体类用于存放系统生成的历史订单。该实体类与商品信息实体类有一对一的关系，与出货商品实体类有一对多的关系，与客户信息实体类有一对一的关系

字段	//出货单号
	private String code;
	//商品列表
	@OneToMany(cascade={javax.persistence.CascadeType.REMOVE})
	private List outGoodses;
	//合计数量
	private Integer sum_amount;
	//合计金额
	privateDouble sum_money;
	//大写合计金额
	private String sum_money_str;
	//客户信息
	@OneToOne
	private Client client;
	//订单日期
	private String date;

续表

<table>
<tr><th>类　名</th><th>OutRecord</th></tr>
<tr><td>字段</td><td><pre>//付款方式
private String status;
//备注
private String remark;</pre></td></tr>
<tr><td>方法</td><td><pre>public String getCode()
{
    return code;
}

publicvoid setCode(String code)
{
    this.code = code;
}

public List getOutGoodses()
{
    return outGoodses;
}

publicvoid setOutGoodses(List outGoodses)
{
    this.outGoodses = outGoodses;
}

public Integer getSum_amount()
{
    return sum_amount;
}

publicvoid setSum_amount(Integer sum_amount)
{
    this.sum_amount = sum_amount;
}

publicDouble getSum_money()
{
    return sum_money;
}

publicvoid setSum_money(Double sum_money)
{
    this.sum_money = sum_money;
}</pre></td></tr>
</table>

续表

<table>
<tr><th>类 名</th><th>OutRecord</th></tr>
<tr><td>方法</td><td><pre>public String getSum_money_str()
{
    return sum_money_str;
}

publicvoid setSum_money_str(String sum_money_str)
{
    this.sum_money_str = sum_money_str;
}

public Client getClient()
{
    return client;
}

publicvoid setClient(Client client)
{
    this.client = client;
}

public String getDate()
{
    return date;
}

publicvoid setDate(String date)
{
    this.date = date;
}

public String getStatus()
{
    return status;
}

publicvoid setStatus(String status)
{
    this.status = status;
}

public String getRemark()
{
    return remark;
}</pre></td></tr>
</table>

续表

类　名	OutRecord

方法	publicvoid setRemark(String remark)
	{
	　　this.remark = remark;
	}

表12.8　补货记录实体类

类　名	Stock
对应数据库表名	T_Stock
简述	补货记录实体类用于存放商品信息补货的历史记录

字段	//商品名称
	private String name;
	//补货数量
	private String amount;
	//规格
	private String unit;
	//补货时间
	private String time;

方法	public String getName()
	{
	　　return name;
	}
	
	publicvoid setName(String name)
	{
	　　this.name = name;
	}
	
	public String getAmount()
	{
	　　return amount;
	}
	
	publicvoid setAmount(String amount)
	{
	　　this.amount = amount;
	}
	
	public String getUnit()
	{
	　　return unit;
	}

续表

类　名	Stock

方法	publicvoid setUnit(String unit)
	{
	　　this.unit = unit;
	}
	
	public String getTime()
	{
	　　return time;
	}
	
	publicvoid setTime(String time)
	{
	　　this.time = time;
	}

12.2 业务功能的编码实现

前面讲解了实体类的编码实现，下面介绍第 10 章中的功能设计是如何实现的。这里主要讲解后台的处理逻辑。

在学习功能编码时读者一定会问，为什么还要加一个服务层，直接控制层和持久层交互不就好了？或者说直接在控制层操作数据库，为什么要加服务层和持久层？WMS 在开发设计时使用了 Spring MVC 结构，MVC 把后台分成了 3 个层次，以保证代码的可读性、可维护性以及低耦合性。如果把三个层的代码全写在一起，在技术层面上说是完全可以的，但它不会是一个好的编码实现方法，因为在后期维护时会非常麻烦，程序的耦合性会很高，有一处改动时可能要连带改其他 *N* 处，而且写在一起也不利于共用功能方法。

在学习功能的具体实现前，我们先简单了解什么是 MVC，什么是 Spring MVC。MVC（Model View Controller）是模型（Model）、视图（View）、控制器（Controller）的缩写，如此划分一个 Web 有助于管理复杂的应用程序。因为用户可以在一个时间内专门关注一个方面。例如，可以在不依赖业务逻辑的情况下专注于视图设计。同时也让应用程序的测试更加容易。而且简化了开发，不同的开发人员可以同时开发视图、控制器逻辑和业务逻辑。MVC 模式或者框架诞生于 1982 年，这一经典框架一直使用至今，Spring 延续了这一经典框架。在 Spring MVC 中，第一个接受这个请求的前端控制器叫 DispatcherServlet，后端控制器叫 Controller。负责处理请求 URL 和后端控制器映射的为 HandMapping，它有多种类型，比较灵活，也是在一个 XML 文件上进行配置。负责业务逻辑处理的模型对象一般也是我们平常写的 DAO/DTO 组件，只是它最后的返回更灵活。Controller 返回一个 ModelAndView 对象给 DispatcherServlet，ModelAndView 可以携带一个视图对象，也可以携带一个视图对象的逻辑名。如果携带的是一个视图对象的逻辑名，DispatcherServlet 就需要一个 ViewResolver 来查找用于渲染回应的视图对象。最后，DispatcherServlet 将请求分派给 ModelAndView 对象指定的视图对象。视图对象负责渲染返回给客户的回应。

在 Spring MVC 中常用的注解有：@Controller（控制层）、@Service（服务层）、@Repository（持久层）等。

被@Controller 注解的 Class 可以理解为入口类，它用来接收 DispatcherServlet 传过来的请求。

被@Service 注解的类是一个中间件，用于联接被@Controller 和@Repository 注解的类，在实际开发中，这个中间层完全可以不用，直接在控制层中引入持久层是可以的，但非常不建议这么做，服务层的存在对解耦有很大帮助，服务层中的方法通常用来实现一些处理逻辑，它们可以是通用的，比如，对一个 List 进行排序时，它可以通过@Autowire 引入任何控制层或者服务层中，从而大大提高代码的重用性，如果需要修改这个对 List 进行排序的方法，只要修改服务层中的方法就可以了，无需修改每个地方，这也大大减少了工作量，服务层通过@Autowire 引入持久层，并通过持久层的方法与数据库交互，因此这个中间层最好不要省略。

被@Repository 注解的类用来和数据库进行交互，此处直接与数据库进行交互，SQL 语句多数都写在这里，其他类可以使用注解@Autowire 来直接引入持久层类，并通过相应方法与数据库发生交互。

Spring 中还有很多内容，此处只简单介绍 Spring MVC，这样读者在看下面的代码时不至于无法理解，同时带着对 Spring MVC 的初步认识看下面的代码，会让读者对 MVC 及 Spring MVC 有认知上的理解，最终能够理解为什么要分层，对程序有什么样的帮助，理解这些对实际的开发工作会有很大帮助。下面的实现代码中还用到了@RequestMapping 和@ResponseBody 注释。@RequestMapping 来标记路径，以便让 DispatcherServlet 通过这个唯一的路径找到处理某个请求的 Class，而@ResponseBody 则用来表示控制层方法返回值的类型、视图或文本等。

12.2.1 商品清单

商品清单主要用于查询商品，其具体实现如表 12.9 所示。

表12.9 商品清单编码实现

功能名称	商品清单
功能目标	根据过滤条件获取目标记录结果集
实现逻辑	在页面中设定了 3 个条件录入框：名称、规格、单价和一个列表，用户输入 3 个查询条件中的任意一个均可，然后在单击“查询”按钮时，由页面 JS 方法获取用户录入的查询条件，通过 URL 传递到后台，后台将这些参数拼装成一个 SQL 查询语句并执行，以模糊查询的方式获取相应结果集，然后逐层返回到显示层，最后刷新页面，显示结果记录

控制层	页面通过 URL 将参数传到后台的控制层，控制层方法接收参数，做相应处理
	@RequestMapping(value={"/commodityList/list"})
	public String list(Page page, String name, String unit, Double price, Integer warringAmount, Integer pageNo, ModelMap modelMap)
	{
	    if(null != pageNo)
	        page.setPageNo(pageNo.intValue());

续表

功能名称	商品清单

控制层	page = goodsService.getGoodsList(page, name, unit, price, warringAmount);
	modelMap.addAttribute("page", page);
	modelMap.addAttribute("name", name);
	modelMap.addAttribute("unit", unit);
	modelMap.addAttribute("price", price);
	modelMap.addAttribute("warringAmount", warringAmount);
	return "/commodityList/list";
	}

服务层	控制层调用服务层的方法将参数传递到服务层，并做相应处理
	public Page getGoodsList(Page page, String name, String unit, Double price, Integer warringAmount)
	{
	return goodsDao.getGoodsList(page, name, unit, price, warringAmount);
	}

持久层	服务层调用持久层的方法，将用户录入的参数传递到持久层，完成最后的查询功能
	public Page getGoodsList(Page page, String name, String unit, Double price, Integer warringAmount)
	{
	String hql = "FROM Goods where status=0 ";
	if(null != name && !"".equals(name))
	hql = (new StringBuilder()).append(hql).append(" AND name LIKE '%").append(name).append("%'").toString();
	if(null != unit && !"".equals(unit))
	hql = (new StringBuilder()).append(hql).append(" AND unit.name LIKE '%").append(unit).append("%'").toString();
	if(null != price)
	hql = (new StringBuilder()).append(hql).append(" AND price = ").append(price).toString();
	if(null != warringAmount)
	hql = (new StringBuilder()).append(hql).append(" AND warringAmount = ").append(warringAmount).toString();
	return findPageByHql(page, hql, new Object[0]);
	}

12.2.2 商品出货

商品出货作为核心功能，包含很多查询、数据转换的方法，这就要求在编码实现时做好解释工作，具体实现如表 12.10 所示。

表12.10　商品出货编码实现

功能名称	商品出货
功能目标	部分数据项需要根据用户输入的模糊条件进行检索； 将完整的出货订单保存到数据库中

续表

功能名称	商品出货
实现逻辑	在页面上设定了7个文本框体和一个下拉列表框，分别用来填写客户名称（文本输入）、付款方式（下拉选择）、合计数量（文本显示）、合计金额（文本显示）、大写金额（文本显示）、订单日期（文本显示）、收货地址（文本输入）、备注（文本输入）。其中，付款方式下拉列表框的内容是固化在下拉列表框中的；合计数量、合计金额、大写金额要求根据用户对具体商品信息的操作计算后自动填入；订单日期在页面加载时自动写入。在这些框体的下面是一个只有表头的空白表格及一个“添加商品”按钮，表头包含“名称”“库存”“规格”“单价”“数量”“金额”“操作”，单击按钮后在下方空白处自动添加一个空的数据行，其中名称输入框要求根据用户输入动态模糊查询相关商品信息，在成功读取后自动填写库存、规格、单价信息，用户输入的数量不可大于库存数量，单价可自由修改，在用户完成对数量和单价的操作后，自动对合计数量、合计金额、大写金额做出相应的修正操作
控制层	因为商品出货的验证比较多，所以于其他模块的控制层也会有一些交互，具体如下。

客户动态获取

```
@RequestMapping(value={"/base/client/autoShowClient"})
publicvoid autoShowClient(HttpServletRequest request, HttpServletResponse response)
        throws IOException
{
        String name = request.getParameter("q").toString();
        StringBuffer json = new StringBuffer();
        List clientList = clientService.autoShowClient(name);
        if(0 != clientList.size())
        {
                for(Client c : clientList){
                        json.append("{text:'"+c.getName()+"', "+
                                        "id:'"+c.getId()+"', "+
                                        "address:'"+c.getAddress()+"', "+
                                        "name:'"+c.getName()+"'}\n”);
                {
        }
        response.getWriter().write(json.toString());
}
```

商品信息动态获取

```
@RequestMapping(value={"/base/goods/autoShowGoods"})
publicvoid autoShowGoods(HttpServletRequest request, HttpServletResponse response)
        throws IOException
{
        String name = request.getParameter("q").toString();
        StringBuffer json = new StringBuffer();
        List goodsList = goodsService.autoShowGoods(name);
        DecimalFormat df = new DecimalFormat("#");
        DecimalFormat df_f = new DecimalFormat("#.00");
        if(0 != goodsList.size())
```

续表

功能名称	商品出货

控制层	<pre>{
	    for(Goods g : goodsList)
	    {
	        if(null != g.getPrice())
	            json.append((new StringBuilder()).append("{text:'").append(g.getName()).append("',").append("id:'").append(g.getId()).append("',").append("unit:'").append(g.getUnit().getName()).append("(").append(g.getUnit().getAmount()).append("/").append(g.getUnit().getUnit()).append(")',").append("amount:'").append(df.format(g.getAmount())).append("',").append("price:'").append(df_f.format(g.getPrice())).append("',").append("name:'").append(g.getName()).append("'}\n").toString());
	        else
	
	    json.append((newStringBuilder()).append("{text:'").append(g.getName()).append("',").append("id:'").append(g.getId()).append("',").append("unit:'").append(g.getUnit().getName()).append("(").append(g.getUnit().getAmount()).append("/").append(g.getUnit().getUnit()).append(")',").append("amount:'").append(df.format(g.getAmount())).append("',").append("name:'").append(g.getName()).append("'}\n").toString());
	    }
	
	}
	response.getWriter().write(json.toString());
	}</pre>数字金额转为汉字金额<pre>@RequestMapping(value={"/outRecord/getMoneyStr"})
	@ResponseBody
	public String getMoneyStr(String num)
	{
	    if("0".equals(num))
	        return "";
	    else
	        return outRecordService.getMoneyStr(num);
	}</pre>保存出货单<pre>@RequestMapping(value={"/outRecord/save"})
	@ResponseBody
	public String save(OutRecord outRecord)
	{
	    SimpleDateFormat sdf = new SimpleDateFormat("yyMMddHHmmssSSS");
	    String msg;
	    try
	    {
	        outRecord.setCode(sdf.format(new Date()));
	        if(0 == outRecord.getClient().getId().length())
	            outRecord.setClient(null);</pre>

续表

功能名称	商品出货

控制层

```
            for(OutRecord o : outRecord.getOutGoodses())
            {
                if(null!=o.getAmount() && !"".equals(o.getAmount()))
                    outGoodsService.saveOutGoods(o);
            }
            for(int i = 0; i < outRecord.getOutGoodses().size();)
                if(null == ((OutGoods)outRecord.getOutGoodses().get(i)).getAmount())
                {
                    outRecord.getOutGoodses().remove(i);
                    i = 0;
                } else
                {
                    i++;
                }

            outRecordService.save(outRecord);
            msg = outRecord.getId();
        }
        catch(Exception e)
        {
            msg = "error";
            e.printStackTrace();
        }
        return msg;
}
```

打印出货单

```
@RequestMapping(value={"/outRecord/print"})
public String pring(ModelMap modelMap, String id)
{
    OutRecord outRecord = (OutRecord)outRecordService.findById(id);
    modelMap.addAttribute("outRecord", outRecord);
    modelMap.addAttribute("bank", bankService.getPrientBankList());
    modelMap.addAttribute("phone", phoneService.getPrintPhoneList());
    return "/outRecord/print";
}
```

服务层

客户动态获取

```
public List autoShowClient(String name)
{
    return clientDao.autoShowClient(name);
}
```

商品信息动态获取

```
public List autoShowGoods(String name)
{
```

续表

<table>
<tr><th>功能名称</th><th>商品出货</th></tr>
<tr><td>服务层</td><td>return goodsDao.autoShowGoods(name);
}

数字金额转为汉字金额
public String getMoneyStr(String num)
{
Map map_num = new HashMap();
map_num.put("0", "零");
map_num.put("1", "壹");
map_num.put("2", "贰");
map_num.put("3", "叁");
map_num.put("4", "肆");
map_num.put("5", "伍");
map_num.put("6", "陆");
map_num.put("7", "柒");
map_num.put("8", "捌");
map_num.put("9", "玖");
Map map_place = new HashMap();
map_place.put(Integer.valueOf(2), "拾");
map_place.put(Integer.valueOf(3), "佰");
map_place.put(Integer.valueOf(4), "仟");
String money = "";
if(null != num && 0 != num.length())
{
String numSplit[] = num.split("\\.");
if(8 < numSplit[0].length())
return "数值过大!";
char num_str[] = numSplit[0].toCharArray();
for(int i = 0; i < num_str.length – 4; i++)
{
if(i != 0 && "0".equals((new StringBuilder()).append(num_str[i]).append("").toString()) && "0".equals((new StringBuilder()).append(num_str[i - 1]).append("").toString()))
continue;
money = (new StringBuilder()).append(money).append(map_num.get((new StringBuilder()).append(num_str[i]).append("").toString())).toString();
if(!"0".equals((new StringBuilder()).append(num_str[i]).append("").toString()) &&null != map_place.get(Integer.valueOf(num_str.length – 4 – i)))
money = (new StringBuilder()).append(money).append(map_place.get(Integer.valueOf(num_str.length – 4 – i))).toString();
}</td></tr>
</table>

续表

<table>
<tr><th>功能名称</th><th>商品出货</th></tr>
<tr><td>服务层</td><td><pre>
        if(0 != money.length() && "零".equals(money.substring(money.length() – 1, money.length())))
            money = money.substring(0, money.length() – 1);
        if(0 != money.length())
            money = (new StringBuilder()).append(money).append("万").toString();
        for(int i = num_str.length < 4 ? 0 : num_str.length – 4; i < num_str.length; i++)
        {
            if(i != 0 && "0".equals((new StringBuilder()).append(num_str[i]).append("").toString()) && "0".equals((new StringBuilder()).append(num_str[i – 1]).append("").toString()))
                continue;
            money = (new StringBuilder()).append(money).append(map_num.get((new StringBuilder()).append(num_str[i]).append("").toString())).toString();
            if(!"0".equals((new StringBuilder()).append(num_str[i]).append("").toString()) &&null != map_place.get(Integer.valueOf(num_str.length - i)))
                money = (new StringBuilder()).append(money).append(map_place.get(Integer.valueOf(num_str.length - i))).toString();
        }

        if(0 != money.length() && "零".equals(money.substring(money.length() – 1, money.length())))
            money = money.substring(0, money.length() – 1);
        if(0 != money.length())
            money = (new StringBuilder()).append(money).append("元").toString();
        if(1 < numSplit.length)
        {
            num_str = numSplit[1].toCharArray();
            if(1 < num_str.length)
            {
                money = (new StringBuilder()).append(money).append(map_num.get((new StringBuilder()).append(num_str[0]).append("").toString())).append(" 角").toString();
                money = (new StringBuilder()).append(money).append(map_num.get((new StringBuilder()).append(num_str[1]).append("").toString())).append(" 分").toString();
            } else
            {
                money = (new StringBuilder()).append(money).append(map_num.get((new StringBuilder()).append(num_str[0]).append("").toString())).append(" 角").toString();
            }
        }
    }
</pre></td></tr>
</table>

续表

<table>
<tr><th>功能名称</th><th>商品出货</th></tr>
<tr><td>服务层</td><td><pre>
    if("壹".equals(money.substring(0, 1)) && "拾".equals(money.substring(1, 2)))
        return money.substring(1, money.length());
    else
        return money;
}
保存出货单
publicvoid saveOutGoods(OutGoods outGoods)
{
    goodsService.editAmount(outGoods.getGoods().getId(), outGoods.getAmount());
    goodsService.editPrice(outGoods.getGoods().getId(),
outGoods.getGoods().getPrice());
    outGoodsDao.save(outGoods);
}

publicvoid editAmount(String id, Integer amount)
{//减少商品库存
    goodsDao.editAmount(id, amount);
}

publicvoid editPrice(String id, Double price)
{//根据手动输入的单价修改单价
    goodsDao.editPrice(id, price);
}
打印出货单
@RequestMapping(value={"/outRecord/print"})
public String pring(ModelMap modelMap, String id)
{//打印出货单
    OutRecord outRecord = (OutRecord)outRecordService.findById(id);
    modelMap.addAttribute("outRecord", outRecord);
    modelMap.addAttribute("bank", bankService.getPrientBankList());
    modelMap.addAttribute("phone", phoneService.getPrintPhoneList());
    return "/outRecord/print";
}
public List getPrintPhoneList()
{//获取默认电话
    return phoneDao.getPrintPhoneList();
}
public List getPrientBankList()
{//获取默认银行信息
    return bankDao.getPrientBankList();
}
</pre></td></tr>
</table>

续表

<table>
<tr><th>功能名称</th><th>商品出货</th></tr>
<tr><td>持久层</td><td>客户动态获取
public List autoShowClient(String name)
{
String hql = (new StringBuilder()).append("FROM Client where name LIKE '%").append(name).append("%'").toString();
return findByHql(hql, new Object[0]);
}
商品信息动态获取
public List autoShowGoods(String name)
{
String hql = (new StringBuilder()).append("FROM Goods where status='0' and name LIKE '%").append(name).append("%'").toString();
return findByHql(hql, new Object[0]);
}
保存出货单
publicvoid editAmount(String id, Integer amount)
{
String hql = (new StringBuilder()).append("update Goods set amount = amount - ").append(amount).append(" where id = '").append(id).append("'").toString();
execute(hql, new Object[0]);
}
publicvoid editPrice(String id, Double price)
{//根据手动输入的单价来修改单价
String hql = (new StringBuilder()).append("update Goods set price = ").append(price).append(" where id = '").append(id).append("'").toString();
execute(hql, new Object[0]);
}
打印出货单
public List getPrientBankList()
{//获取默认银行信息
String hql = "FROM Bank where 1=1 ";
return findByHql(hql, new Object[0]);
}
public List getPrintPhoneList()
{//获取默认电话信息
String hql = "FROM Phone where status=1 ";
return findByHql(hql, new Object[0]);
}</td></tr>
</table>

12.2.3 出货记录

WMS 每生成一张出货订单，就会有一条相应的记录，以便日后核对、补打使用，具体实现如表 12.11 所示。

表12.11　出货记录编码实现

<table>
<tr><th>功能名称</th><th>出货记录</th></tr>
<tr><td>功能目标</td><td>通过用户输入的查询条件找到目标记录。
支持执行详情操作，查看具体的出货单内容，具体内容与创建出货时完全相同。
支持用户删除相应记录</td></tr>
<tr><td>实现逻辑</td><td>在主页面上有 4 个条件查询框和一个列表，用户录入查询条件，系统将其传入后台，后台根据查询条件在数据库中查找对应记录，然后在页面的列表中显示。在找到目标记录后，系统支持用户做查看详情和删除操作，如果是查看详情操作，则将对应记录在数据库中的唯一 ID 传到后台，后台使用该 ID 找到相应记录的详细信息并返回，前台则打开一个页面来显示相应信息，信息内容与该出货单创建时相同</td></tr>
<tr><td>控制层</td><td>查询

```
@RequestMapping(value={"/outRecord/list"})
public String list(Page page, String code, String client, String address, String date, ModelMap modelMap, Integer pageNo)
{
    if(null != pageNo)
        page.setPageNo(pageNo.intValue());
    page = outRecordService.getOutRecordList(page, code, client, address, date);
    modelMap.addAttribute("page", page);
    modelMap.addAttribute("code", code);
    modelMap.addAttribute("client", client);
    modelMap.addAttribute("address", address);
    modelMap.addAttribute("date", date);
    return "/outRecord/list";
}
```

删除

```
@RequestMapping(value={"/outRecord/delete"})
@ResponseBody
public String delete(String selectID[])
{
    String msg = "ok";
    String ids = "";
    try
    {
        String arr$[] = selectID;
        int len$ = arr$.length;
        for(int i$ = 0; i$ < len$; i$++)
        {
            String id = arr$[i$];
            OutRecord outRecord = (OutRecord)outRecordService.findById(id);
            for(Iterator i$ = outRecord.getOutGoodses().iterator(); i$.hasNext();)
            {
                OutGoods outGoods = (OutGoods)i$.next();
                ids = (new StringBuilder()).append(ids).append("'").append(outGoods.
getId()).append("',").toString();
```

</td></tr>
</table>

续表

<table>
<tr><th>功能名称</th><th>出货记录</th></tr>
<tr><td>控制层</td><td><pre>
                }

                outRecordService.deleteById(id);
                outGoodsService.deleteOutGoods(ids.substring(0, ids.length() - 1));
                ids = "";
            }

        }
        catch(Exception e)
        {
            msg = "error";
            e.printStackTrace();
        }
        return msg;
}
详细操作
@RequestMapping(value={"/outRecord/detail"})
public String detail(ModelMap modelMap, String id)
{
        OutRecord outRecord = (OutRecord)outRecordService.findById(id);
        modelMap.addAttribute("outRecord", outRecord);
        return "/outRecord/detail";
}
</pre></td></tr>
<tr><td>服务层</td><td><pre>
查询
public Page getOutRecordList(Page page, String code, String client, String address, String
date)
{
        return outRecordDao.getOutRecordList(page, code, client, address, date);
}
删除
publicvoid deleteOutGoods(String ids)
{
        outGoodsDao.deleteOutGoods(ids);
}
</pre></td></tr>
<tr><td>持久层</td><td><pre>
查询
public Page getOutRecordList(Page page, String code, String client, String address, String
date)
{
        String hql = "FROM OutRecord where 1=1 ";
        if(null != code && !"".equals(code))
                hql = (new StringBuilder()).append(hql).append(" AND code LIKE '%").append
(code).append("%'").toString();
        if(null != client && !"".equals(client))
</pre></td></tr>
</table>

续表

<table>
<tr><th>功能名称</th><th>出货记录</th></tr>
<tr><td>持久层</td><td><pre>   hql = (new StringBuilder()).append(hql).append(" AND client.name LIKE '%").
append(client).append("%'").toString();

    if(null != address && !"".equals(address))
        hql = (newStringBuilder()).append(hql).append(" AND client.address LIKE '%").
append(address).append("%'").toString();
    if(null != date && !"".equals(date))
        hql = (new StringBuilder()).append(hql).append(" AND date = '").append
(date).append("'").toString();
    return findPageByHql(page, hql, new Object[0]);
}
删除
publicvoid deleteOutGoods(String ids)
{
    String hql = (new StringBuilder()).append(" delete from OutGoods where id in (").
append(ids).append(")").toString();
    execute(hql, new Object[0]);
}</pre></td></tr>
</table>

12.2.4　进货记录

基础数据的商品信息子模块，每做一次补货操作，就会有一条对应记录，以便管理人员进行盘算或核对，具体实现如表 12.12 所示。

表12.12　进货记录编码实现

<table>
<tr><th>功能名称</th><th>进货记录</th></tr>
<tr><td>功能目标</td><td>根据用户输入的条件找到目标记录
支持用户删除对应的目标记录</td></tr>
<tr><td>实现逻辑</td><td>页面上有 4 个查询框体和一个列表，用户输入查询条件并单击“查询”按钮，系统从后台数据库中找到相应记录并展示在页面列表中，用户可以选择删除目标记录，如果要删除的话，在用户选择删除操作后将对应记录传到系统后台，根据唯一 ID 从数据库中删除对应记录</td></tr>
<tr><td>控制层</td><td><pre>查询
@RequestMapping(value={"/stock/list"})
public String list(Page page, ModelMap modelMap, String name, String amount, String
unit, String time, Integer pageNo)
{
    if(null != pageNo)
        page.setPageNo(pageNo.intValue());
    page = stockService.getStockPage(page, name, amount, unit, time);
    modelMap.addAttribute("page", page);
    modelMap.addAttribute("name", name);
    modelMap.addAttribute("amount", amount);</pre></td></tr>
</table>

续表

功能名称	进货记录

控制层	modelMap.addAttribute("unit", unit);
	modelMap.addAttribute("time", time);
	return "/stock/list";
	}
	删除
	@RequestMapping(value={"/stock/delete"})
	@ResponseBody
	public String delete(String selectID[])
	{
	String msg = "ok";
	try
	{
	String arr$[] = selectID;
	int len$ = arr$.length;
	for(int i$ = 0; i$ < len$; i$++)
	{
	String id = arr$[i$];
	stockService.deleteById(id);
	}
	}
	catch(Exception e)
	{
	msg = "error";
	e.printStackTrace();
	}
	return msg;
	}

服务层	查询
	public Page getStockPage(Page page, String name, String amount, String unit, String time)
	{
	return stockDao.getStockPage(page, name, amount, unit, time);
	}

持久层	查询
	public Page getStockPage(Page page, String name, String amount, String unit, String time)
	{
	String hql = " FROM Stock where 1=1 ";
	if(null != name && !"".equals(name))
	hql = (new StringBuilder()).append(hql).append(" AND name LIKE '%").Append(name).append(“%’”).toString();
	if(null != amount && !”” .equals(amount))
	hql = (new StringBuilder()).append(hql).append(“ AND amount = “).

续表

功能名称	进货记录

持久层	append(amount).toString();
	if(null != unit && !"".equals(unit))
	hql = (new StringBuilder()).append(hql).append(" AND unit LIKE &%").append(unit).append("%'").toString();
	if(null != time && !"".equals(time))
	hql = (new StringBuilder()).append(hql).append(" AND time = '").append(time).append("'").toString();
	return findPageByHql(page, hql, new Object[0]);
	}

12.2.5 库存盘点

管理员时刻掌握库存商品的数量状态，是很有必要的。库存盘点功能通过商品入库时填写的阈值来进行标红预警提示，其具体实现如表 12.13 所示。

表12.13 库存盘点编码实现

功能名称	库存盘点
功能目标	根据查询条件找到目标记录，将库存数量低于阈值的记录的“数量”属性标红显示
实现逻辑	库存盘点和其他几个查询功能的本质是一样的，在主页面设有 6 个查询条件框体，分别是：“名称”“数量”“规格”“单价”“阈值”“状态”，通过用户录入的查询条件从后台数据库中找到对应目标记录并返回前台页面，而前台页面不仅要展示返回后的记录，还要将数量小于阈值的记录的“数量”属性标记成红色。 值得注意的是，查询条件中的“状态”只有两种：“低于阈值”和“高于阈值”

控制层	@RequestMapping(value={"/storageState/list"})
	public String list(Page page, String name, String amount, String unit, String price, String warringAmount, String state,
	Integer pageNo, ModelMap modelMap)
	{
	if(null != pageNo)
	page.setPageNo(pageNo.intValue());
	if(null == state)
	state = "\u4F4E\u4E8E\u9608\u503C";
	page = storageStateService.getStorageState(page, name, amount, unit, price, warringAmount, state);
	modelMap.addAttribute("page", page);
	modelMap.addAttribute("name", name);
	modelMap.addAttribute("amount", amount);
	modelMap.addAttribute("unit", unit);
	modelMap.addAttribute("price", price);
	modelMap.addAttribute("warringAmount", warringAmount);
	modelMap.addAttribute("state", state);
	return "/storageState/list";
	}

续表

功能名称	库存盘点

服务层	public Page getStorageState(Page page, String name, String amount, String unit, String price, String warringAmount, String state)
	{
	return storageStateDao.getStorageState(page, name, amount, unit, price, warringAmount, state);
	}

持久层	public Page getStorageState(Page page, String name, String amount, String unit, String price, String warringAmount, String state)
	{
	String hql = "FROM Goods where status=0 ";
	if(null != name && !"".equals(name))
	hql = (new StringBuilder()).append(hql).append(" AND name LIKE '%").append(name).append("%'").toString();
	if(null != amount && !"".equals(amount))
	hql = (new StringBuilder()).append(hql).append(" AND amount = ").append(amount).toString();
	if(null != unit && !"".equals(unit))
	hql = (new StringBuilder()).append(hql).append(" AND unit.name LIKE '%").append(unit).append("%'").toString();
	if(null != price && !"".equals(price))
	hql = (new StringBuilder()).append(hql).append(" AND price = ").append(price).toString();
	if(null != warringAmount && !"".equals(warringAmount))
	hql = (new StringBuilder()).append(hql).append(" AND warringAmount = ").append(warringAmount).toString();
	if(null != state && !"".equals(state))
	if("\u9AD8\u4E8E\u9608\u503C".equals(state))
	hql = (new StringBuilder()).append(hql).append(" AND amount> warringAmount").toString();
	else
	if("\u4F4E\u4E8E\u9608\u503C".equals(state))
	hql = (new StringBuilder()).append(hql).append(" AND amount<= warringAmount").toString();
	return goodsDao.findPageByHql(page, hql, new Object[0]);
	}

12.2.6 基础数据

基础数据为 WMS 提供了最基本的数据项，包括商品信息、规格信息、联系方式、收款账号、客户信息，这些基础数据项是保证 WMS 正常运行的基础。其具体的实现如表 12.14～表 12.18 所示。

表12.14 商品信息编码实现

功能名称	商品信息
功能目标	用户可以选择 4 种操作：添加、修改、查询、删除； 用户录入相应查询条件后，执行查询操作可以找到满足条件的目标记录；

续表

<table>
<tr><th>功能名称</th><th>商品信息</th></tr>
<tr><td>功能目标</td><td>在找到目标记录后可选择删除功能，将目标从数据库中删除；
也可以新添加一条记录；
还可以在找到目标记录后对其进行修改</td></tr>
<tr><td>实现逻辑</td><td>实现可分为两大部分：添加新记录和对已有记录的操作。
在主页面上有 4 个条件查询框：名称、规格、单价、阈值和一个列表，用户录入相应条件后，系统根据条件从后台数据库中找到相应记录并显示在主页面下方的列表中。
如果用户选择的是添加操作，则跳转至一个页面，该页面上有 6 个文本框，包括“名称”“数量”“规格”“单价”“阈值”“备注”。其中名称、数量、规格为必填项，规格是从规格信息中通过模糊查询提取到的。
用户也可以在找到目标记录后对其进行修改，单击“修改”按钮后将目标记录的唯一 ID 传到后台，通过数据库找到相应记录，并将该记录的详细信息返回到前台，前台打开一个新的页面，该页面上的元素与添加页面上的元素完全相同，用户可以修改已经加载的信息。
用户通过查询功能找到目标记录后，如果选择删除操作，则系统将对应记录的 ID 传至后台，并从数据库中删除对应记录</td></tr>
<tr><td>控制层</td><td>查询
public String list(Page page, String name, String unit, Double price, Integer warringAmount, Integer pageNo, ModelMap modelMap)
{
    if(null != pageNo)
        page.setPageNo(pageNo.intValue());
    page = goodsService.getGoodsList(page, name, unit, price, warringAmount);
    modelMap.addAttribute("page", page);
    modelMap.addAttribute("name", name);
    modelMap.addAttribute("unit", unit);
    modelMap.addAttribute("price", price);
    modelMap.addAttribute("warringAmount", warringAmount);
    return "/base/goods/list";
}
添加
@RequestMapping(value={"/base/goods/save"})
@ResponseBody
public String save(Goods goods)
{
    String msg = "ok";
    try
    {
        goodsService.save(goods);
    }
    catch(Exception e)</td></tr>
</table>

续表

功能名称	商品信息
控制层	（代码见下）

```
        {
            msg = "error";
            e.printStackTrace();
        }
        return msg;
}
修改
@RequestMapping(value={"/base/goods/update"})
@ResponseBody
public String update(Goods goods)
{
        String msg = "ok";
        try
        {
            goodsService.update(goods);
        }
        catch(Exception e)
        {
            msg = "error";
            e.printStackTrace();
        }
        return msg;
}
删除
public String delete(String selectID[])
{
        String msg = "ok";
        String ids = "";
        try
        {
            String arr$[] = selectID;
            int len$ = arr$.length;
            for(int i$ = 0; i$ < len$; i$++)
            {
                String id = arr$[i$];
                ids = (new StringBuilder()).append(ids).append("'").append(id).append
("',").toString();
            }

            goodsService.deleteGoods(ids.substring(0, ids.length() - 1));
        }
        catch(Exception e)
        {
            msg = "error";
```

续表

功能名称	商品信息

控制层	e.printStackTrace();
	    }
	    return msg;
	}
	补货
	@RequestMapping(value={"/base/goods/stock"})
	@ResponseBody
	public String stockGoods(String stockId, String stockNum)
	{
	    String msg = "ok";
	    try
	    {
	        goodsService.stockGoods(stockId, stockNum);
	    }
	    catch(Exception e)
	    {
	        msg = "error";
	        e.printStackTrace();
	    }
	    return msg;
	}

服务层	查询
	public Page getGoodsList(Page page, String name, String unit, Double price, Integer warringAmount)
	{
	    return goodsDao.getGoodsList(page, name, unit, price, warringAmount);
	}
	删除
	publicvoid deleteGoods(String ids)
	{
	    goodsDao.deleteGoods(ids);
	}
	补货
	publicvoid stockGoods(String id, String num)
	{
	    goodsDao.stockGoods(id, num);
	}

持久层	查询 public Page getGoodsList(Page page, String name, String unit, Double price, Integer warringAmount) { String hql = "FROM Goods where status=0 ";

续表

功能名称	商品信息

持久层	if(null != name && !"".equals(name))
	hql = (new StringBuilder()).append(hql).append(" AND name LIKE '%"). Append (name).append("%'").toString();
	if(null != unit && !"".equals(unit))
	hql = (new StringBuilder()).append(hql).append(" AND unit.name LIKE '%"). append(unit).append("%'").toString();
	if(null != price)
	hql = (new StringBuilder()).append(hql).append(" AND price = "). append(price). toString();
	if(null != warringAmount)
	hql = (new StringBuilder()).append(hql).append(" AND warringAmount = "). append(warringAmount).toString();
	return findPageByHql(page, hql, new Object[0]);
	}
	删除
	publicvoid deleteGoods(String ids)
	{
	if(null != ids && !"".equals(ids))
	{
	String hql = (new StringBuilder()).append(" update Goods set status='1' where id in (").append(ids).append(")").toString();
	execute(hql, new Object[0]);
	}
	}
	补货
	publicvoid stockGoods(String id, String num)
	{
	String hql = (new StringBuilder()).append(" update Goods set amount= ").append(num).append(" where id = '").append(id).append("'").toString();
	execute(hql, new Object[0]);
	}

表12.15 规格信息编码实现

功能名称	规格信息
功能目标	用户可以选择 4 种操作：添加、修改、查询、删除。 用户录入相应查询条件后，执行查询操作可以找到满足条件的目标记录； 在找到目标记录后，用户可以选择删除功能，将目标从数据库中删除； 也可以新添加一条记录； 还也可以在找到目标记录后对其进行修改
实现逻辑	实现可分为两大部分：添加新记录、对已有记录的操作。 在主页面上有 3 个条件查询框：名称、数量、单位和一个列表，用户录入相应条件后，系统根据条件通过后台从数据库中找到相应记录并显示在主页面下方的列表中。

续表

功能名称	规格信息
实现逻辑	如果用户选择的是添加操作，则跳转至一个页面，该页面上有 4 个文本框，包括："名称""数量""单位""备注"，其中名称、数量、单位为必填项。 用户也可以在找到目标记录后对其进行修改，单击"修改"按钮后将目标记录的唯一 ID 传到后台，通过数据库找到相应记录，并将该记录的详细信息返回到前台，前台打开一个新的页面，该页面上的元素和添加页面上的元素完全相同，用户可以修改已经加载的信息。 用户通过查询功能找到目标记录后，如果选择删除操作，则系统将对应记录的 ID 传至后台，并从数据库中删除相应记录

控制层	查询
	@RequestMapping(value={"/base/unit/list"})
	public String list(Page page, String name, String amount, String unit, Integer pageNo, ModelMap modelMap)
	{
	if(null != pageNo)
	page.setPageNo(pageNo.intValue());
	page = unitService.getUnitList(page, name, amount, unit);
	modelMap.addAttribute("page", page);
	modelMap.addAttribute("name", name);
	modelMap.addAttribute("amount", amount);
	modelMap.addAttribute("unit", unit);
	return "/base/unit/list";
	}
	添加
	@RequestMapping(value={"/base/unit/save"})
	@ResponseBody
	public String save(Unit unit)
	{
	String msg = "ok";
	try
	{
	unitService.save(unit);
	}
	catch(Exception e)
	{
	msg = "error";
	e.printStackTrace();
	}
	return msg;
	}
	删除
	
	@RequestMapping(value={"/base/unit/delete"})
	@ResponseBody

续表

<table>
<tr><th>功能名称</th><th>规格信息</th></tr>
<tr><td>控制层</td><td><pre>public String delete(String selectID[])
{
    String msg = "ok";
    String ids = "";
    try
    {
        for(String id : selectID)
        {
            ids+="'"+id+"',";
        }
        unitService.deleteUnit(ids.substring(0, ids.length() - 1));
    }
    catch(Exception e)
    {
        msg = "error";
        e.printStackTrace();
    }
    return msg;
}
修改
@RequestMapping(value={"/base/unit/update"})
@ResponseBody
public String update(Unit unit)
{
    String msg = "ok";
    try
    {
        unitService.update(unit);
    }
    catch(Exception e)
    {
        msg = "error";
        e.printStackTrace();
    }
    return msg;
}</pre></td></tr>
<tr><td>服务层</td><td><pre>查询
public Page getUnitList(Page page, String name, String amount, String unit)
{
    return unitDao.getUnitList(page, name, amount, unit);
}

删除</pre></td></tr>
</table>

续表

<table>
<tr><th>功能名称</th><th>规格信息</th></tr>
<tr><td>服务层</td><td>publicvoid deleteUnit(String ids)
{
    unitDao.deleteUnit(ids);
}</td></tr>
<tr><td>持久层</td><td>查询
public Page getUnitList(Page page, String name, String amount, String unit)
{
    String hql = "FROM Unit where status=0 ";
    if(name != null&& !"".equals(name))
        hql = (new StringBuilder()).append(hql).append(" AND name LIKE '%").append(name).append("%'").toString();
    if(amount != null&& !"".equals(amount))
        hql = (new StringBuilder()).append(hql).append(" AND amount = ").append(amount).toString();
    if(unit != null&& !"".equals(unit))
        hql = (new StringBuilder()).append(hql).append(" AND unit LIKE '%").append(unit).append("%'").toString();
    return findPageByHql(page, hql, new Object[0]);
}
删除
publicvoid deleteUnit(String ids)
{
    if(!"".equals(ids) && 0 != ids.length())
    {
        String hql = (new StringBuilder()).append("update Unit set status='1' where id in(").append(ids).append(")").toString();
        execute(hql, new Object[0]);
    }
}</td></tr>
</table>

表12.16 联系方式编码实现

功能名称	联系方式
功能目标	用户可以选择 4 种操作：添加、修改、查询、删除； 用户录入相应查询条件后，执行查询操作可以找到满足条件的目标记录； 在找到目标记录后，可以选择删除功能，将目标从数据库中删除； 用户也可以新添加一条记录； 还可以在找到目标记录后对其进行修改
实现逻辑	实现可分为两大部分：添加新记录和对已有记录的操作。 在主页面上有 3 个条件查询框：号码、类型、状态和一个列表，用户录入相应条件后，系统根据条件通过后台从数据库中找到相应记录并显示在主页面下方的列表中。 如果用户选择的是添加操作，则跳转至一个页面，该页面上有 “号码”和“备注”两个文本框，“类型” 和 “状态” 两个下拉列表框，其中号码为必填项。

续表

功能名称	联系方式
实现逻辑	用户也可以在找到目标记录后对其进行修改，单击“修改”按钮后将目标记录的唯一 ID 传到后台，通过数据库找到相应记录，并将该记录的详细信息返回到前台，前台打开一个新的页面，该页面上的元素和添加页面上的元素完全相同，用户可以修改已经加载的信息。 用户通过查询功能找到目标记录后，如果选择删除操作，则系统将对应记录的 ID 传至后台，并从数据库中删除对应记录

控制层	查询
	@RequestMapping(value={"/base/phone/list"})
	public String list(ModelMap modelMap, Page page, String num, String type, String status, Integer pageNo)
	{
	    if(null != pageNo)
	        page.setPageNo(pageNo.intValue());
	    page = phoneService.getPhoneList(page, num, type, status);
	    modelMap.addAttribute("page", page);
	    modelMap.addAttribute("num", num);
	    modelMap.addAttribute("type", type);
	    modelMap.addAttribute("status", status == null || status.length() != 0 ? ((Object)(status)) : "-1");
	    return "/base/phone/list";
	}
	添加
	@RequestMapping(value={"/base/phone/save"})
	@ResponseBody
	public String save(Phone phone)
	{
	    String msg = "ok";
	    System.out.print(msg);
	    try
	    {
	        phoneService.save(phone);
	    }
	    catch(Exception e)
	    {
	        msg = "error";
	        e.printStackTrace();
	    }
	    return msg;
	}
	更新
	@RequestMapping(value={"/base/phone/update"})
	@ResponseBody
	public String update(Phone phone)

续表

功能名称	联系方式

控制层	{
	String msg = "ok";
	try
	{
	phoneService.update(phone);
	}
	catch(Exception e)
	{
	msg = "error";
	e.printStackTrace();
	}
	return msg;
	}
	删除
	@RequestMapping(value={"/base/phone/delete"})
	@ResponseBody
	public String delete(String selectID[])
	{
	String msg = "ok";
	try
	{
	String arr$[] = selectID;
	int len$ = arr$.length;
	for(int i$ = 0; i$ < len$; i$++)
	{
	String id = arr$[i$];
	phoneService.deleteById(id);
	}
	
	}
	catch(Exception e)
	{
	msg = "error";
	e.printStackTrace();
	}
	return msg;
	}

服务层	查询
	public Page getPhoneList(Page page, String num, String type, String status)
	{
	return phoneDao.getPhoneList(page, num, type, status);
	}

续表

功能名称	联系方式

持久层	查询
	public Page getPhoneList(Page page, String num, String type, String status)
	{
	    String hql = "FROM Phone where 1=1 ";
	    if(num != null&& !"".equals(num))
	        hql = (new StringBuilder()).append(hql).append(" AND num LIKE '%").append(num).append("%'").toString();
	    if(type != null&& !"".equals(type))
	        hql = (new StringBuilder()).append(hql).append(" AND type = '").append(type).append("'").toString();
	    if(status != null&& !"".equals(status))
	        hql = (new StringBuilder()).append(hql).append(" AND status =").append(status).toString();
	    return findPageByHql(page, hql, new Object[0]);
	}

表12.17 收款账号编码实现

功能名称	收款账号
功能目标	用户可以选择 4 种操作：添加、修改、查询、删除。 用户录入相应查询条件后，执行查询操作可以找到满足条件的目标记录； 在找到目标记录后，可以选择删除功能，将目标从数据库中删除； 也可以新添加一条记录； 还可以在找到目标记录后对其进行修改
实现逻辑	实现可分为两大部分：添加新记录和对已有记录的操作。 在主页面上有 3 个条件查询框：银行、户名、账号和一个列表，用户录入相应条件后，系统根据条件通过后台从数据库中找到相应记录并显示在主页面下方的列表中。 如果用户选择的是添加操作，则跳转至一个页面，该页面上有 4 个文本框，包括“银行”“户名”“账号”“备注”，其中银行、户名、账号为必填项。 用户也可以在找到目标记录后对其进行修改，单击“修改”按钮后，将目标记录的唯一 ID 传到后台，通过数据库找到相应记录，并将该记录的详细信息返回到前台，前台打开一个新的页面，该页面上的元素和添加页面上的元素完全相同，用户可以修改已经加载的信息。 用户通过查询功能找到目标记录后，如果选择删除操作，则系统将对应记录的 ID 传至后台，并从数据库中删除对应记录

控制层	查询
	@RequestMapping(value={"/base/bank/list"})
	public String list(ModelMap modelMap, Page page, String bank, String name, String num, Integer pageNo)
	{
	    if(null != pageNo)
	        page.setPageNo(pageNo.intValue());

续表

<table>
<tr><th>功能名称</th><th>收款账号</th></tr>
<tr><td>控制层</td><td><pre>
        page = bankService.getBankList(page, bank, name, num);
        modelMap.addAttribute("page", page);
        modelMap.addAttribute("bank", bank);
        modelMap.addAttribute("name", name);
        modelMap.addAttribute("num", num);
        return "/base/bank/list";
}
添加
@RequestMapping(value={"/base/bank/save"})
@ResponseBody
public String save(Bank bank)
{
        String msg = "ok";
        System.out.print(msg);
        try
        {
                bankService.save(bank);
        }
        catch(Exception e)
        {
                msg = "error";
                e.printStackTrace();
        }
        return msg;
}
修改
@RequestMapping(value={"/base/bank/update"})
@ResponseBody
public String update(Bank bank)
{
        String msg = "ok";
        try
        {
                bankService.update(bank);
        }
        catch(Exception e)
        {
                msg = "error";
                e.printStackTrace();
        }
        return msg;
}
删除
@RequestMapping(value={"/base/bank/delete"})
</pre></td></tr>
</table>

续表

<table>
<tr><th>功能名称</th><th>收款账号</th></tr>
<tr><td>控制层</td><td>@ResponseBody
public String delete(String selectID[])
{
String msg = "ok";
try
{
for(String id : selectID){
bankService.deleteById(id);
}
}
catch(Exception e)
{
msg = "error";
e.printStackTrace();
}
return msg;
}</td></tr>
<tr><td>服务层</td><td>查询
public Page getBankList(Page page, String bank, String name, String num)
{
return bankDao.getBankList(page, bank, name, num);
}</td></tr>
<tr><td>持久层</td><td>查询
public Page getBankList(Page page, String bank, String name, String num)
{
String hql = "FROM Bank where 1=1 ";
if(bank != null&& !"".equals(bank))
hql = (new StringBuilder()).append(hql).append(" AND bank LIKE '%").append(bank).append("%'").toString();
if(name != null&& !"".equals(name))
hql = (new StringBuilder()).append(hql).append(" AND name LIKE '%").append(name).append("%'").toString();
if(num != null&& !"".equals(num))
hql = (new StringBuilder()).append(hql).append(" AND num LIKE '%").append(num).append("%'").toString();
return findPageByHql(page, hql, new Object[0]);
}</td></tr>
</table>

表12.18　客户信息编码实现

<table>
<tr><th>功能名称</th><th>客户信息</th></tr>
<tr><td>功能目标</td><td>用户可以选择 4 种操作：添加、修改、查询、删除；
用户录入相应查询条件后，执行查询操作可以找到满足条件的目标记录；
在找到目标记录后，可以选择删除功能，将目标从数据库中删除；</td></tr>
</table>

续表

功能名称	客户信息
功能目标	也可以新添加一条记录； 还可以在找到目标记录后对其进行修改
实现逻辑	实现可分为两大部分：添加新记录和对已有记录的操作。 在主页面上有 3 个条件查询框：客户名称、收货地址、联系电话和一个列表，用户录入相应条件后，系统根据条件通过后台从数据库中找到相应记录并显示在主页面下方的列表中。 如果用户选择的是添加操作，则跳转至一个页面，该页面上有 4 个文本框，包括“客户名称”“收货地址”“联系电话”“备注”，其中客户名称、收货地址为必填项。 用户也可以在找到目标记录后对其进行修改，单击“修改”按钮后，将目标记录的唯一 ID 传到后台，通过数据库找到相应记录，并将该记录的详细信息返回到前台，前台打开一个新的页面，该页面上的元素和添加页面上的元素完全相同，用户可以修改已经加载的信息。 用户通过查询功能找到目标记录后，如果选择删除操作，则系统将对应记录的 ID 传至后台，并从数据库中删除对应记录

控制层	查询
	@RequestMapping(value={"/base/client/list"})
	public String list(ModelMap modelMap, Page page, String name, String address, String phone, Integer pageNo)
	{
	if(null != pageNo)
	page.setPageNo(pageNo.intValue());
	page = clientService.getClientList(page, name, address, phone);
	modelMap.addAttribute("page", page);
	modelMap.addAttribute("name", name);
	modelMap.addAttribute("address", address);
	modelMap.addAttribute("phone", phone);
	return "/base/client/list";
	}
	添加
	@RequestMapping(value={"/base/client/save"})
	@ResponseBody
	public String save(Client client)
	{
	String msg = "ok";
	System.out.print(msg);
	try
	{
	clientService.save(client);
	}
	catch(Exception e)
	{
	msg = "error";

续表

<table>
<tr><th>功能名称</th><th>客户信息</th></tr>
<tr><td>控制层</td><td><pre>
        e.printStackTrace();
    }
    return msg;
}
修改
@RequestMapping(value={"/base/client/update"})
@ResponseBody
public String update(Client client)
{
    String msg = "ok";
    try
    {
        clientService.update(client);
    }
    catch(Exception e)
    {
        msg = "error";
        e.printStackTrace();
    }
    return msg;
}
删除
@RequestMapping(value={"/base/client/delete"})
@ResponseBody
public String delete(String selectID[])
{
    String msg = "ok";
    try
    {
        String arr$[] = selectID;
        int len$ = arr$.length;
        for(int i$ = 0; i$ < len$; i$++)
        {
            String id = arr$[i$];
            clientService.deleteById(id);
        }

    }
    catch(Exception e)
    {
        msg = "error";
        e.printStackTrace();
    }
    return msg;
}
</pre></td></tr>
</table>

续表

功能名称	客户信息

服务层	查询
	public Page getClientList(Page page, String name, String address, String phone)
	{
	return clientDao.getClientList(page, name, address, phone);
	}

持久层	查询
	public Page getClientList(Page page, String name, String address, String phone)
	{
	    String hql = "FROM Client where 1=1 ";
	    if(name != null&& !"".equals(name))
	        hql = (new StringBuilder()).append(hql).append(" AND name LIKE '%").append(name).append("%'").toString();
	    if(address != null&& !"".equals(address))
	        hql = (new StringBuilder()).append(hql).append(" AND address LIKE '%").append(address).append("%'").toString();
	    if(phone != null&& !"".equals(phone))
	        hql = (new StringBuilder()).append(hql).append(" AND phone LIKE '%").append(phone).append("%'").toString();
	    return findPageByHql(page, hql, new Object[0]);
	}

小结

本章主要讲解了基于第 10 章和第 11 章的业务设计和数据库模型设计结果的仓库管理系统（WMS）的实体类的编码实现，以及业务功能的编码实现，并详细描述了相关过程，读者可以根据本章描述或随书电子版源码的步骤，模拟完成编码、调试工作。

习 题

1. 使用集成开发环境，选择WMS系统一项功能，模拟实现从客户端到数据库访问接口层再到数据访问完成的用例编码全过程。
2. 独立陆续完成WMS系统的全部功能用例的编码实现，并调试运行，验证结果。

第三篇　数据库系统开发任务集篇

13 第13章　各类待开发应用系统

数据库应用系统是支持信息管理的主要软件，传统的业务管理信息系统，互联网时代的电子政务、电子商务，以及现在的很多智能 APP，都与数据库应用密不可分。

本章将讲解各类数据库应用系统的特点，读者可选择某项开发任务作为课程设计题目，完成可运行的数据库系统设计与开发。

课程设计时，每小组由 1～2 人组成，分工要明确，每人都必须担负设计与编程工作，并在报告中各自汇报自己所起的作用。

要求：每个任务后台数据库表不少于 3 张，开发结果选择 B/S 结构，能通过浏览器展示应用系统界面，数据库表中有不少于 5 条的测试数据，提交结果要求系统能演示。报告中必须对系统概要模型、逻辑模型进行设计，并呈现数据库表的设计结果，说明每张数据库表各个数据项的取值范围、数据库连接方法和数据库表信息操作的 SQL 关键技术。

13.1　管理信息系统

管理信息系统是面向管理的一个集成系统，其前身是数据处理系统，覆盖了现实工作中的整个管理环节，完成对管理信息的收集、传递、存储和处理工作，提高管理效率。管理信息系统是多用户共享的系统，直接为基层和各管理部门服务。

开发一个管理信息系统，就是要针对某个组织（企业）结构的某项业务，进行原始业务数据的录入、存储、计算、分类、汇总等，以帮助组织（企业）各管理部门和管理人员，管理业务活动信息、制定资源分配方案、评价企业效益等。

管理系统的用户群比较固定，一般用户由专人完成注册，系统很少在开放式的网络环境下运行。

任务一　电脑销售管理信息系统

假设对某电脑销售企业销售信息进行了分析，得出其信息对应的实体关系模型 E-R 图（图 13.1），其中存在 7 个实体，7 个联系（2 个 1:N，1 个 M:N，4 个 M:N:P），试将 E-R 图转换成关系模式集，并创建对应数据库表，再开发一个管理信息系统，以帮助该企业管理销售信息，并增加查询、统计功能，方便查询信息和分析销售业绩。

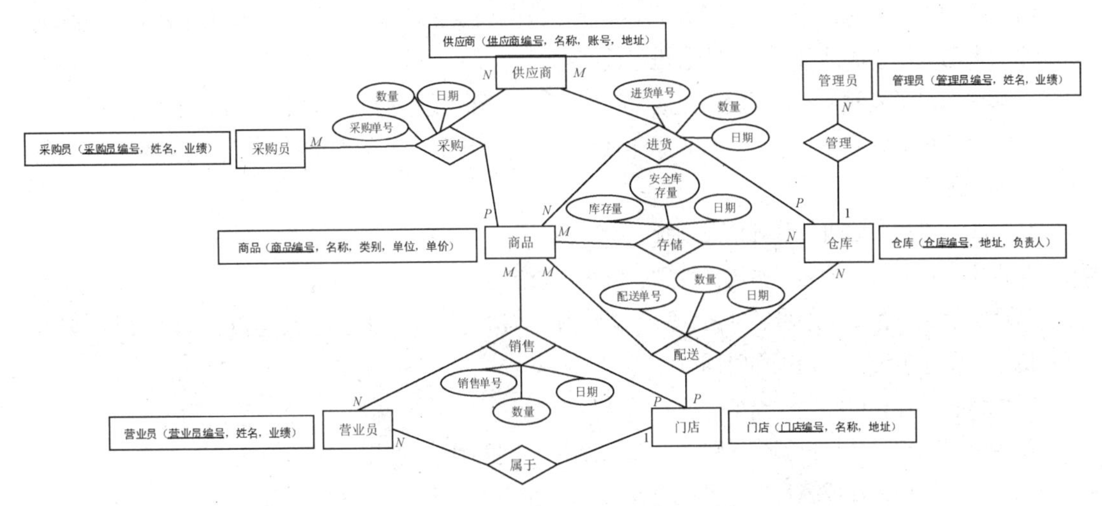

图13.1　电脑销售管理信息系统E-R图

任务二　库存管理信息系统

假设对某个物资供应公司的库存管理业务进行了分析，得出公司库存管理的实体关系模型 E-R 图（见图 13.2），其中，有 7 个实体，6 个联系（1 个 1:N，1 个 M:N，4 个 M:N:P），试将 E-R 图转换成关系模式集，并创建对应数据库表，再开发一个管理信息系统，以管理公司库存信息。

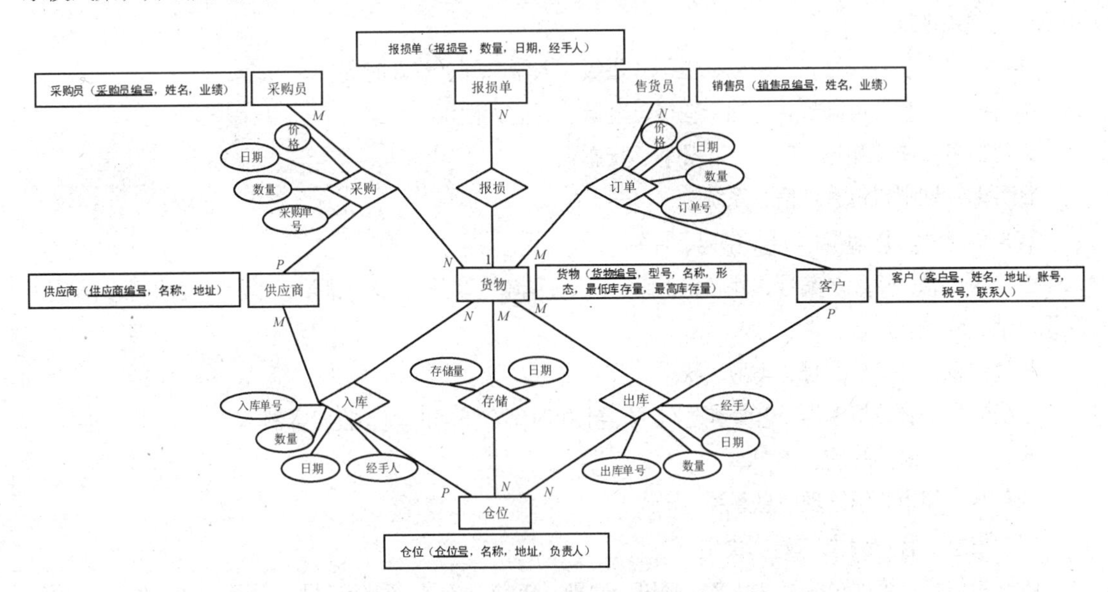

图13.2　公司库存管理的实体关系模型E-R图

任务三　学生成绩管理信息系统

所有人都要到学校接受正规教育，才可能成为一个合格的社会人。学生在学校一般要接受长达 12 年的教育，每个学期需要学习多门课程，而且每门课必须达到一定的成绩，才能够顺利毕业走上社会。

因此开发一个学生成绩管理系统非常有必要。一个成绩管理系统的用户一定包括学生和教师。

学生需要的功能有：成绩查询、个人信息（注册名、昵称、密码、联系方式等）管理。

教师需要的功能有：个人信息（密码）维护、自己档案（以往工作评价、当前教学任务）查询、选课学生名册、学生成绩录入和查询、班级成绩打印。

试调查自己学校教务处，了解学生成绩管理过程，分析得出对应的数据模型 E-R 图，然后设计和开发一个学生成绩管理信息系统，实现学生成绩管理过程中的基本数据维护功能、数据库管理功能、基本业务功能。

任务四　机房实验机位管理信息系统

学生信息：学号、姓名、密码、性别、班级、余额

管理员信息：管理员编号、姓名、密码、性别、年龄、籍贯、身份证号、学历、政治面貌、职位、联系电话、联系地址、开始工作时间

机位信息：计算机编号、类型、状态

学生上机信息：计算机编号、账号、上机时间、下机时间、费用

任务五　毕业设计成绩管理信息系统

学生信息：学号、姓名、性别、班级

指导教师信息：教师编号、教师名

评价信息：教师编号、学号、环节、分数

任务六　学生宿舍床位管理信息系统

管理员：管理员编号、姓名、密码、性别、年龄、籍贯、身份证号、学历、政治面貌、职位、联系电话、联系地址

学生信息：学号、姓名、密码、性别、班级、入学时间、毕业时间

宿舍房间信息：房间号、房间所在楼、容量、居住人性别

床位信息：床位编号、房间好、类型、状态

任务七　网吧机位管理信息系统

客户信息：客户编号/卡号、密码、性别

管理员信息：管理员编号、姓名、密码、性别、年龄、籍贯、身份证号、学历、政治面貌、职位、联系电话、联系地址

机位信息：计算机编号、类型、状态

上机信息：计算机编号、客户编号/卡号、上机时间、下机时间、收费金额

收费标准：时间长度、折扣率

任务八　超市收银管理信息系统

客户信息：客户编号/卡号、类别

收银员信息：管理员编号、姓名、密码、性别、年龄、籍贯、身份证号、学历、政治面貌、职位、联系电话、联系地址、就职时间

管理员信息：管理员编号、姓名、密码、性别、年龄、籍贯、身份证号、学历、政治面貌、职位、联系电话、联系地址、就职时间

商品信息：商品编号、商品名、商品单价、折扣率

收银信息：商品编号、数量

任务九　毕业设计成绩管理信息系统

某高校计算机系学生毕业设计实行过程管理，学生毕业设计时间持续 3 个半月，所做工作包括课题相关译文翻译、课题开题、中期检查、最终开发代码的演示，以及论文评阅和答辩。

学生毕业设计成绩由英文译文翻译质量（5 分）、开题文献综述（5 分）、中期检查（10 分）、开发代码演示效果（40 分）、论文评阅（40 分）、答辩（15 分）组成，指导教师对学生表现和论文撰写能力的评价分（25 分）。其中各种分数获得见表 13.1 说明。

表13.1　毕业设计成绩分数说明

<table>
<tr><th>过程环节</th><th>分数</th><th>评分教师数</th><th>分数值得到方法</th><th>占总分比</th><th>说　明</th></tr>
<tr><td>译文翻译</td><td>5 分</td><td>指导教师</td><td>直接使用</td><td>5%</td><td></td></tr>
<tr><td>课题开题</td><td>5 分</td><td>指导教师</td><td>直接使用</td><td>5%</td><td></td></tr>
<tr><td>中期检查</td><td>10 分</td><td>其他 3 位教师</td><td>平均分</td><td>10%</td><td></td></tr>
<tr><td>代码演示</td><td>40 分</td><td>其他 3 位教师</td><td rowspan="2">平均分</td><td rowspan="2">40%</td><td></td></tr>
<tr><td>论文评阅</td><td>40 分</td><td>其他 3 位教师</td><td></td></tr>
<tr><td>答辩</td><td>15 分</td><td>所有答辩教师</td><td>平均分</td><td>15%</td><td>以实际听取答辩教师人数的分数求平均值。每位学生给分的教师人数可以不一样</td></tr>
<tr><td>指导分数</td><td>25 分</td><td>指导教师</td><td>直接使用</td><td>25%</td><td></td></tr>
</table>

开发一个毕业设计成绩管理信息系统，使教师可以在客户端提交自己的分数，系统完成最后成绩的汇总与打印、保存。后台数据库表应包括学生信息表、课程设计课题信息表、指导教师和评阅教师信息表，以及各个环节分数记录表等。

任务十　考勤系统

学生必须准时参加各项学习，职员必须准点上下班。考勤系统是各类组织机构对人员进行工作出勤考核的必备工具。建立数据库表，存储人员信息、设置出勤时间、记录考勤信息，实现一个通用的考勤系统，使组织机构可以用系统来完成人员、出勤、缺勤、请假等月信息的管理。

13.2　电子政务

电子政务目前有很多种说法，如电子政府、网络政府、政府信息化管理等。真正的电子政务绝不是简单的“政府上网工程”，更不是为数不多的网页型网站系统。从严格意义上说，电子政务就是政府机构应用现代信息和通信技术，将管理和服务通过网络技术进行集成，在 Internet 上实现政府组织结构和工作流程的优化和重组，打破时间、空间及部门之间的分隔限制，向社会提供优质和全方位的、规范而透明的、符合国际水准的管理和服务。

电子政务具有以下特点。

（1）电子政务的核心内容是政务，即政府的两大职能——管理和服务，电子政务只是提高政府行政效率的手段。

（2）电子政务是对政府组织结构和流程的优化和重组，而不是简单的流程电子化。

（3）电子政务提供跨越空间、时间和部门限制的沟通和协作渠道，用于提高政府的管理水平和服务水平。

（4）电子政府必须规范、透明，符合国际标准，它要求政府必须转变职能，符合 WTO 规范，最简单的例子就是政府网站必须支持多语种文字。

可以看出，电子政务首先是观念的转变，是认识上的提高，这也是建设电子政务的关键因素，资金投入和技术选择都必须围绕这一中心。

电子政务是处理与政府有关的公开事务、内部事务的综合系统。电子政务分为以下 3 类。

13.2.1 政府间的电子政务

政府间的电子政务是上下级政府、不同地方政府、不同政府部门之间的电子政务。

（1）电子法规政策系统。对所有政府部门和工作人员提供相关的现行有效的各项法律、法规、规章、行政命令和政策规范，使所有政府机关和工作人员真正做到有法可依，有法必依。

（2）电子公文系统。在保证信息安全的前提下在政府上下级、部门之间传送有关的政府公文，如报告、请示、批复、公告、通知、通报等，使政务信息十分快捷地在政府间和政府内流转，提高政府公文处理速度。

（3）电子办公系统。通过电子网络完成机关工作人员的许多事务性的工作，节约时间和费用，提高工作效率，如工作人员通过网络申请出差、请假、文件复制、使用办公设施和设备、下载政府机关经常使用的各种表格、报销出差费用等。

任务一　电子法规政策系统

政府部门和工作人员，在日常工作中，只有对现行有效的法律、法规、规章、行政命令和政策规范有很好的认识，才能在工作做到有法可依、有法必依。

设计一个电子法规政策系统，使部门内部工作人员，能够按权限查阅相关法规，能够很好地接收政策宣讲，以保证工作有理有据地顺利开展。建立电子法规政策的分类目录、法规条文、视频宣讲信息、客户权限管理等数据库表，使有权限的工作人员能够查阅存储的法规条文，学习视频政策宣讲资料。

任务二　简单公文流转系统

模拟某政府部门，对来自上级的文件，由办公室负责分发电子文件给相关部分领导（如总共 5 位中的三位领导），相关领导阅后给出阅览记录及意见，最后由办公室负责收集汇总。公文包含编号、标题、内容、审阅领导等信息。

任务三　公文公报查询系统

模拟中国政府网（www.gov.cn）公文公报频道，进行发布、查询、修改、删除管理人员的公文公报等操作。一般游客用户可以查询。公文公报是按照国务院文件、部委地方文件、政府公报、政府白皮书等分类管理。

13.2.2 政府对企业的电子政务

政府对企业的电子政务是指政府通过电子网络系统进行电子采购与招标，精简管理业务流程，快捷地为企业提供各种信息服务。

任务四　会议管理系统

虽然文山会海占用了很多时间，但是它也确实是具体办事无法避免的一种形式。如今有不少办会公司专门为机构提供办会服务。建立一个会议管理系统，实现会议组织人员系统登录退出、会前管理（新建会议、删除会议、管理参会人员、修改会议信息、查看会议信息）、发送邮件（通知填写反馈表、发放参会通知）、会中管理（签到登记、每次出席会议时间）、会后反馈调查（发放反馈表、接收反馈表、统计反馈信息）等功能。

任务五　工商企业名称登记注册系统

模拟北京市工商行政管理局，首先由用户网上注册，信息包括：登录名、姓名、性别、E-mail、联系地址、联系电话、移动电话、邮政编码、国别、证件类型、证件号码。登录成功后申请企业登记中的名称登记，具体录入项目参照相应网站。后台管理员可以审核申请的信息，并给出是否审核通过的结果，未通过审核，则给出修改建议。

13.2.3　政府对公民的电子政务

政府对公民的电子政务是指政府通过电子网络系统为公民提供的各种服务，主要是政府门户网站，狭义来说，门户网站是指通向某类综合性互联网信息资源，并提供有关信息服务的应用系统。门户网站最初提供搜索引擎和网络接入服务，后来由于市场竞争日益激烈，门户网站不得不快速地拓展各种新的业务类型，希望通过门类众多的业务来吸引和留驻互联网用户，以至于目前门户网站的业务包罗万象，成为网络世界的“百货商场”或“网络超市”。目前门户网站主要提供新闻、搜索引擎、网络接入、聊天室、电子公告牌、免费邮箱、影音资讯、电子商务、网络社区、网络游戏、免费网页空间等服务。在我国，典型的门户网站有新浪网、网易和搜狐网等。

任务六　高校门户网站

高校门户网站有固定的访问人群，高校管理人员、教职工、在校生、校友、高考生、考研生及其家长、科研人员、媒体记者等。

管理人员是高校门户网站的主要访问者，又是信息发布者。教职工是频繁使用门户网站的人群之一，使用网站获取学院各项工作通知、学校人事和新闻等情况。在校生关注门户网站上的重点新闻、教学通知，以及与教师的在线互动栏目，学长、同学间的信息沟通。校友关心学校重点新闻、科研进步、校友聚会等信息。高考生、考研生及其家长关注高校基本情况、专业设置、当年招生信息等。科研人员浏览高校门户网站，主要是了解高校的科研开展情况、学术动态，以寻求合作或学习资源。记者，主要是关注门户网站发布的各种信息，以了解高校的动态。

因此设计高校的门户网站，要兼顾好以上提到的用户群。

高校门户网站的特点是：网页相对规整，网站的内容丰富，色彩相对柔和，一般不加音乐等。

请根据你所在学校的情况，设计一个门户网站，实现学校主流用户群的网站所需各项功能。

任务七　法律法规发布网站

在建设法治社会的今天，每个公民的生活都离不开法律法规，法律法规发布系统用于向网站访问者宣讲法律知识，实现普法教育，同时为法律工作者提供法律文件查询服务。

我国的宪法是基本大法，是其他法律制定的依据。另外，国家建国以来制定的一系列法律法规又细分为民商法、行政法、经济法、社会法、刑法、国际法、诉讼程序法等。

对于一个法律人士，阅读法律文本就可以理解其意思，但是普通公民有时候却很难理解其内容的实质，视频、动画、图片说文，更利于帮助普通公民学习法律知识。

设计一个法律法规发布网站，实现对网民的普法教育，为法律工作者提供法律知识查阅服务。

任务八　交通违章查询系统

模拟北京市公安交通管理局外网，提供北京市民查询车辆违法记录的功能。用户输入车牌号和发动机号，可以查询自己的违法记录。后台由管理人员录入违章信息，包括：序号、违章时间、违章地点、违章行为描述、处理情况、缴款情况等。

任务九　小客车摇号管理系统

模拟北京市小客车指标调控管理办公室网站，用户通过外网注册，然后登记填写个人信息，包括：申请人姓名、性别、出生日期、证件类型、证件号码、申请日期、申请驾照时使用的证件类型、机动车驾驶证证号、机动车驾驶证档案编号、准驾车型、是否本地驾照、本人名下是否有在本市登记小客车、手机号码、固定电话、电子邮箱、联系地址、邮编。后台管理人员模拟审核，通过的话授予摇号资格。

13.3　电子商务

电子商务网站又称为电商，或者，贴切地称为网络商店。其目的是销售产品，赚取利益。其容纳空间大，多客户同时服务。电子商务网站允许千人同时进店，选购产品，因此要求网站服务器承载力高。在线浏览产品，网络支付便捷，缩短人与人之间的距离。在线订购，上门服务。在线完成交易是网店的服务亮点。消费者选好产品，填写联系地址，点击在线付款，就可坐等收货了。

电子商务网是时代发展的产物，迎合了人们的消费需求，而且这一趋势也在不断升级，从 PC 端演变到移动端，更加便利。可以说，只要信号稳定，不拖欠话费，可以随时随地选购商品。移动电子商务可看作是传统门店在线销售的新方式。这对于买卖双方来讲，是一种互利性的体现！

一个好的电子商务网站，不应该只满足于有足够多的注册用户，以吸引广告商，赢取利润。好的用户体验，才是网站长期发展的生命力。好的电子商务网站必须满足以下 6 点要求。

（1）注册简单

用户进入电子商务网站主要是购物，“姓名、电话、邮箱、收货地址”4 条信息足于支持购物需求的实现。电子商务网站应该把用户体验放在第一位。更简洁的操作，可以为客户省去不少时间，还可以留住客户的心。

（2）搜索随心

任何电子商务网站需要一个随时可见的搜索框，方便用户筛选查询结果，让用户更好地查找商品，提供更愉快的体验。

（3）相关产品

用户可以选购商品的配套产品或推荐相似产品，不仅可以提高网店的销售额，还可以增加客户粘性。

（4）安全支付

用户在网上购买完物品之后，需要网上付款，此时网站需要用户的支付密码，并且会进行安全认证检查，检查成功后，用户才会显示支付成功，否则，支付失败。这样就保证了用户支付的安全性。

信息安全已经不可回避地面对着全体网购用户，安全支付，不仅是留住客户心和行的必要条件，更是网站自己免责的有力武器。

（5）轨迹追踪

一个好的网站导航，不仅保证网站内网页的有序跳转与返回，更能给客户提供良好的体验。客户浏览网站的轨迹追踪，可以清晰地告诉用户，现在是在哪个板块和页面浏览。

（6）订单信息确认

让客户挑选舒心，购买放心，收货安心，是网站生存的重要因素。订单确认对电子商务网站的易用性来说非常必要，不仅可以让用户确认前面操作的内容，也避免了用户因不确定因素而不断向商户查询，从而导致商户厌烦，进而造成商户流失。

确认页应该包含所有必要电话、姓名、收货地址等一系列信息，需要核对，订单概要、总价格、发货信息，以及订单删除、取消按钮等均要一应俱全。订单一旦确认，用户能看到订单确认信息以及订单号，信息也可以保存和打印，这些都是确认环节必须考虑的事情。

任务一　校园跳蚤市场

每年老生毕业、新生入学的时候，都有不少同学有出售或采购生活物品和学习资料的需求。校园跳蚤市场不仅可以给这些有需求的同学牵线搭桥，更可以培养学生的节约意识。创建一个开放式校园跳蚤市场网店，实现校园内学生之间的物品交换或售买。网站后台数据库需要建立包括客户信息、商品分类信息、订单信息在内的数据库表，可以支持网店出售物品的信息上传、网上商品选购、线下物品交换约定、交易成功登记等主要功能。

任务二　网上论坛

网络使地球成为地球村，网上论坛可以使世界各地不相识的人在论坛中交互信息，表达情感。建立包括用户信息、论坛分类信息、发文及回帖信息、权限信息在内的数据库表，支持发帖/回复、十大热帖等功能。

任务三　网络听课系统

“网络正在打破学校授课的传统模式，通过创建一个网络听课系统，例如MOOC（慕课）在线视频学习平台，网站后台数据库中包括视频、文本、PPT 讲稿在内的学习资源，设置资源分类信息，实现用户对资源的共享，满足跨时间、跨空间的课堂听课学习需求。”

任务四　有偿资源文库

每个人的研究成果、资料的整理与积累，都是投入大量精力和财力的成果，有偿资源文库的建设，是对作者或编者本人劳动的尊重，体现了对知识产权保护的重视。创建一个网上有偿资源文库，实现研究成果的有偿共享。网站后台数据库中需要建立包括客户信息、权限信息、资源分类信息、资源有偿价格、资源使用信息在内的数据库表，可以支持网站信息上传与有偿价格设置，以及信息查询、信息摘要查看、有偿全文下载等功能。

任务五　计算机 DIY 淘货店

创建一个淘货网店，实现计算机零部件的网上销售。网站后台数据库中需要建立包括客户信息、商品分类信息、订单信息在内的数据库表，可以支持网店的商品订货、发货、客户管理、热卖商品查询等主要功能。

任务六　电子保管箱

创建一个网上电子保管箱，实现用户之间网上信息的交互与共享。电子保管箱后台数据库中必须有用户信息、目录信息、保管文件信息、权限信息等数据库表，以支持用户按权限完成电子文件的上传、共享，添加好友等功能。

小结

本章介绍了一些待开发的数据库系统，简要地描述了系统的需求或其关系模式。读者可以选择并对需求进行扩展，进而完成系统开发训练。

习　题

1. 选择三个本章描述的待开发系统，根据其简要的需求描述，通过使用数据库建模工具PowerDesigner绘制E-R图，设计完成其数据库系统的概念模型，并依次完成其逻辑模型、物理模型和数据库实例的构建。

2. 从本章习题1中进一步选定一个待开发系统，运用业务建模工具RSA设计UML业务模型，包括用例图、时序图、类图等，运用某种面向对象语言完成应用程序编码、数据库调用、用例测试等工作。通过独立完成系统构建过程，深入梳理数据库原理及其系统开发过程。